杨木增强与阻燃处理环保技术研究

沈 隽 王敬贤 类成帅 李 爽 等 著

科 学 出 版 社
北 京

内 容 简 介

本书系统地阐述了人工林杨木速生材综合利用技术的发展历程及研究趋势;介绍了一种可以代替标准环境舱、成本低廉且操作和维护简单的15 L小型环境舱设计原理与结构，并基于该设备对杨木强化材和阻燃杨木胶合板释放的甲醛和VOC进行采集，以降低甲醛和VOC的检测成本；探讨了工艺因子对杨木强化材和阻燃杨木胶合板有害气体释放的影响，优化了基于有害气体释放源头控制的杨木改性产品生产工艺；分析了几种纳米添加剂和阻燃剂对杨木强化材和阻燃杨木胶合板甲醛和VOC释放的控制作用和机理。为人工林杨木的高效高质利用提供了技术支撑，扩大了速生杨木的应用范围，提高了产品的附加值。

本书可作为木材科学与技术、家具与室内设计等领域科研院所研究人员以及高等院校相关专业师生的参考书，同时也可作为杨木强化材和阻燃杨木胶合板生产、检测等相关工作人员的参考书。

图书在版编目(CIP)数据

杨木增强与阻燃处理环保技术研究/沈隽等著. —北京：科学出版社，2015.6

ISBN 978-7-03-044954-2

Ⅰ. 杨…　Ⅱ. 沈…　Ⅲ. ①木材-强度-研究②木材-防火整理-研究　Ⅳ. S781

中国版本图书馆CIP数据核字（2015）第129541号

责任编辑：张淑晓　韩　赞 / 责任校对：赵桂芬
责任印制：徐晓晨 / 封面设计：铭轩堂

科学出版社 出版
北京东黄城根北街16号
邮政编码：100717
http://www.sciencep.com

北京中石油彩色印刷有限责任公司 印刷

科学出版社发行　各地新华书店经销
*
2015年6月第　一　版　开本：787×1000　B5
2015年6月第一次印刷　印张：12 1/4
字数：321 000

定价：68.00元

（如有印装质量问题，我社负责调换）

前　言

杨树人工林分布广泛、速生、丰产，是替代天然林的主要树种之一。杨木因具有材质软、密度低、尺寸稳定性差等材性特征，限制了其在室内的应用。目前，杨木主要应用于包装、火柴、一次性筷子和低性能人造板等低附加值产品，利用率低，资源浪费严重。因此，通过对人工林杨木进行功能性改良，以提高其力学性能、尺寸稳定性和阻燃性能具有重大意义。然而，化学改性剂的引入必然加剧室内甲醛和挥发性有机化合物污染，降低室内空气品质，危害人体健康。据统计，我国每年由室内空气污染引起的死亡人数已达 11.1 万人。

因此，若实现杨木改性产品在室内广泛应用，除了要解决产品生产的技术问题，更需解决其在后期应用中的环保问题。本书将介绍一种适用于木制品有害气体检测，且工作参数稳定、测试数据准确、成本低廉的小型环境舱，解决测试成本高、占地面积大、维护操作复杂等问题；针对速生材不同增强处理和阻燃抑烟处理工艺，开展产品甲醛和挥发性有机污染物释放测定与控制技术研究，为环保材料生产与安全使用提供指导，可有效解决速生材高效利用中的环保问题，扩大速生材的适用范围，提升我国家具产品的国际竞争力。

本书共 4 章。第 1 章绪论，由沈隽、王敬贤撰写；第 2 章木制品 VOC 测试方法研究，由李爽、沈隽、王敬贤撰写；第 3 章杨木强化材有害气体检测与控制技术研究，由王敬贤、沈隽、邓富介撰写；第 4 章阻燃杨木胶合板有害气体检测与控制技术研究，由类成帅、沈隽、王敬贤撰写。

本书得到了国家林业公益性行业科研专项子课题“增强处理速生材与阻燃抑烟处理速生材有害气体检测与调控技术”（项目编号：20120470203）和国家自然科学基金项目“人造板挥发性有机化合物快速释放检测与自然衰减协同模式研究”（项目编号：31270596）的资助。

限于水平和时间，疏漏和不足之处在所难免，恳请读者指正。

作　者

2015 年 3 月

目　　录

第1章　绪　论

木材作为环境友好型的可再生材料，因其特有的优良品质，已广泛地应用于建筑、装饰和家具等方面。但随着天然林的枯竭和国家天然林保护措施的实施，木材市场的供需矛盾日益加剧。在这种情况下，生长快、产量高的人工林成为缓解供需矛盾的主要资源。

杨树生长迅速（仅需十几年便可成材）、适应性强、分布广泛、蓄积量大（尤其在我国北方），是我国主要人工林树种之一。从20世纪60年代开始，我国杨树人工林的总面积居于世界首位。目前，我国杨树人工林分布范围横跨北纬 25°～53°，东经 76°～134°，基本遍布于东北、西北、华北、西南等地，种植面积已达 800 万 hm^2，相当于世界其他国家和地区杨树种植面积总和。但由于杨木的材质软、密度及物理力学强度低、易腐朽、易变形、易燃等材性特点，限制了其应用范围。目前，杨木主要应用于制浆造纸、包装、火柴、一次性筷子和低性能人造板等低附加值产品的工业生产，利用率低，资源浪费严重。因此，通过对杨木进行功能性改良，提高其力学性能、尺寸稳定性、防腐性能和阻燃性能，对扩大杨木的应用范围、提高产品附加值和促进人工林杨木产业良性发展具有重大意义。目前，木材功能性改良主要将增强树脂、阻燃剂、防腐剂等化学改性剂浸渍到木材中，以赋予木制品优良的使用性能。

然而，化学改性剂的引入，使得处理材在加工和使用过程中不可避免地释放出挥发性有机物污染室内空气，影响其环保性能。根据关于木材及人造板挥发性有机化合物（volatile organic compound，VOC）和甲醛释放控制的研究文献报道，将处理材释放的甲醛及 VOC 来源归结为以下三方面：①木材抽提成分：它包括无机物、果胶、蛋白质等；精油、树脂酸、脂肪酸、醇类、脂肪与蜡、芳香族化合物（酚类）等，后者会在高温干燥和热压过程中产生 VOC，如萜烯类来源于杉木精油，醛类主要来源于树脂酸。②木材主要成分：木材的主要成分纤维素、半纤维素及木质素在高温或长时间加热条件下会发生热降解，生成酸、醇、醛类等物质。例如，木材半纤维素中4-*O*-甲基-D-葡萄糖醛酸脱甲基化作用可形成甲醇，木材半纤维素脱乙酰化作用可形成乙酸。③胶黏剂及改性剂：脲醛树脂（urea-formaldehyde，UF）、酚醛树脂（phenol-formaldehyde，PF）、阻燃剂等化学改性剂本身就存在游离甲醛、游离酚或氨等，在使用过程中逐渐向周围环境释放，最长释放期可达十几年。

近年来，随着装饰材料有害气体超标引发人体健康问题案例的增多和媒体的报道，室内空气品质（indoor air quality，IAQ）问题引起人们的广泛关注。人类约有 87%的时间在室内度过，因此，室内空气质量比室外空气质量更重要，它直接影响人们的健康。室内空气质量低劣可能会引发多种症状，如头痛，眼睛、鼻子或喉咙疼痛，干咳，头晕恶心，注意力分散和疲倦等“病态建筑综合征”（sick building syndrome，SBS）。除此之外，室内挥发性有机污染物还会引起“建筑相关疾病”（building related illness，BRI）和“多种化学污染物过敏症”（multiple chemical sensitivity，MCS）。除身体有不舒适感外，长期处于高浓度的甲醛、苯系物和其他挥发性有机污染物环境中，可以引发癌症、白血病甚至导致死亡。

为此，本书从建立测试方法、分析 VOC 释放特性和影响因子、建立工艺参数与处理材性能的数学模型、优化环保工艺和机理分析等方面着重探讨低分子脲醛树脂强化处理人工林杨木的环保工艺和阻燃处理杨木单板制作胶合板的环保工艺，从而实现从生产源头控制处理材 VOC 和甲醛的释放。

1.1 木材增强、阻燃技术概况

1.1.1 木材增强、阻燃机理

1. 木材增强机理

木材具有一定的渗透性，对于渗透性好的阔叶材，液体可以沿纵向轻易渗透到几米的距离。木材增强处理就是利用木材的多孔特性，通过一定的方法，将增强剂浸渍到木材单元中，如导管分子、木纤维、早晚材管胞。增强剂或对木材物理填充，或与木材产生化学结合，或两者皆有，一方面通过增加单位体积内的木材实质含量，增大木材密度，另一方面利用木材增强剂与木材组分中的活性反应基团发生交联聚合反应，生成的聚合物沉积并填充于细胞腔、细胞间隙、细胞壁，同时封闭了木材结构中的亲水性基团——羟基，从而提高木材的强度和尺寸稳定性。

2. 木材阻燃机理

由于木材和木质材料是由 C、H、O 等元素组成的生物质有机化合物，属于可燃性物质。木材燃烧一般分为以下四个阶段。

（1）干燥阶段：温度在 150℃以下，木材热分解极其缓慢，分解产生的主要气体是 CO_2 和 H_2O 等，为吸热阶段。

（2）预炭化阶段：温度在 150～275℃，木材分解缓慢，细胞壁主要化学成分开始变化，释放出 CO、CO_2 和少量有机挥发物，为吸热阶段。

（3）炭化阶段（有焰燃烧阶段、热分解阶段）：温度在 275～450℃，木材剧烈热分解，放出大量的 CO、CH_4 等可燃性气体，生成木炭。此阶段为放热阶段，且火焰及热能在木材表面快速传播，木材失重的 80%在此阶段完成，是木材燃烧时最危险的阶段。

（4）煅烧阶段：温度在 450～1500℃，此时木材热分解已经结束，木炭开始煅烧，也是放热阶段。

木材阻燃机理主要有以下五种。

（1）障碍理论：阻燃剂如硼砂或硼酸，在还没有达到木材燃烧温度时便开始熔融，覆盖在板材表面，使外部空气（主要是氧气）与板材上火焰隔绝，同时起到阻止板材产生的可燃性气体外溢的作用，进而阻止了板材燃烧。

（2）热理论：包括隔热、热传导和吸热三种作用。隔热即阻挡热量向木材内部传递，如阻燃剂受热在木材表面形成熔融的液层、玻璃状隔层或泡沫层，阻止氧气和隔断热量。热传导即阻燃剂通过提高木材热传导速率，使热量快速扩散，阻止木材温度上升。吸热即发生物理和化学变化时阻燃剂吸收大量的热量，降低木材表面温度，如金属氢氧化物阻燃剂在高温下可以脱去结晶水，水分的蒸发吸收大量热量，进而降低了板材的温度，延长了达到板材燃烧温度的时间，从而达到阻燃的目的。

（3）不燃气体的冲淡作用理论：阻燃剂如氢氧化镁，在较低温度下可受热产生水蒸气，水蒸气稀释了板材产生的可燃气体浓度，起到阻燃作用。

（4）自由基捕集理论：阻燃剂如氯化镁，在板材燃烧时，氯化镁受热分解产生氯化氢，它可以破坏板材燃烧过程中燃烧反应的链增长，使火焰熄灭，起到阻燃作用。

（5）炭量增加理论：如磷-氮系阻燃剂可以降低板材热分解的开始温度，同时促进热解产生更多的木炭并减少可燃性挥发性有机化合物的产生，抑制有焰燃烧。

胶合板的燃烧实质上是单板细胞壁中纤维素、半纤维素和木质素在高温下热分解产生可燃性产物如甲烷等的燃烧。半纤维素在高于 225℃时开始分解，在木材三大组分中最不稳定；在 250～500℃时，木质素逐渐开始分解；当温度高于 325℃时，纤维素也开始热分解。造成木材燃烧的挥发性化合物来自纤维素和半纤维素的热解，而木炭是木质素的热解产物。胶合板与木材的阻燃理论相似，区别在于：胶合板是由木材单板胶合热压而成，单板之间用脲醛树脂胶黏剂黏结，胶黏剂中含有氯化铵（固化剂），使得胶层中含有氮元素和氯元素，本身具有一定的阻燃性能。

1.1.2　木材增强、阻燃方法

根据木材改性剂是否与木材细胞壁活性基团发生化学反应，可将木材改性方法分为物理方法和化学方法。

（1）木材物理改性方法是指采用无机物或者纳米材料填充于木材细胞中，一般采用溶胶-凝胶法、原位插层合成法、注入填充法、共混法等，形成木材/无机纳米复合材料。

（2）木材化学改性方法是指采用某些化学改性剂在加热、催化或者辐射等外界条件下与木材组分中的活性基团发生聚合反应，形成共价键结合，改变木材的化学结构与组成，从而改善或提高木材的某些性能。

根据改性剂进入木材的方式不同，可以分为常压浸渍和加压浸渍两种。

（1）常压浸渍就是在常温或加热条件下将木材浸泡在液体改性剂中，改性剂沿着木材的各切面同时进入到木材结构单元中。这种方法设备和工艺简单，成本投入小，但改性剂进入木材的速度缓慢，同时要求改性剂的黏度尽可能低。

（2）加压浸渍是将经过干燥后的木材放入浸渍罐中密封，通过加压泵或空压机加压，利用木材内外压力差，将改性剂注入木材内部。目前，木材改性行业常用的方法就是真空-加压浸渍法，其设备结构示意图如图 1-1 所示。真空-加压浸渍法就是将木材置于高压罐内，首先抽到一定的负压，目的是抽掉木材细胞腔内的气体，以便改性剂浸渍渗入，然后将改性剂溶液引入处理高压罐内，保证木材被改性剂淹没覆盖，最后通过加压装置向高压罐内施加一定的压力，将改性剂溶液浸渍到木材内部。该方法可以有效地将改性剂浸渍到木材内，但设备成本高，处理材尺寸受设备限制。

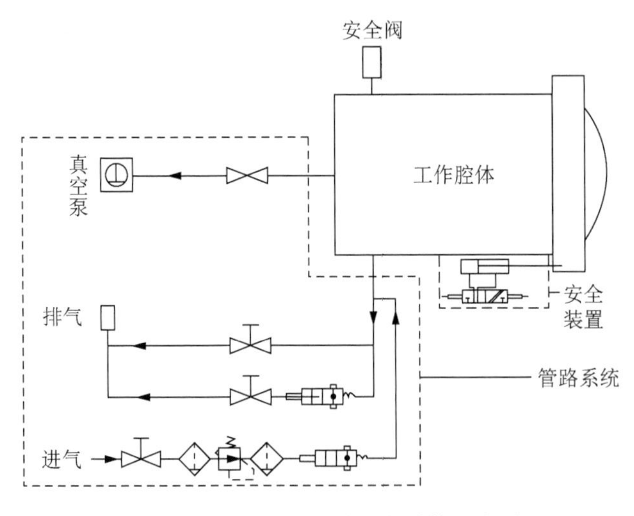

图 1-1 真空-加压浸渍设备结构示意图

随着木材阻燃技术的深入研究，除了真空-加压浸渍主流方法外，其他加压处理方法也随之开发，如振荡加压、超声波处理、脉冲加压、离心转动处理、压缩前处理、连续热压辊加压、高能喷射等。木材改性方法的研究，推动了木材改性行业的快速发展。

1.1.3　木材用增强树脂和阻燃剂

1. 木材用增强树脂

树脂增强处理木材是采用水溶性低相对分子质量树脂浸渍木材，使木材既保留原有的优良品质，又能弥补木材的天然缺陷。浸渍到木材中的低相对分子质量树脂，在高温下固化，生成的聚合物不仅填充了木材内的空隙，起到增重、增容木材的作用，而且树脂的活性官能团会与木材组分中的某些官能团发生交联反应，并沉积于木材细胞壁内，从而提高木材的强度与尺寸稳定性。

1）酚醛树脂

酚醛树脂具有良好的抗缩率、耐老化性能和防水性能。利用低相对分子质量酚醛树脂增强处理日本雪松后，采用扫描电子显微镜（简称扫描电镜，SEM）和 X 射线电子探针微区分析法研究了树脂在木材内的渗透情况，结果表明，相对分子质量为 290～470 的酚醛树脂可以进一步渗透到木材细胞壁。刘君良对酚醛树脂预聚物处理固定木材压缩变形机理进行研究，认为酚醛树脂预聚物的羟甲基与木材细胞壁物质的羟基发生聚合反应，形成共价键结合，从而提高木材的力学强度，同时赋予木材良好的防腐性能并改善了木材的尺寸稳定性。然而，酚醛树脂增强处理的木材存在材色加深和游离酚释放的问题，严重限制了强化处理材的应用范围。

2）脲醛树脂

与其他树脂相比，脲醛树脂生产成本低、材料易获取、制备简单，是木材改性研究中常用树脂之一。脲醛树脂增强处理木材，是利用羟甲基脲与木材中纤维素、半纤维素、木质素中的羟基发生聚合反应，以及羟甲基脲自身发生聚合反应，形成网状交联结构，从而提高木材的力学性能，降低木材中亲水性基团羟基的含量，改善木材的尺寸稳定性，其反应方程式如图 1-2 所示。然而，脲醛树脂由于本身存在游离甲醛，因此，材料在加工和使用过程中会释放出大量的甲醛，同时，固化后的树脂结构也会随着时间的延长和外界条件的变化发生改变，进一步释放甲醛，从而污染室内环境。

$$HOH_2CHN—CO—NHCH_2OH+Wood—OH \longrightarrow Wood—O—H_2CHN—CO—NHCH_2—O—Wood$$

图 1-2　羟甲基脲与木材之间的反应

3）三聚氰胺甲醛树脂

三聚氰胺甲醛树脂也是一种常见的木材增强用树脂，具有色浅、耐水、化学性质稳定等特点。三聚氰胺甲醛树脂是三官能度的*N*-羟甲基类化合物，易与木材的活性基团发生反应，其反应方程式如图 1-3 所示。

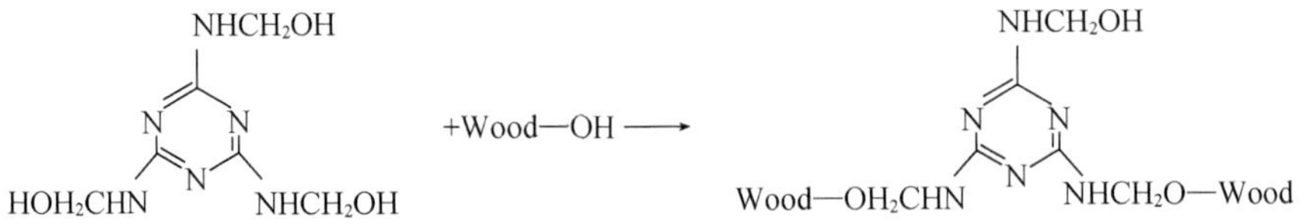

NHCH₂OH-substituted triazine: $NHCH_2OH$ / HOH_2CHN / $NHCH_2OH$ + Wood—OH ⟶ $NHCH_2OH$ / Wood—OH_2CHN / $NHCH_2O$—Wood

图 1-3 三羟甲基三聚氰胺与木材之间的反应

4）异氰酸酯树脂

在弱碱条件下，异氰酸酯树脂与木材中的羟基发生化学反应，生成氨基甲酸酯键，反应方程式见图 1-4。利用异氰酸酯增强木材，具有处理材力学强度高、尺寸稳定性好、抗生物侵害性能好、无游离甲醛和游离苯酚污染等优点，但生产成本高。

$$\text{Wood—OH} + \text{R—N=C=O} \longrightarrow \text{Wood—O—CO—NH—R}$$

图 1-4 异氰酸酯与木材之间的反应

2. 木材用阻燃剂

按阻燃剂成分所属化合物类型，可将胶合板阻燃剂分为无机阻燃剂和有机阻燃剂两种。

1）无机阻燃剂

无机阻燃剂是最早被用来处理木材以降低木材易燃性的一种阻燃剂。这种阻燃剂的优点在于原料来源广泛、价格低廉、生产工艺简单，至今仍被应用于木材阻燃处理。现在应用较多的是磷-氮系复合木材阻燃剂和磷-氮-硼系复合木材阻燃剂，这两类阻燃剂充分发挥了不同阻燃元素混合使用的协同作用，使阻燃剂的用量减少，并且无毒无害，对处理材的材性影响较小，缺点是阻燃剂自身存在一定的吸湿性使处理材尺寸不稳定，且易从木材中析出使得阻燃效果随着时间延长而变差。

最新一代的无机阻燃剂通过增大阻燃剂分子的体积或是能与处理材内部成分发生反应生成稳定的化合物以解决无机阻燃剂易析出的缺点，从而达到处理材可以长时间保持良好阻燃效果的目的。

2）有机阻燃剂

有机阻燃剂发展较快，主要由含磷元素、氮元素和硼元素的有机化合物（如尿素、硼酸、双氰胺和三聚氰胺等）反应制得，被广泛用于木质材料阻燃。现在市场上常用的有机木材阻燃剂主要是以羟甲基化处理的氨基化合物为主，与无机阻燃剂相比，此类阻燃剂降低了阻燃剂分子在木材内部的迁移和析出，但由于原料中要用到甲醛，阻燃处理会带来一定的甲醛释放；另外，经过有机阻燃剂处理的板材，酸性降低，在热压时的湿热环境中促进了木材的分解，降低了板材的强度。

目前有机阻燃剂的研究主要追求一剂多效的效果，这类阻燃剂的特点是低甲醛释放，与未处理材有相近的吸湿性，同时兼具防腐防虫、阻燃和尺寸稳定特性。

1.1.4 增强阻燃处理材性能

1. 增强处理材性能

研究表明，通过增强处理，木材的尺寸稳定性、力学性能、防腐性能显著提高。Furuno 等用低相对分子质量酚醛树脂浸渍处理木材，处理材尺寸稳定性显著提高。Deka 用脲醛树脂浸渍木材获得增重率（weight percent gain，WPG）为 33.8% 的处理材，与未处理材相比，其抗弯强度（modulus of rupture，MOR）和弹性模量（modulus of elasticity，MOE）分别提高了 21%和 5.62%。罗建举等通过缓冲加压方式将脲醛树脂浸渍到木材中对木材进行功能性改良，研究发现处理材吸湿和吸水的尺寸稳定性显著提高，材质明显增强。岳孔等对酚醛树脂改性后的速生杨木进行耐腐试验，结果显示：处理材 8 周后的失重率均小于 2%，明显小于素材，说明酚醛树脂可以显著提高木材的耐腐性能。

2. 阻燃处理材性能

因阻燃剂组分和阻燃机理不同，故不同种类阻燃剂对木材的阻燃和抑烟效果存在差异，且对木材的力学强度、材色、尺寸稳定性、胶合涂饰等性能的影响也不尽相同。王清文用研发的 FRW 木材阻燃剂处理木材后，显著降低木材热量的释放，促进木材碳化，具有明显的抑烟作用；FRW 木材阻燃剂不影响材色，有所改善木材尺寸稳定性；除冲击韧性有所降低外，FRW 阻燃木材的抗弯强度、顺纹抗压强度和硬度等主要力学性能指标比素材均有所提高。刘燕吉等用以磷-氮为主成分的 WFR 系列阻燃剂处理橡胶木胶合板，产品达到了建筑材料难燃 B1 级，胶合强度不下降，且处理试样对橡胶木常见表面霉菌有一定防治效果，但阻燃处理橡胶木胶合板的吸潮性均有所提高。吴玉章等用磷酸盐和硼化物处理人工林杉木、杨木和马尾松木材，发现磷酸二氢铵对降低木材的释热性能效果显著，硼化物对木材的抑烟效果作用明显。Grxea 等利用氢氧化镁、聚磷酸盐、磷酸氢二铵处理木材发现：对木材而言，最有效的阻燃剂是磷酸盐、硼酸、氯化锌、硫酸盐，但是它们都会降低木材强度，其中，磷酸对强度影响最大，磷酸二氢铵对强度影响较小。

1.2　研 究 现 状

1.2.1　国外研究现状

1. 木材增强处理

1964 年，Stamm 就开始做实木密实化处理研究，利用浓度超过 10%的水溶性酚醛树脂处理实木，并在 130℃下将实木压缩一小时，发现压缩变形几乎完全被固定，在扫描电镜下观察处理材切片，没有发现残留的酚醛树脂。通过对压缩处理材的力学性能测试，发现实木压缩率为 62.5%时，处理后杨木的硬度比素材提高了 3 倍。Rowell 和 Ryu 以酚醛树脂浸渍处理实木，研究发现：与未处理材相比，经酚醛树脂处理后的木材的尺寸稳定性和抗生物侵害性得到显著提高。Deka 等用脲醛树脂、三聚氰胺甲醛树脂和酚醛树脂处理阔叶材，测得增重率为 31%～33%，相对于未处理材，处理材 MOR 提高了 7.5%～21.02%，MOE 提高了 9.50%～12.18%。1991 年，Feist 和 Rowell 对杨木心材采用乙酰化、甲基丙烯酸甲酯浸渍聚合和先乙酰化再用甲基丙烯酸甲酯浸渍聚合三种处理方法进行对比研究；1994 年，Lawniczak 研究了密度和树干位置对苯乙烯-甲基丙烯酸甲酯浸渍性能的影响，发现密度和树干位置对苯乙烯-甲基丙烯酸甲酯的浸渍性能有不同程度的影响。

2004 年，日本京都大学 Shams 等用浓度为 20%的低相对分子质量酚醛树脂水溶液浸渍处理的日本柳杉，当木材增重率达到 60.8%后，对木块进行热压处理，木材密度由未处理材的 0.34 $g\cdot cm^{-3}$ 提高到了 1.1 $g\cdot cm^{-3}$，与未处理材 MOE 和 MOR 相比，处理材的 MOE 和 MOR 分别提高了 7 倍和 10.37 倍。2005 年，Yildiz 等分别用苯乙烯（St）、甲基丙烯酸甲酯（MMA）、St/MMA 对白杨进行全浸渍、半浸渍、四分之一浸渍处理，发现同时使用苯乙烯和甲基丙烯酸甲酯时得到的处理材在压缩强度和静曲强度方面强于单独使用其中某一种时得到的处理材。

了解被浸渍到木材里的树脂是怎样渗透的以及最终又是怎样在木材内部分布对于改进浸注技术是至关重要的。Furuno 用扫描电镜和 X 射线电子探针微区分析法测试低相对分子质量酚醛树脂在处理后的日本雪松结构中的分布状态，研究发现：可进一步渗透到木材细胞壁中的树脂相对分子质量为 290～470。这些进入木材细胞壁的树脂固化后改善了木材的尺寸稳定性和抗生物侵害性。Smith 和 Bolton 采用扫描电镜-能量色散 X 射线联用分析方法测试了酚醛树脂和脲醛树脂各自在木材细胞壁中的分布情况。Buckley 运用了 X 射线显微镜法实时跟踪了解了异氰酸酯在木材中的渗透，研究了其渗透机理。Gindl 和 Rapp 通过电子能量损失谱（ELS）和紫外显微镜结合的方法，实时跟踪检测了三聚氰胺树脂的渗透性能。

2. 木材阻燃处理

木材阻燃技术具有悠久的历史，公元前 4 世纪，古罗马人就用醋液、明矾溶液浸渍木材以提高木材的阻燃性能。古希腊、古埃及和古代中国也用海水、明矾和盐水浸渍处理木材制作阻燃材。到 17～18 世纪，已开始有获得专利的阻燃剂和处理方法，并且于 19 世纪末在欧美得到工业化发展。

1995 年，Nair 等利用超声波辅助花旗松与美国西部黄松试材加压浸渍阻燃处理，发现超声波处理的药剂吸收量优于常规处理，有利于溶液向木材结构内部渗透。1996，Patrick 等也采用超声波技术浸注处理木材，发现液体在木材内的流动性增强，且吸收量也增加。2002 年，Randoux 等介绍了紫外线（UV）辐射技术在木材阻燃方面的应用，发现经过 UV 辐射，木材表面形成的惰化层具有阻燃作用。

2003 年，Liodakis 等研究了磷类阻燃剂磷酸氢二铵和硫酸铵对地中海白瑞木和地中海黄连木的阻燃作用，发现磷类阻燃剂可以延长木材的点火时间，使热解剩余物增加，特别是在温度低于 530℃时效果更显著。此后，Branca 等分别用磷酸氢二铵和硫酸铵作阻燃剂，研究了处理材在燃烧中挥发物的释放量和释放的热量，发现处理材燃烧过程中的挥发物释放量减少，处理材的释放热也减少。

2005 年，Lewin 等通过真空-加压浸注法将酸化的溴酸盐-溴化物溶液注入木材中，制备耐久性阻燃木材，研究发现该法不影响木材的机械性能，且能提高处理材耐漂洗、老化、储存和霉菌侵蚀性能，并降低木材的吸水性和溶胀性。

2006 年，Ayrilmis 等用硼类阻燃剂硼酸（BA）和硼砂（BX）作阻燃剂处理单板制作胶合板，研究发现：3%BX 处理的胶合板表面最光滑，6%BA 处理的胶合板表面最粗糙。2007 年，Ayrilmis 又用 BX、BA 作阻燃剂喷涂到松木和山毛榉木质纤维上制作中密度纤维板发现：与未经阻燃剂处理的板材相比，处理后的板材内结合强度明显下降。同期，Kartal 等指出硼、磷化合物作为木材阻燃剂不但增强其阻燃性能，而且具有防腐、杀虫效用。Baysal 等研究发现：经 BA 和 BX 阻燃处理的木材，其燃烧时质量损失最小，且 BA 与 BX 具有良好的协同效用。

除对传统阻燃处理方法、阻燃剂种类、阻燃材料性能等方面的研究外，现阶段研究还将纳米技术、离子辐射等新技术运用到木质材料阻燃中，使木质材料阻燃技术得到新发展。Giannelis 研究了超细化纳米阻燃剂对提高材料阻燃效率的作用。Blantocas 等研究了低能氢离子雨（LEHIS）辐射下木材阻燃性和疏水性性能的变化，发现经处理的木材表面在燃烧初期煤烟积累较少，从而说明其具有较小的可燃性，木材阻燃时间也相对增加，且 LEHIS 处理也明显抑制了木材的吸湿性。

3. 木制品 VOC 释放及控制

瑞典发表的人造板和锯材 VOC 释放研究报道显示：锯材的主要挥发成分为萜类，占 VOC 总量的 81%，它们多存在于木材的组分中，高聚合醛类只占总挥发物的 1%，主要是已醛。锯屑所释放的总挥发性有机化合物（total volatile organic compound，TVOC）的浓度远远低于锯材的释放量，其中萜类占总含量（质量分数）的 20%～22%，醛类占 27%～32%。由此可见，木材本身的抽提物，如单宁萜类化合物，在木材干燥阶段极易挥发，同时，由于木材组分自身没有高浓度的醛，因而判断它是木材在干燥过程中受热降解而产生的。1992 年，Sundin 等研究了木材的 VOC 释放，发现木材本身释放的 VOC 中萜类化合物占 80%，醛类占 1%。1998 年，Risholm-Sundman 等实验中发现：除甲醛外，木材自身能够释放出大量的萜烯类物质和有机酸物质，且木材树种对 VOC 释放量有显著影响，此研究结果认证了 Sundin 的结论。木材自身所释放的大多数 VOC 对人体是无毒害作用的，如萜烯类化合物，甚至有些有机化合物对人体有保健作用，但个别人群会对其中的某些成分有过敏反应，出现皮肤、眼睛、呼吸道刺激症状和过敏性疾病。这也是目前德国和法国人造板有害气体释放限定标准中对萜烯类化合物释放量进行限定的原因。2004 年，AgBB 和 AFSSET 列出了与人体健康相关的多种 VOC 最低感量值（lowest concentration of interest，LCI），规定在环境舱中循环第 3 天的 TVOC 浓度不超过 10 $mg·m^{-3}$，第 28 天 TVOC 浓度不超过 1 $mg·m^{-3}$ 的产品，且 $R=\Sigma C_i/LCI_i \leqslant 1$ 的产品为合格产品。其中，α-蒎烯、β-蒎烯、3-蒈烯、柠檬烯的 LCI 值都为 2.000 $\mu g·m^{-3}$。

在对木材释放挥发性有机化合物种类的研究基础上，学者还对 VOC 释放成因更为复杂的人造板 VOC 释放种类和控制技术进行研究。目前，大量的研究证实，树种、含水率、干燥温度和生产工艺都会影响木材以及人造板的有机挥发物的散发。Gardner 和 Wang 研究了热压过程中人造板 VOC 释放，发现热压温度、热压时间、胶种、树种的改变对 VOC（以乙酸、甲醛及萜烯类物质为主）释放种类有不同程度的影响。Makowski 和 Ohlmeyer 研究了干燥温度和热压时间对欧洲赤松定向刨花板 VOC 释放量的影响，认为干燥温度对醛类浓度的变化影响更为明显；延长热压时间可以降低萜烯的释放量，但加速了挥发性醛类的形成；高热压温度（260℃）会导致萜烯的释放量减少，以及醛类的初始释放量降低，且醛类的形成过程也会发生改变；表面平滑的定向刨花板萜烯的释放量较低。

除了从源头控制木质复合材料 VOC 释放量外，针对木质材料引起室内空气质量污染问题，也有很多关于使用物理、化学方法对外部空气中 VOC 吸附、降解的相关研究。传统处理挥发性有机物的方法有催化燃烧法、活性炭吸附法和液体吸收法等。随着新材料和新技术的快速发展，许多在其他领域对 VOC 降解卓有成效的研究方法和原理都可以对降低木质材料 VOC 释放研究起到提示和借鉴作用，如光催化法和声化学。

光催化法是一种新兴、高效降解甲醛和 VOC 的方法。光催化材料在紫外光的激发下能活化分子氧和水分子使其产生自由基，可以将各种有机化合物氧化，彻底降解，它可以有效降解甲醛、三氯乙烯、苯酚和芳烃类化合物等。

声化学（Sonochemistry）是指利用超声波开启化学反应新通道，加速化学反应和提高化学产率的一门新兴的交叉学科，在提取、新材料合成和净化污水等方面都得到研究和应用。利用声空化效应产生的局部高温（5000 K）和高压（50.7 MPa）以及高温导致生成的自由基催化氧化有机物，使其彻底矿化为二氧化碳和水，达到净化有机废水的目的。超声波降解有机物的关键在于声空化效应的形成，影响超声波降解作用的主要因素包括频率、声强与功率、声辐照时间、波形、溶液的表面特性、pH 和有机物自身特性等。研究表明：超声波可以有效降解含氯化合物、酚类和芳香族化合物。

1.2.2 国内研究现状

1. 木材增强处理

我国在 20 世纪五六十年代就已经开始研究压缩木，起初研制压缩木制作湿纺辘子、轴承材料、锚杆等。70 年代中后期，老一代科学工作者对压缩木的制作工艺做了多方面研究，并提出用桐油等浸渍木材以稳定压缩效果的方法。其后一直到 1995 年前后，学者们研究的重点一直是怎样压缩木材制作木梭。近年来，我国学者在这方面进行了深入研究，并进一步提出了木材密实化、木材强化的概念。

1996 年，方桂珍、刘一星等用低相对分子质量三聚氰胺甲醛树脂固定大青杨木材压缩变形，发现处理材的阻湿率和抗胀缩率（ASE）显著提高，材色未发生改变，木材光泽度增加；同时，探讨了三聚氰胺甲醛树脂与木材的交联作用机理。我国学者还对影响密实化木材回弹率和力学性能的因素进行研究。张云岭发现三聚氰胺甲醛树脂可以有效地固定泡桐的压缩变形，且树脂浓度显著地影响压缩木的回弹率；陈玉和等研究发现：含水率、热压温度、热压时间和树脂溶液浓度都对压缩木回弹率有显著影响；唐辉等通过真空、热处理和电子束辐射的方式密实化处理木材，提高了木材硬度和压缩强度，改善了木材吸水性。1998 年，方桂珍等对多元羧酸类化合物和 PF 预聚物等非甲醛系试剂对木材压缩变形的固定作用和机理进行了研究。

2001 年，刘君良、江泽慧等采用一种新型木材改性处理剂（改性异氰酸酯溶液）处理美国人工林火炬松（*Pinus taeda*）以提高其表面密度和硬度，且研究了树脂浓度对处理材的吸水厚度膨胀率和压缩变形恢复率的影响，研究发现：改性异氰酸酯浸渍处理后的木材，其表面耐磨性、表面硬度和阻燃效果得到明显改善。在此期间，除了对新型木材改性树脂研究外，也有文献报道关于树脂溶液浸渍木材效果影响因子的研究。马掌法研究在加压条件下和常压条件下树脂溶液在杉木中的渗透性差异，研究表明：在加压条件下杉木的液体渗透性较常压下有很大提高；张宏健等研究了不同热固性树脂和不同真空加压浸渍条件对浸注效果的影响，发现：树脂种类、木材材种、木材位置和加压浸渍时间显著影响树脂对木材的浸渍效果。木材性能的改善程度直接取决于树脂的浸入量。此后，吴玉章研究了压力对酚醛树脂水溶液浸渍杉木的树脂增重率影响，研究表明：常压浸渍下，树脂对木材充填率为理论最大浸注量的 10%左右，而真空-加压工艺下填充率可增加到 90%以上。

2004 年，刘君良等研究了酚醛树脂浓度对杨木、杉木尺寸稳定性的影响作用。随后，木材增强处理研究由对处理方法和影响因素的研究转向对处理材最佳生产工艺的研究。魏新莉探索出了热压压缩强化处理意杨木材的新工艺。2005 年，陈瑞英等通过对处理材进行物理力学性能测试、红外光谱分析和电镜扫描，分析了树脂固定木材压缩形变的机理，得到了速生意大利杨木密实化处理最佳的生产工艺参数；贺宏奎研究发现：以树脂浓度为 20%～30%的酚醛树脂溶液浸渍处理速生杨木材效果较好，认为当树脂浓度较高时，树脂的黏度增加，不利于树脂向木材的渗透和扩散；2007 年，李艳研究发现：在真空度为 0.1 MPa 的条件下对杨木进行预抽真空处理 1 h 后，浸渍三聚氰胺树脂 24 h，得到的改性杨木力学性能比素材提高 56.8%；柴宇博得出了酚醛树脂通过真空加压浸渍到大规格杨木中的最佳工艺，即树脂浓度为 30%，真空时间为 60 min，压力为 1.0 MPa，保压时间为 3 h；2009 年，张佳彬等得出了异氰酸酯-丙酮溶液对杨木强化处理的最佳工艺参数，即异氰酸酯浸渍液浓度的质量分数为 35%，抽真空 1 h，压力为－0.1 MPa，加压浸渍压力 0.8 MPa，加压浸渍时间 3 h。

除了对浸渍剂种类、影响因素和最佳强化工艺研究以外，研究领域还扩展到干燥、加工特性和涂饰性能等方面。2008 年，章瑞对速生杨木改性材胶合木梁的设计与制作进行了研究；同期，柴宇博等研究了酚醛树脂杨木强化处理材的涂饰性能和机械加工性能，发现处理材的漆膜硬度比未处理材有所提高，机械加工性能明显得到改善；2009 年，周永东研究了低相对分子质量酚醛树脂强化杨木干燥特性，并探讨了干燥机理；2014 年，孟什等对氮羟甲基树脂改性杨木的涂饰性能也进行了研究，认为树脂对木材的涂饰性能没有负面影响。

2. 木材阻燃处理

国内木材阻燃技术在 20 世纪 80 年代后进入蓬勃发展时期。中国林业科学院木材工业研究所、东北林业大学和北京林业大学等先后开展木质材料阻燃技术研究工作。1984 年，王清文开发了 FRW 新型木材阻燃剂，该阻燃剂各项性能优于国外同类产品；之后，北京林业大学开发了 BL 环保阻燃剂，该阻燃剂具有一剂多效、无毒环保、工艺简单和成本低廉的优点；南京林业大学开发了 TGP 木材阻燃剂；中南林业科技大学胡云楚开发了一种制备纳米硼酸锌阻燃剂的方法，新型阻燃剂的研发促进了我国木材阻燃技术的发展。同时，我国学者也对阻燃处理材性能、木材阻燃处理工艺、阻燃机理、处理方法、阻燃性能测试等方面进行了深入研究。

1994 年，李大纲等研究了阻燃处理材阻燃性能和高温下的力学强度，发现阻燃处理不仅可增加木材的阻燃能力，而且提高了木材在高温下的抗压强度，有助于延长木构件在高温中被烧毁的时间。同年，罗文圣等指出了选用阻燃剂时应充分考虑 pH、热解温度、阻燃剂的粒度及高温下阻燃剂与胶黏剂的化学反应。1997 年，刘燕吉等研究了 WFR 木质材及阻燃型木材、胶合板、刨花板和中纤板的生产工艺；此后，王清文、刘迎涛等系统研究了新型阻燃剂 FRW 在各类人造板中的阻燃工艺；侯伦灯等分析了阻燃剂用量、浸渍单板干燥后含水率、施胶量、热压温度等因素对板材胶合性能和阻燃性能的影响；肖忠平等提出了可用于指导生产实践的阻燃浸注处理工艺；李志洲等研究了温度、时间、pH 及阻燃液浓度对榉木薄板的阻燃性能的影响；顾波等探讨了热压温度、时间和单板浸渍时间对胶合板阻燃环保性能和浸渍剥离性能的影响。

2003 年，张和平等介绍了 ISO ROOM 火灾实验方法及其对建筑装饰板材的热释放速率测试与研究，同时还研究了热释放速率与室内燃烧过程中其他动力学相关参数的关系；同年，罗文圣等研究了阻燃处理木材的燃烧及传热过程。2004 年，陈雪梅等研究了双氰胺、磷酸、硼酸 3 种物质组成的阻燃体系，并获得了一剂阻燃的配方；郑崇微等以脲醛树脂为基料，三聚氰胺为发泡剂，氢氧化铝为填料，制备出阻燃性能较好的膨胀型木材阻燃涂料。

2005 年，李晓东研究不同浸渍处理和阻燃处理方法用于改善樟子松和水曲柳性能，提出了将微波处理和超声波辐射用于改善木材渗透性和阻燃剂浸渍性的技术路线。2006 年，李晓东又对超声波技术应用在木材阻燃浸渍处理过程中的超声波工艺参数进行研究，进一步证明该方法用于木材阻燃的可行性。

2011 年，王明等利用低相对分子质量三聚氰胺-脲醛树脂与硼酸、硼酸复配改性处理柳杉木材，发现改性剂可以提高增强-阻燃处理材的力学性能和阻燃性能。同年，徐建中也研究将阻燃剂与低聚合度树脂混合后浸渍处理木材，该方法可以使抗流失性能和吸湿性能得到改善，同时，又可提高木材表面硬度。2014年，陈星艳等研究了分子筛在木材阻燃中的应用，提出少量的分子筛就能提高阻燃效果。

伴随阻燃处理技术的发展，评价木材阻燃性能的测试方法和仪器也得到了快速发展。氧指数法、热分析法、傅里叶变换红外光谱仪（FTIR）、锥形量热仪（CONE）、裂解气相色谱仪（PYGC）、示差扫描量热仪（DSC）等现代分析测试手段，已被广泛应用于木质材料阻燃性能测试和阻燃机理的研究中。

3. 木制品甲醛和VOC释放及控制技术

国内关于VOC的相关研究起步较晚，但近几年在室内VOC及建材所释放的VOC采样方法、检测手段、释放物种类以及模型的建立等方面研究已取得很大进步。自2008年以来，沈隽团队主要研究了木材原料和人造板挥发性有机化合物检测方法、成分分析及评价方法；人造板生产工艺参数对板材VOC释放的影响和确定最优生产工艺参数；饰面人造板VOC散发特性及饰面材料、饰面工艺对人造板VOC释放的影响；环境温度、湿度对人造板VOC和甲醛释放的影响及机理研究；人造板挥发性有机污染物排放清单的确定和编制室内装饰用人造板挥发性有机化合物释放限量标准；室内装饰材料VOC释放特性模型的建立和室内空气质量评价软件的开发；可控制背景浓度的小型环境舱的研制与应用等。

目前对强化材和阻燃材的环保性能测定主要是检测甲醛含量，但对处理材挥发性有机物检测的相关研究文献尚且少见，特别是关于甲醛和挥发性有机物的控制技术研究成果鲜见报道。然而关于人造板甲醛和VOC释放及控制技术的相关研究较多，其控制方法分为物理方法（吸附、工艺参数控制）和化学方法（光催化和胶黏剂改性）两类。

最常用的物理方法是吸附法，因其去除效率高、净化彻底、工艺成熟、实用等优点，常被用于室内吸附甲醛，提取样品中的挥发物和压制自洁人造板。但吸附材料也具有一些缺点，如对特定的污染物具有选择性，处理设备庞大，需要定期更换或再生，尤其当废气中有胶粒物质或其他杂质时，吸附剂容易失效，易造成二次污染等，因而使其应用和研究受到限制。除了采用吸附剂与木材复合压制自清洁人造板外，还可通过控制干燥工艺和人造板生产工艺参数以及贴面等手段从源头控制挥发性有机物释放。2006年，龙玲对杉木和尾叶桉在干燥过程中的VOC及甲醛释放量进行研究，发现干燥温度、含水率对VOC（主要是萜烯类、醛类、有机酸和醇类）和甲醛释放速率都有影响。高温干燥可以提高TVOC的释放速率，除甲醛高温干燥时随含水率升高而释放速率减小外，其他物质的释放速率随含水率升高而增大。降低干燥温度和提高木材终含水率，可以显著减少醛类物质、甲醇和有机酸的排放量。邵明坤研究发现：甲醛释放量随着热压温度升高，热压时间延长而降低；随着含水率的升高，甲醛释放量随之增加。2009年，刘玉等研究热压工艺对落叶松刨花板 VOC 释放的影响发现：当热压温度为 180℃时压制的刨花板 VOC 释放总量较 140℃时压制的刨花板 VOC 释放总量提高 64.05%，且随着热压温度升高，刨花板所释放出来挥发性有机化合物的种类增多，其中芳香族挥发性有机化合物质含量明显增加。2010 年，陈峰在表面装饰对刨花板 TVOC 释放量影响的研究中发现，饰面方法会影响甲醛和挥发性有机物的释放，贴面材料能很好地降低污染物的质量浓度。

除了通过物理方式降低木制品甲醛和 VOC 的释放外，利用纳米光敏材料催化降解有机物的研究和胶黏剂改性降低游离甲醛的研究备受关注。

环境催化技术与其他污染物控制技术相比，其对污染物去除效率高、反应速率快、二次污染少且成本低廉，因此备受青睐。纳米二氧化钛是几种应用比较广泛的光催化材料中的一种，因其低毒、性质稳定、光催化活性高、价格低廉等优点被广泛用于污水治理、空气净化等领域。2005 年，周晓燕将纳米 TiO_2 与蒸馏水混合后喷施在刨花表面，制成具有自洁功能的刨花板，实验发现：刨花板的自洁功能随纳米 TiO_2 添加量的增大略有增加，但幅度较小。2009 年，程大莉通过真空加压方法将竹炭/TiO_2 复合体浸渍到杨木单板中，单板干燥后涂胶组坯热压成型制成自洁人造板，研究了影响界面胶合性能的因素，确定了最佳工艺条件：热压压力为 1.2 MPa，浸渍压力为 1.6 MPa，涂胶量为 250 $g \cdot m^{-2}$。

改性树脂是提高木材强度的重要改性剂，同时更是甲醛和 VOC 的主要来源。为了降低树脂的游离甲醛含量，常采用低物质的量比配方、改进合成工艺、加入各种改性剂等方法。夏松华等报道了经超声波与纳米 TiO_2 改性的脲醛胶压制而成的胶合板，胶合强度大幅增加，树脂甲醛含量和板材甲醛释放量都大幅度减少。当超声频率为 28 kHz、纳米 TiO_2 的添加量为 0.05%时，胶合板的胶合强度提高了 155%，树脂的游离甲醛含量降低了 77.8%，板材甲醛释放量降低了 68.3%。通过利用 ^{13}C-核磁共振对改性脲醛树脂结构分析，有 Uron-CH_2-Uron 存在，此结构稳定，不易分解释放出甲醛。林巧佳等研究发现：经纳米二氧化硅改性后的脲醛树脂不仅可以提高胶合强度而且可以降低游离甲醛含量。时尽书利用减压-加压的方法将不同方法复合制得的脲醛-SiO_2 改性剂注入杨木中，发现了纳米 SiO_2 的添加显著提高了杨木的硬度和综合性能。

外部环境因素对甲醛和 VOC 释放也有显著影响。2011 年和 2013 年，王敬贤和李爽分别研究了环境因素对刨花板和胶合板甲醛和 VOC 释放特性的影响，研究表明：温度对甲醛和 VOC 释放量影响最大，温度升高，板材内部扩散系数也会随着提高，甲醛和 VOC 分子的活性也提高，释放量增加；换气率会影响板材周围甲醛和 VOC 气体浓度，影响板材内外有害气体浓度梯度，进而影响有害气体的释放量；随着相对湿度增大，水蒸气会进入板材内部，使内部甲醛部分溢出，并使甲醛释放量略微增加。

由于人造板以及木制品因工艺差异而导致挥发性有机物释放控制方法不尽相同，因此需针对产品的工艺特点采取适宜的方法来提高产品的环保性能。就真空-加压浸渍强化材的工艺过程来看，它要求木材具有良好的渗透性并采用有效的浸渍方法，因此，可以借鉴在其他方面有效的 VOC 控制技术，如超声波技术、光催化技术和纳米材料对树脂的改性技术等，运用在木材、低分子树脂和浸渍过程等强化木生产过程中，实现产品的 VOC 低释放；就阻燃杨木胶合板而言，可以通过优化生产工艺，选择合适的阻燃剂，在后期对板材饰面处理等方法来降低甲醛和 VOC 的释放。

1.3 应用中存在的问题和发展趋势

1.3.1 存在的问题

国内外学者对木材增强和阻燃处理技术做了深入研究，在树种、改性剂种类、处理方法、影响因素、工艺优化、干燥特性及加工特性等方面研究已经取得了很大的进展，进一步促进了处理材的产业化应用。但也仍然存在一些问题制约着木材改性技术的工业化和市场化，主要表现在：

（1）目前的研究仅局限于实验室，研究成果没有中试。以真空-加压浸渍处理木材为例，受设备限制，实验室制备的试件都是小尺寸试件，且生产工序繁琐、能耗较高，导致了研究成果与实际生产不匹配，产品产业化生产过程中仍会遇到诸多问题。

（2）木材增强和阻燃处理主要依赖于增强树脂和阻燃剂，有些化学物质本来就带有毒性，使得处理材在加工和利用过程中会释放出大量的有毒有害气体，危害人体健康，限制了产品的应用范围。

（3）木材改性剂，尤其是不与木材发生化学交联反应的改性剂存在易流失的缺点，这也是阻燃处理中最重要的问题，它直接影响阻燃作用的持久性。如何使药剂长久地留在木材内以保持阻燃效果，是木材阻燃的一个重要课题。

（4）目前的改性技术虽然可以提高木材的某些性能，但同时也造成了其他性能指标的降低，因此，需要研发“一剂多效”的改性剂和针对产品使用要求开发兼顾各项性能指标的生产工艺。

（5）现有研究在强化材和阻燃材的涂饰性能、薄木饰面性能和产品开发方面不够系统和深入，从而影响处理材的推广和使用。

1.3.2 发展趋势

木材改性技术的发展趋势如下：

（1）木材改性技术研究与实际生产相对接，包括试件尺寸、设备的开发与规模、工艺的简化和成本的降低等，解决处理材工业化生产的技术难题。

（2）在提高木材各项性能的同时，注重处理材的环保性能，低毒、无污染产品将是未来发展主要趋势。

（3）改性剂今后将进一步朝着超细化、纳米化、有机-无机复合、低毒、低污染、一剂多效的方向发展，木材阻燃剂的抑烟化和无毒气体化将是新型阻燃剂的研发趋势。

（4）处理材和改性剂必须接受市场的检验，包括产品的各项性能，应用范围、产品开发、生产成本、环保性能等多项指标能够被广大消费者所接受。

参考文献

柴宇博，刘君良，刘焕荣．2008．酚醛树脂浸渍处理杨木的涂饰性能研究[J]．中国人造板，8：11-13

柴宇博．2007．人工林木材密实化处理技术及性能评价[D]．中国林业科学研究院硕士学位论文

陈峰，沈隽，苏雪瑶．2010．表面装饰对刨花板总有机挥发物和甲醛释放的影响[J]．东北林业大学学报，6(38)：76-80

陈峰．2010．饰面刨花板挥发性有机化合物释放特性及影响因子的研究[D]．东北林业大学硕士学位论文

陈瑞英，胡国楠．2005．速生杨木密实化研究[J]．福建农业大学学报(自然科学版)，34(3)：324-329

陈星艳，陶涛，向仕龙．2014．分子筛在木材阻燃中的应用[J]．世界林业研究，27(3)：51-55

陈雪梅，夏贤友，杨守盛．2004．木材阻燃剂的配制[J]．林产化工通讯，38(4)：5-7

陈玉和，李强，Muehl J H．1997．泡桐木材压缩硬化研究初报——泡桐压缩木回弹率的影响因素[J]．中南林学院学报，17(1)：46-51

程大莉，蒋身学，张齐生．2009．竹炭/TiO_2复合体改性杨木单板的胶合性能[J]．林业科技开发，23(6)：85-87

方桂珍，崔永志，常德龙．1998．多元羧酸类化合物对木材大压缩量变形的固定作用[J]．木材工业，12(2)：16-19

方桂珍，李淑君，刘健威．1999．低分子酚醛树脂改性大青杨木材的研究[J]．木材工业，13(5)：17-19

方桂珍，刘一星．1996．低分子量MF树脂固定杨木压缩木回弹技术的初步研究[J]．木材工业，10(4)：18-21

封跃鹏，张太生．2002．室内污染概述[J]．环境监测管理与技术，(3)：17-20

顾波．2007．BL-环保阻燃剂对脲胶胶合板性能影响的研究．北京林业大学博士学位论文[D]

贺宏奎．2006．速生杨木材压缩及树脂浸渍密实化研究[D]．北京林业大学博士学位论文

侯伦灯，刘景宏，杨远才，等．2000．马尾松胶合板阻燃技术的研究[J]．木材工业，14(2)：6-8

李大纲，徐永吉，王卫东．1994．温度对杨木阻燃材木材强度的影响[J]．木材工业，8(3)：47-48

李爽．2013．小型环境舱设计制作与人造板VOC释放特性研究[D]．东北林业大学硕士学位论文

李晓东，郝万新，齐向阳．2006．超声波技术在木材阻燃浸渍处理过程中的应用[J]．福建林业科技，33(1)：64-66

李晓东，齐向阳，郝万新．2005．微波技术在木材阻燃处理过程中的应用[J]．连云港职业技术学院学报，18(4)：66- 68

李晓东．2005．微波超声波技术在阻燃剂浸渍处理木材中的应用[J]．化工进展，24(12)：1422- 1425

李艳．2007．三聚氰胺树脂处理杨木及其密实化工艺与性能的研究[D]．南京林业大学硕士学位论文
李志洲，杨海涛，闵锁田．2003．桦木薄板阻燃处理工艺研究[J]．宝鸡文理学院学报(自然科学版)，23(2)：127-129
林巧佳，杨桂娣，刘景宏．2005．纳米二氧化硅改性脲醛树脂的应用及机理研究[J]．福建林学院学报，25(2)：97-102
刘君良，江泽慧，孙家杰．2002．酚醛树脂处理杨树木材物理力学性能测试[J]．林业科学，38(4)：177-180
刘君良，江泽慧，许忠允．2001．新世纪新机遇新挑战——知识创新和高新技术产业发展(上册)[M]．北京：中国科学技术出版社
刘君良，李坚，刘一星．2000．预聚物处理固定木材压缩变形的机理[J]．东北林业大学学报，28(4)：16-20
刘君良，王玉秋．2004．酚醛树脂处理杨木、杉木尺寸稳定性分析[J]．木材工业，18(6)：5-8
刘燕吉，陈荔．1997．木质材料的阻燃剂[J]．木材工业，11(2)：37-41
刘燕吉，朱家琪，高超英．1999．橡胶木胶合板阻燃技术研究III．橡胶木阻燃胶合板的吸潮性[J]．木材工业，13(3)：10-13
刘一星，赵广杰．2004．木质资源材料学[M]．北京：中国林业出版社
刘迎涛，李坚，王清文，等．2003．FRW 阻燃中密度纤维板的 FTIR 分析[J]．东北林业大学学报，31(5)：40-41
刘迎涛，李坚，王清文．2004．FRW 阻燃桦木胶合板的性能研究[J]．林产工业，31(3)：22-24
刘迎涛，李坚，王清文．2006．FRW 阻燃中密度纤维板的热性能分析[J]．东北林业大学学报，34(5)：61-62
刘玉．2010．刨花板 VOC 释放控制技术及性能综合评价[D]．东北林业大学硕士学位论文
龙玲．2006．杉木和尾叶桉干燥过程中有机挥发物及人造板甲醛释放的研究[D]．中国林业科学研究院博士学位论文
罗建举，向仕龙．1993．脲醛树脂改性木材的研究[J]．木材工业，7(2)：19-22
罗文圣，夏元洲．1994．无机阻燃剂阻燃刨花板的研究[J]．建筑人造板，(3)：3-7
罗文圣，赵广杰，任强．2003．阻燃处理木材的燃烧及传热过程[J]．北京林业大学学报，25(3)：84-89
马掌法，李延军，陶金星，等．2001．速生杉木木材液体渗透性及影响因子[J]．浙江林学院学报，18(3)：278-280
孟什，冯鑫浩，贺晓艳，等．2014．氮羟甲基树脂改性杨木的涂饰性能[J]．东北林业大学学报，42(4)：96-104
潘艳伟．2012．室内空气品质设计与预测及健康风险评价[D]．东北林业大学硕士学位论文
邵明坤．2003．胶合板甲醛释放机理及降低措施[J]．淮阴工学院学报，12(1)：80-82
申璐青，张慧军，段青鹏，等．2013．真空-压力浸渍设备的研制[J]．电子工业专用设备，6：5-8
沈隽，曹连英，黄占华．2011．密闭小室测定建材有机物散发特性的研究[J]．北京林业大学学报，33(3)：111-114
沈隽，刘玉，朱晓冬．2009．热压工艺对刨花板甲醛及其他有机挥发物释放总量的影响[J]．林业科学，10(45)：130-133
石家庄纺织器材一厂．1975．用生桐油浸压缩木梭的试验[J]．纺织器材通讯，2：27
孙世静．2011．人造板 VOC 释放影响因子的评价研究[D]．东北林业大学硕士学位论文
唐辉，徐兴伟，马涛，等．1999．几种云南本地木材的密实化改性研究[J]．化学世界，8：422-425
唐伟，黄晓山，闫超．2006．杨木表面密实化技术[J]．林业科技，31(4)：52

王敬贤．2011．环境因素对人造板 VOC 释放影响的研究[D]．东北林业大学硕士学位论文
王明，刘君良，柴宇博．2011．增强-阻燃处理改善柳杉木材的性能研究[J]．木材工业，25(4)：15-17
王清文，李坚，李淑君，等．2002．用 CONE 法研究木材阻燃剂 FRW 的抑烟性能[J]．林业科学，38(6)：103-109
王清文，李坚．2004．用热分析法研究木材阻燃剂 FRW 的阻燃机理[J]．林产化学与工业，24 (3)：37-41
王清文．2000．新型木材阻燃剂 FRW[D]．东北林业大学博士学位论文
王雨．2012．室内装饰装修材料挥发性有机化合物释放标签发展的研究[D]．东北林业大学硕士学位论文
魏新莉．2004．速生工业人工林杨树木材压缩强化处理工艺的研究[D]．中南林学院硕士学位论文
吴玉章，松井宏昭，片冈厚．2003．酚醛树脂对人工林杉木木材的浸注性及其改善的研究[J]．林业科学，39(6)：136-140
吴玉章，原田寿郎．2005．磷酸按盐处理人工林木材的燃烧性能[J]．林业科学，41(2)：112-116
吴玉章．2005．硼化物及磷酸盐处理人工林木材的燃烧性能比较[J]．木材工业，19(2)：35-38
夏松华，李黎，李建章．2009．超声波与纳米 TiO_2 改性脲醛树脂的研究[J]．北京林业大学学报，31(4)：123-129
肖忠平，陆继圣．2000．研究与开发阻燃杉木胶合层积材的制造工艺[J]．木材工业，15(6)：16-19
徐慧娟．2009．光催化剂 TiO_2 的发展与应用[J]．廊坊师范学院学报，9(1)：77-82
徐建中，武红娟，武伟红，等．2011．酚醛树脂/K_2CO_3 复合阻燃剂对木材的阻燃处理及热性能研究[J]．化学工程师，8：22-25
岳孔，夏炎，张伟，等．2008．酚醛树脂改性速生杨木耐腐性能研究[J]．福建林学院学报，28(2)：164-168
张和平，聂磊，张军，等．2003．建筑装饰板材的 ISOROOM 大型热释放速率测试与研究[J]．火灾科学，12(2)：5-14
张宏健，尹秀明，邱伟建．2001．热固性树脂真空加压浸注工艺条件的研究[J]．林产工业，28(6)：7-10
张佳彬，王宏棣，周志芳，等．2009．异氰酸酯改性杨木效果分析[J]．林业机械与木工设备，37(9)：27-29
张久荣，吴玉章．2006．人工林杨木利用现状及前景[J]．中国林业产业，11：24-26
张迺良，沈友德．1964．压缩木轴承在轧钢机上的使用[J]．钢铁，29：57-59
张文超．2011．室内装饰用饰面刨花板 VOC 释放特性的研究[D]．东北林业大学博士学位论文
张云岭．1996．低分子量三聚氰胺-甲醛树脂固定泡桐压缩木回弹的研究[J]．木材工业，10(6)：15-17
章瑞．2008．速生杨木改性材胶合木梁的设计与制作[D]．南京林业大学硕士学位论文
赵志才，姬红星，王志宏．1994．压缩木含水与压缩木梭质量[J]．纺织器材，21(3)：19-22
郑崇微．2004．膨胀型木材阻燃涂料的研制[J]．山西化工，24(2)：56-57
周晓燕，陈亮．2005．纳米自洁型刨花板初步研究[J]．林业科技开发，19(6)：50-51
周永东．2009．低分子量酚醛树脂强化毛白杨木材干燥特性及其机理研究[D]．中国林业科学研究院博士学位论文
朱家琪，刘燕吉，高超英．1999．橡胶木胶合板阻燃技术研究Ⅳ．橡胶木胶合板的燃烧性质及热性质[J]．木材工业，13(4)：6-8
朱明华．2006．室内装修空气污染的危害及防治措施[J]．能源环境保护，(8)：20-26
朱颖心，张寅平，李先庭，等．2006．建筑环境学[M]．北京：中国建筑工业出版社
Ayrilmis N, Korkut S, Tanritanir E, et al. 2006. Effect of various fire retardants on surface roughness of plywood[J]. Building and Environment, 41(7): 887-892

Ayrilmis N. 2007. Effect of fire retardants on internal bond strength and bond durability of structural fiberboard[J]. Building and Environment, 42(3): 1200-1206

Baysal E, Altinok M, Colak M, et al. 2007. Fire resistance of Douglas fir (Pseudotsuga menzieesi) treated with borates and natural extractives[J]. Bioresource Technology, 98(5): 1101-1105

Baysal E, Yalinkilic M K, Altinok M, et al. 2007. Some physical, biological, mechanical, and fire properties of wood polymer composite (WPC) pretreated with boric acid and borax mixture[J]. Construction and Building Materials, 21(9): 1879-1885

Bhatnagar A. 1994. Sonochemical destruction of chlorinated C1 and C2 volatile organic compounds in dilute aqueous solution[J]. Environmental Science and Technology, 28: 281-286

Blantocas G, Mateum P E R, Orille R W M, et al. 2007. Inhibited flammability and surface inactivation of wood irradiated by low energy hydrogen ion showers (LEHIS)[J]. Nuclear Instruments and Methods in Physics Research B, 259(2): 875-883

Bolton A J, Dinwoodie J M, Davies D S. 1988. The validity of the use of SEM/ EDAX as a tool for the detection of UF resin penetration into wood cell walls in Particle board[J]. Wood Science and Technology, 22: 345-356

Branca C, Di Blasi C. 2007. Oxidation characteristics of chars generated from wood impregnated with $(NH_4)_2HPO_4$ and $(NH_4)_2SO_4$ [J]. Thermochimica Acta, 456 (2): 120-127

Buckley C J, Phanopoulos C, Khaleque N. 2002. Examination of the penetration of polymeric methylene di-Phenyl-di-isocyanate(PMDI) into wood structure using chemical state X-ray microscopy[J]. Holzforschung, 56: 215-222

Deka M, Saikia C N, Baruah K K. 2002. Studies on thermal degradation and termite resistant properties of chemically modified wood[J]. Bioresource Technology, 84(5): 151-157

Deka M, Saikia C N. 2000. Chemical modification of wood with thermosetting resin: Effect on dimensional stability and strength property[J]. Bioresource Technology, 73(2): 179-181

Feist W C, Rowell R M. 1991.Moisture sorption and accelerated weathering of acetylated and metha crylated aspen[J]. Wood and Fiber Science, 23(1): 128-136

Furuno T, Imamura Y, Kajita H. 2004. The modification of wood by treatment with low molecular weight Phenol formaldehyde resin: a properties enhancement with neutralized phenol-resin and resin Penetration into wood cell walls[J]. Wood Science and Technology, 3(7): 349-361

Gardner D J, Wang W L. 1999. Investigation of volatile organic compound press emissions during particleboard production[J]. UF-bonded Southern Pine Forest Products Journal, 49: 65-72

Giannelis E P. 1996. Polymer layered silicate nanocomposites[J]. Advanced Materials, (8): 29-34

Gindl W, Dessipiri E, Wimmer R. 2002. Using UV microscopy to study diffusion of melamine urea- formaldehyde resin in cell walls of Puree wood[J]. Holzforschung, 56: 103-107

Grexa O, Poutch F, Manikova D, et al. 2003. Intumescence in fire retardancy of lignocellulosic panels[J]. Polymer Degradation and Stability , 82(2): 373-377

Hausen B M. 1981. Wood Injurious to Human Health: A Manual [M]. Berlin, New York: Walter de Gruyter & Co

Hoffnan M R, Martin S T, Choi W, et al. 1995. Environmental applications of semiconductor photo catalysis[J]. Chemical Reviews, 95: 69-96

Hua I. 1995. Sonolytic hydrolysis of p- Nitrophenol acetate: the role supercritical water[J]. Journal of Physical Chemistry, 99, 2235-2242

Kartal S N, Ayrilmis N, Imamura Y. 2007. Decay and termite resistance of plywood treated with various fire retardants[J]. Building and Environment, 42(3): 1207- 1211

Kim Y M, Harrad S, Harrison R M B. 2001. Concentrations and sources of VOCs in urban domestic and public microenvironments[J]. Environmental Science and Technology, 35: 997-1004

Klepeis N E, Nelson W C. 2001. The National Human Activity Pattern Survey (NHAPS): A resource for assessing exposure to environmental pollutants[J]. Journal of Exposure Analysis and Environmental Epidemiology, 11(3): 231-252

Lawniczak M. 1994. Influence of aspen wood density and position in tree on selected properties of wood polystyrene system[J]. Holzals Rohund Werdstoff, 52(1): 19-27

Lewin M. 2005. Unsolved problems and unanswered questions in flame retardance of polymers [J]. Polymer Degradation Stability, 88(1): 13-19

Lin J G, Ma Y S. 2000. Oxidation of 2-chlorophenol in water by ultrasound/ fenton method[J]. Journal of Environment Engineering, 126(2): 130-137

Lindberg B, Rosell K G. 1974. Hydrolysis and chlorite holocellulose[J]. Svensk Papperstidning, 77: 286

Liodakis S, Bakirtzis D, Dimitrakopoulos A P. 2003. Autoignition and thermogravimetric analysis of forest species treated with fire retardants[J]. Thermochimica Acta, 399(1): 31- 42

Makowski M, Ohlmeyer M. 2006. Influences of hot pressing temperature and surface structure on VOC emissions from OSB made of Scots pine[J]. Holzforschung, 60(5): 533-538

Makowski M, Ohlmeyer M. 2006.Impact of drying temperature and pressing time factor on VOC emissions from OSB made of Scots pine[J]. Holzforschung, 60(4): 418-421

Mason T J, Lorimer J P, Bater D M. 1992. Quantifying sonochemistry: casting some light on a black ant[J]. Ultroasonics, 30(1): 40-42

Mcdond A G, Dare P H, Gioffrdete J S. 2002.Assessment of air emissions from industrial kiln drying of pinus radiate wood[J]. Holzals Rohund Werkstoff, 60(3): 181-190

Meininghaus R, Salthammer T. 1999. Interaction of volatile organic compounds with indoor materials—a small scale screening method[J]. Atmospheric Environment, 33: 2395-2401

Milton M R. 2000. Emissions from wood drying[J]. Forest Products Journal, 50(6): 10-20

Miroy F, Eymard P, Pizzi A. 1995.Wood hardening by methoxymethyl melamine[J]. Holzals Rohund Werkstoff , 53(4), 276

Molhave L. 1989. The sick buildings and other buildings with indoor climate problems[J]. Environment International, 15: 65-74

Nair H U, Simonsen J. 1995. The pressure treatment of wood with sonic waves [J]. Forest Product Journal, 45 (9): 59-64

Neuhaus T, Hansen M. 2008. Wienerberger SAS product emissions text(Report NO. 766842). AFSSET(2006)Test Protocol

Olson, Terese M. 1994. Oxidation kinetics of natural organic matter by sonolysis and zone[J]. Water Research, 28 (6): 1383-1391

Patrick E W, Kevin C C, Raghunath S C. 1996. Ultrasonic energy in conjunction with the double-diffusion treating technique[J]. Forest Product Journal, 46 (1): 43-47

Randoux T, Vanovervelt J C, Van den Bergen H, et al. 2002. Halogen-free flame retardant radiation curable coatings [J]. Progress in Organic Coatings, 45 (2 /3): 281-289

Rapp A O, Peek R D. 1999. Electron loss spectroscopy(ELS) for quantification of cell-wall penetration of a melamine resin[J]. Holzforschung, 53: 111-117

Risholm-Sundman M, Lundgren M, Vestin E, et al. 1998. Emissions of acetic acid and other volatile organic compounds from different species of solid wood[J]. European Journal of Wood and Wood Products, 56(2): 125-129

Risholm-Sundman M．2003．木质人造板的 VOC 释放[J]．人造板通讯，6：15-18

Rowell R M, Banks W B. 1985. Water repelleney and dimensional stability of wood[J]. USDA General Technical Report FPL, 50: 1-24

Ryu J Y, Takahashi M, Imamura Y, et al. 1991. Biological resistance of phenol-resin treated wood[J]. Mokuzai Gakkaishi, 37(9): 852-858

Shams M I, Yano H, Endou K. 2004. Compressive deformation of wood impregnated with low molecular weight Phenol formaldehyde (PF)resin: effects of pressing pressure and Pressure holding[J]. Journal of Wood Science, 50(4): 343-350

Smith L A, Cote W A. 1971. Studies of penetration of phenol-formaldehyde resin into wood cell walls with the SEM and energy-dispersive X-ray analyzers[J]. Wood Fiber, 3: 56-57

Stamm A J. 1964. Wood and cellulose science[M]. New York: Ronald Press

Sundin B, Risholm-Sundman M, Edenholh K. 1992. Emission of formaldehyde and other volatile organic compounds (VOC) from sawdust and lumber, different wood-based panels and other building materials: a comparative study. Vortrag gehalten anlässlich des 26. International particleboard/composite materials symposium. Pullman: Washington State University

Wiglusz R, Sitko E, Nikel G. 2002. The effect of temperature on the emission of formaldehyde and volatile organic compounds (VOCs) from laminate flooring —case study[J]. Building and Environment, 37: 41-44

World Health Organization. 1983. Indoor air pollutants: exposure and health effects[R]. Geneva: EURO Reports and Studies 78: 87-103

Yang X. 1999. Study of building materials emission and indoor air quality[D]. Cambridge: PhD Dissertation, Massachusetts Institute of Technology

Yildiz U C, Yildiz S, Gezer E D. 2005. Mechanical properties and decay resistance of wood-polymer composites prepared from fast growing species in Turkey[J]. Bioresouce Technology, 96(9): 1003-1011

第 2 章　木制品 VOC 测试方法研究

建筑和装饰材料释放的挥发性有机化合物是室内的主要污染物之一。随着现代建筑物密闭性的不断提高，以及木质材料和其他合成材料在家具和室内装饰中被大量使用，导致室内挥发性有机化合物浓度远远高于室外。VOC 是造成室内空气污染的主要污染物，大部分来自于建筑装饰材料及家具。人造板广泛应用于家具和室内装饰中，是室内 VOC 的主要来源之一。目前，德国、丹麦、挪威和日本已立法限制建筑材料 VOC 的释放。我国国家标准 GB/T 29899—2013《人造板及其制品中挥发性有机化合物释放量试验方法　小型释放舱法》于 2014 年 4 月 11 日正式颁布实施，林业行业标准《室内装饰装修材料人造板及其制品中挥发性有机化合物释放限量》于 2011 年 10 月通过国家标准化管理委员会审议，提请上级批准。掌握板材 VOC 释放特性，从而寻求降低或加速人造板 VOC 释放的途径成为提高室内空气质量的关键，检测板材 VOC 释放量是研究其释放特性的前提条件。

2.1　VOC 采集方法现状

近年来，国内外研究人员致力于建筑材料释放 VOC 的检测方法的研究。美国材料与试验协会（American Society for Testing and Materials，ASTM）、欧洲经济共同体（European Economic Community，EEC）和国际标准化组织（International Organization for Standardization，ISO）均已制定检测室内源释放 VOC 的指导程序。VOC 的检测方法对于建材生产和使用、室内空气质量的调查和研究至关重要。目前，国内外测定板材释放 VOC 的方法有实地和实验室小空间释放法（the field and laboratory emission cell method，FLEC）、干燥器盖法以及环境舱法。

2.1.1　实地和实验室小空间释放法（FLEC）

把一个抛光的环形不锈钢盖（内径为 15 cm、容积为 35 mL）放在试件表面上构成一个小空间释放室，即为 FLEC。将此装置放在恒温 23℃、湿度 50%的试验室条件中，向此释放室通入清洁空气（23 ℃，湿度 50%，流量为 100 mL·min^{-1}）（图 2-1）。释放室出来的气体采用吸附剂捕集或其他方法捕集，测量空气中的 VOC 浓度。

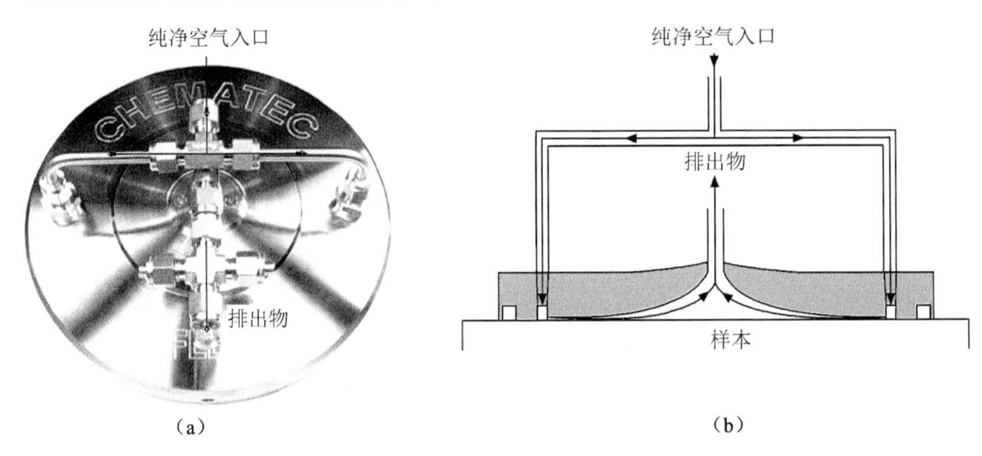

图 2-1　实地和实验室小空间释放法（FLEC）
（a）设备图；（b）示意图

已有学者通过采用FLEC与其他检测方法检测同一种试样的VOC释放情况来分析 FLEC 与其他检测方法的相关性。瑞典卡斯科产品有限公司采用 FLEC 和小气候箱法检测木质建材中甲醛和 VOC 的释放，研究发现两种检测方法的相关性很高；当 FLEC 放在没有接头的地方检测时，有机化合物的释放量比较少；而将 FLEC 放在两板接头的地方，释放量很大，这说明试样接头处有机物的释放量高于试样表面的释放量。FLEC 方法相对于环境舱法的优点是能够发现因试样部位不同而形成释放量的差异。Jae-Yoon An 通过 20 L 环境舱法和 FLEC 法检测复合地板释放甲醛和 VOC 情况，研究环境舱和 FLEC 法检测数据的相关性，研究发现 FLEC 法检测数据高于环境舱检测数据，但是两种检测方法检测相关性很高，两种方法检测游离甲醛数据相关系数为 0.95，检测 VOC 数据的相关系数为 0.72。Roache 等采用 FLEC 和小型环境舱法检测地板蜡和乳胶漆中 VOC 的释放情况，发现在通风率相同的情况下，两种方法检测地板蜡 VOC 释放时表现出很好的相关性，但是检测乳胶漆中 VOC 释放时相关性差。因此从以往学者的研究可以发现：FLEC 和环境舱法的相关性很好，但是也会因检测试样的不同而异。

Afshari 分别采用 1 m^3 环境舱法、FLEC 和空气质量研究实验舱（chamber for laboratory investigations of materials, pollution and air quality，CLIMPAQ）检测油漆 VOC 释放，分析三种检测方法检测数据的相关性。通过实验发现：油漆释放的 VOC 主要有戊醛、己醛、辛醛和癸醇；在三种不同检测方法条件下，油漆释放 VOC 达到平衡的时间不同。Gunnarsen 等分别采用五种检测方法检测建材中有害物质的释放（CLIMPAQ 以及从容积为 28 m^3 的环境舱到容积为 3.5×10^{-5} m^3 的四种 FLEC 释放舱体），结果发现：用五种检测方法检测相同材料有害物质释放量不同，最大相差将近十倍。原因是在五种不同测试方法中建材的单位面积通风率不同，造成测试结果不同。

2.1.2　干燥器盖法

干燥器盖法是由卡斯科公司研究开发的检测方法，实质是对 FLEC 法的修改。它具有低成本和实验数据可以直接读取的优点，同时样品表面的平整度和均一性要求不严格，简化了实验操作。干燥器盖安放在样品的表面上，气流通过样品表面，直读仪器上显示有机挥发气体的浓度（图 2-2）。干燥器盖的覆盖面积为 0.08 m^2，容积为 1.91 L。为了与标准的环境舱法的气体交换率和装载率近似相同，气流速度必须设定在 1 $L \cdot min^{-1}$。测定挥发性化合物释放的重要因素是保持被测样品和干燥器盖不产生波动。

瑞典学者 M. Risholm-Sundmann 等采用两种密闭容器的方法（容量瓶法和日本 9～11 L 干燥器法）和两种小空间释放的方法（FLEC 法和干燥器盖法）测定三层实木复合地板的游离甲醛释放量，并与 1 m^3 环境舱法所得数据进行比较发现：环境舱法与两种小空间释放方法检测数据之间的相关性很好，但是与两种密闭容器的方法相关性不好。原因是在两种密闭容器的方法中板材边部暴露，而且密闭容器中湿度较高，这都会使板材甲醛释放量增加，从而与环境舱法的相关性低。

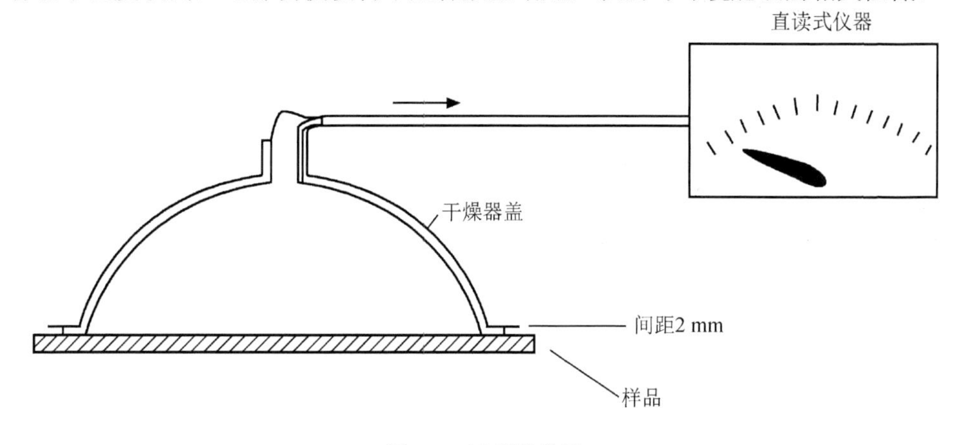

图 2-2　干燥器盖法

2.1.3　环境舱法

环境舱法能模拟产品在实际使用环境下（温度、相对湿度、风速和空气交换率）的 VOC 释放情况。通常将样品置于可控制测试条件（温度、湿度、空气交换率、表面风速等）的测试舱的中间位置，方向与舱内空气流向平行，一定时间后样品释放的 VOC 达到稳定，然后在测试舱气体出口处利用吸附管（Tenax 管等）采集一定体积的气体，分析所采集气体中 VOC 组分及其浓度。环境舱法与真实环境相似，能够最大限度地反映板材向周围环境释放 VOC 的特性，因此，环境舱法成为检测板材释放 VOC 最权威的一种方法。

环境保护部于 2010 年发布的国家环境保护标准 HJ 571—2010《环境标志产品技术要求 人造板及其制品》中规定采用 1 m^3 环境舱检测板材 VOC 释放。国内外不同标准中环境舱法试验参数见表 2-1。不同容积的环境舱对样品尺寸要求不同，适用范围也不同。大型环境舱检测板材尺寸范围广，但是设备成本昂贵；小型环境舱操作方便，设备成本低，但对板材尺寸有一定的限制。环境舱容积虽不同，但是各种容积环境舱工作原理基本相同。

表 2-1 国内外技术标准中环境舱法试验参数的对比

实验参数	ISO 16000-9	JIS A 1901	ANSI/ BIFMA M7.1	GB 18587
箱体容积/m^3	—	0.02～1	0.05～0.1，1.0～6.0，20.0～55.0	—
温度/℃	23±2	28±1.0	23±0.5	23.0±1.0
相对湿度/%	50±5	50±5	50±5	50.0±5.0
空气交换率/h^{-1}	—	0.5±0.05	1.0±0.05	1.0
试件表面空气速度/($m\cdot s^{-1}$)	0.1～0.3	0.1～0.3	—	0.1～0.3

国内大多数学者采用环境舱法研究建材中甲醛和 VOC 的释放特性。北京林业大学设计了 30 m^3 可分割的大型环境舱，用于整体家具释放 VOC 检测，并对环境舱功能及其稳定性进行评价，该环境舱现已投入使用。南京林业大学也自行设计制造了一座 40 m^3 的大型测试室，用于测定大型尺寸产品的 VOC 释放量。李光荣等采用 0.225 m^3 环境舱检测了家具板材（中密度纤维板、双面薄木贴面中密度纤维板和双面贴薄木油漆中密度纤维板）中甲醛和 VOC 的释放量。龙玲等采用 30 m^3 大环境舱测定家具中释放的甲醛和其他有机挥发物。李春艳等采用 8 m^3 环境舱法测定胶合板中 VOC 和甲醛的释放，同时分析外部环境因素对人造板 VOC 和甲醛释放的影响。

环境舱的体积是否会对测试结果有影响，国外已有学者对其进行了探讨。Jann 认为 VOC 释放与环境舱的体积没有关系，并利用检测涂漆板材释放 VOC 的测试结果证明了他的结论。Wensing 则认为材料的不均匀性会影响测试结果，因为小型环境舱要求板材尺寸小，由于整块板材的不均匀性，被检测的小尺寸板材并不能代表整块板材 VOC 释放特性。德国的 Makowshi 分别在 23.5 L 和 1 m^3 的环境舱中检测定向刨花板 VOC 45 天的释放特性，通过对定向刨花板释放的萜烯类、醛类和 TVOC 测试数据的对比发现：大小型环境舱检测数据最大偏差为 10%；作者认为小型环境舱适合对人造板释放 VOC 进行检测，实验采集数据时的随机误差和系统误差是造成实验结果不同的主要原因。Katsoyianni 分别利用四种不同容积的环境舱（0.02 m^3，0.28 m^3，0.45 m^3 和 30 m^3）在相同条件下分别检测四种地毯释放 VOC 和羰基化合物的情况，结果发现：环境舱容积严重影响 TVOC 释放速率，最大偏差高达 75%；对于单体 VOC 来说，四种容积环境舱体检测结果相差很大。

综上所述，环境舱法因具有能够模拟室内自然环境和检测结果准确可靠的特点成为检测 VOC 最常用和最权威的方法。但是按照国内外标准，人造板 VOC 检测需要使用对背景气体浓度要求极其严格的大型环境舱采集气体。大型环境舱设备投入大（十几万元到几十万元），环境舱周转效率低、水电气及其耗材消耗多，采集及检测技术要求严格，需要配备专业人员，使得检测费用不菲。这种情况对生产企业和消费者及时获取相关数据十分不利。国内现有的小容积环境舱也存在一些问题：舱体循环气体为经过干燥和活性炭净化处理后的空气，但是极有可能因干燥或是净化不彻底使舱体气体背景浓度达不到要求，对实验结果造成影响；舱体由不锈钢材料制成的，加工复杂；舱体内风扇转速不可调，给检测不同风速条件下 VOC 释放特性的实验带来困难。因此，开发工作参数稳定、测试数据准确、成本低廉的小型环境舱对木制品挥发性有机污染物的检测与控制，十分重要。

2.2　小型环境舱的设计原理与性能

2.2.1　小型环境舱的设计原理与结构

环境舱，国内也叫气候箱，是人为设计建造一个能模拟室内真实空间环境，并能通过相关技术手段控制其温度、湿度、气流速度、换气次数等环境因素，具有一定体积的测试设备。

1. 环境舱设计原理

由于环境舱必须具有能够模拟室内环境的功能特点，因此环境舱需配备调温、调湿和风速调节装置等。为了不影响试样释放 VOC 的检测结果，环境舱材质必须满足低释放、低吸附的要求。标准 HJ 571—2010《环境标志产品技术要求　人造板及其制品》中关于环境舱体的要求如下：

1）环境舱材料

环境舱内壁、管道及与实验有关的各种装置，应采用低散发、低吸收性的材料制作，对 VOC 的惰性尽可能大，尽量不吸收 VOC。

2）环境舱气密性

为避免周围空气进入舱体，导致空气交换失控，所有结合部位都应密封，保证舱体的气密性。

3）空气循环装置

为加强舱内空气混合均匀，安装空气循环装置，样品表面空气流速为 0.1～0.3 $m \cdot s^{-1}$。

4）空气交换装置

环境舱内应装有能够连续调节和控制空气置换率的装置。

5）清洁空气控制供给装置

清洁空气的供给装置，应满足下列条件：进入环境舱的空气中的 VOC 含量应小于环境舱的背景浓度要求。背景浓度应足够低，确保不干预释放量的检出限度，TVOC 的背景浓度应低于 20 μg·m^{-3}，任何单一目标 VOC 的背景浓度应低于 2 μg·m^{-3}。用于加湿的水不得含有干扰的挥发性有机化合物。

6）温度控制装置

将环境舱放置在温度一定的环境中，然后观察环境舱内的温度变化，或者使环境舱内的温度维持在某一温度，观察环境舱外温度变化。如果是后一种情况，则环境舱的内壁上应避免出现凝结水。

7）相对湿度的控制装置

可以通过环境舱外部的各种清洁空气供应的湿度控制系统或环境舱内部的空气湿度控制来实现。在后一种情况下，应采取预防措施以避免环境舱内发生水汽冷凝或水雾现象。应连续或频繁地监测空气控制系统的温度和相对湿度，传感器应放在环境舱内有代表性的位置。

2. 小型环境舱结构

该小型环境舱由舱体、风速调节装置、控温控湿装置、清洁气体供给装置和气体采集装置组成。小型环境舱结构图如图 2-3 所示。

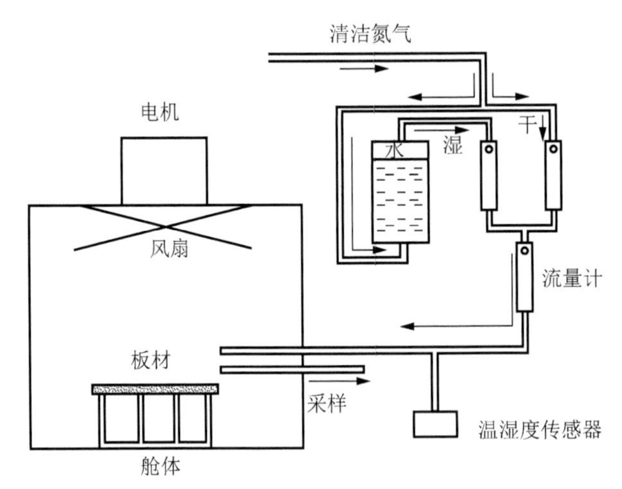

图 2-3　小型环境舱结构图

1）舱体

小型环境舱舱体由玻璃真空干燥器改造而成，所有玻璃构件连接处均进行磨砂处理，以保证舱体密闭性。玻璃材质易加工、成本低，而且不会释放或吸附挥发性有机化合物，因此不会影响板材的检测结果。舱体侧面打孔，用于进气和采样。舱体内设置不锈钢支架，目的是使清洁气体均匀地流经试样表面。

2）风速调节装置

为使舱体内部气体混合均匀，舱体上部设置风扇，风扇由15 W的微型电机和减速箱控制。通过减速箱调节风扇转速，根据标准HJ 571—2010规定，舱体内的气流速度为0.1～0.3 m·s^{-1}，用风速仪测定舱体内风速，根据风速测量值调节小风扇转速，直至达到标准范围。风扇材质为不锈钢材料，满足低释放和低吸附挥发性有机化合物的要求。

3）控温控湿装置

通过流量计3控制气体总的流量，流量计1控制经过装水玻璃容器的气体流量，再与通过流量计2的干燥气体汇合来调节气体相对湿度（图2-4），以达到实验所需相对湿度。温度是由恒温室整体控制。恒温室面积约为15 m^2，隔温性能较好，在恒温室内安装具有换气功能的变频空调，通过空调调节室内空气的温度。温湿度传感控制器实时监测气体温度和相对湿度。

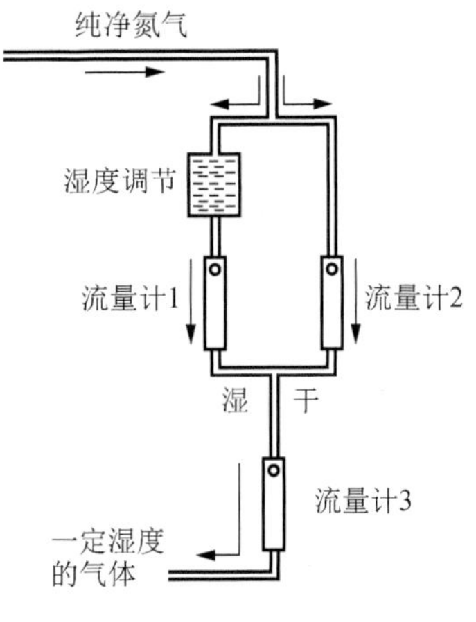

图2-4 气体流向图

4）气体供应装置

系统循环气体为纯净的惰性气体氮气，不会与板材释放的挥发性有机化合物发生反应，因此不会影响实验结果。具有一定湿度的纯净氮气依靠氮气罐自身压力进入到舱体内部。

5）气体采集装置

出气口连接Tenax-TA吸附管，混合气体在智能真空泵的作用下，采集到Tenax-TA吸附管中。Tenax-TA采样管吸附的气体再通过其他仪器设备进行分析检测。根据测试需求出气口可以设为2个、3个或多个，出气口装置由玻璃加工而成，加工方便快捷。

6）小型环境舱各部件连接

为保证舱体的气密性以及满足低释放、低吸附的要求，所有结合部位的部件均采用不释放、不吸附的聚四氟乙烯材料。

2.2.2 小型环境舱性能分析

由于外部环境的温湿度严重影响试样VOC的释放，因此，一个符合标准的环境舱必须具备稳定的温度和湿度。同时舱体还需具备良好的气密性以保证混合气体不泄漏，不会影响测试结果。低背景浓度也是标准的环境舱必须具备的条件。

1. 舱体温度的稳定性与控制范围

温度对 VOC 释放有显著影响，因此温度的稳定性是保证测试结果准确的前提条件。本书中所设计的 15 L 小型环境舱所在的实验室面积比较小（15 m^2），房间密闭性很好。该实验室只用来作为 15 L 环境舱的大环境室，所以空调控制室内温度比较平稳。空调温度开始设为 24℃，舱体一小时内达到 23℃。从舱体温度达到 23℃开始，每十分钟记录一次温度，连续记录四个小时（表 2-2）。

表 2-2　四小时内室内温度记录表

时间/min	空调温度/℃	室内温度/℃	与 23℃偏差/℃
10	24	23	0
20	24	23.1	0.1
30	24	23.1	0.1
40	24	23.2	0.2
50	24	23.3	0.3
60	24	23.3	0.3
70	23	23.4	0.4
80	23	23.4	0.4
90	23	23.4	0.4
100	23	23.4	0.4
110	23	23.4	0.4
120	23	23.4	0.4
130	23	23.4	0.4
140	23	23.4	0.4
150	23	23.4	0.4
160	23	23.3	0.3
170	23	23.3	0.3
180	23	23.3	0.3
190	23	23.3	0.3
200	23	23.3	0.3
210	23	23.3	0.3
220	23	23.3	0.3
230	23	23.3	0.3
240	23	23.3	0.3

根据标准 HJ 571—2010，温度的偏差为±0.5℃，在四个小时内舱体温度偏差为＋0.4℃，人为控制空调，当温度偏差超过±0.5℃时，调节空调温度。所以室内空调控制舱体温度平稳，能够达到标准要求。

空调的温度调节范围一般是 16～30℃，为了保证空调的使用寿命，温度调节范围设为 18～28℃，所以舱体的温度控制范围是 18～28℃。

2. 相对湿度的稳定性与控制范围

环境舱的相对湿度是通过流量计调节干、湿氮气混合来控制的。相对湿度的控制范围是 35%～80%，控制稳定。

3. 舱体背景浓度

背景浓度是指环境舱在未放置试样时舱体内有害物的初始浓度，是衡量舱内空气质量的重要指标。在使用环境舱前，先用蒸馏水擦拭舱体内部，再用无水乙醇擦拭舱体，以除去舱体内壁吸附的挥发性有机化合物等杂质。小型环境舱循环气体为纯净的惰性气体氮气，不会与试样或试样所释放的 VOC 发生反应。环境舱组成部件均为玻璃、不锈钢和聚四氟乙烯材料，三种材料释放 VOC 和吸附 VOC 的性能很低。因此，能够保证环境舱的背景浓度达到要求。

在不放入试样的前提下，舱体通入氮气循环，Tenax-TA 吸附管采集舱体内混合气体，采集气体流速为 150 mL·min^{-1}，采集 20 min，共采集气体 3 L。气相色谱质谱联用仪（GC/MS）采用内标法分析所采集气体成分以及各单体浓度。环境舱背景浓度见表 2-3，谱图见图 2-5（保留时间为 5.10 min 的物质为内标，氘代甲苯，浓度物 200 ng·μL^{-1}，加入量为 1 μL）。

表 2-3　空白条件下 VOC 各组分浓度

序号	分子式	化合物名称	浓度/（μg·m^{-3}）
1	C_8H_{10}	乙苯	0.442 887 4
2	C_8H_8	苯乙烯	1.840 577 8
3	C_9H_{12}	1-乙基-2-甲苯	0.498 248 3
4	C_9H_{12}	4-甲基乙苯	1.411 704
5	$C_{10}H_{16}$	α -松萜	0.802 733 4
6	$C_{10}H_{22}$	癸烷	0.664 331 1
7	$C_{10}H_{16}$	1-甲基-4-（1-甲基乙基）环己烯	1.882 271 5
8	$C_{10}H_{16}$	环癸烷	1.051 857 6
9	$C_{10}H_{14}$	1,2,4,5-四甲基苯甲苯	0.498 248 3
10	$C_{12}H_{26}$	十二烷	1.079 538 1
11	$C_{11}H_{10}$	苯亚甲基苯甲醛	1.356 342 7
12	$C_{12}H_{12}$	2,7-二甲基苯	0.775 053
13	$C_{14}H_{14}$	2,2′ -二甲基苯	0.692 011 6
14	$C_{15}H_{32}$	十五烷	0.498 248 3

由表 2-3 可以看出：各单体最大浓度为 1.88 μg·m^{-3}，TVOC 浓度为 13.49 μg·m^{-3}。根据国家人造板及其制品的相关标准，TVOC 的背景浓度应低于 20 μg·m^{-3}，任何一目标单体的浓度应低于 2 μg·m^{-3}。该环境舱能够满足环境舱法检测板材挥发性有机化合物释放的相关标准要求。

4. 舱体气密性检验

根据标准 GB/T 18204.1—2013《公共场所卫生检验方法　第 1 部分：物理因素》，采用示踪气体（甲醛）衰减法，根据舱体内示踪气体的浓度随时间的变化值，确定舱体的气密性是否良好。测试方案具体如下：

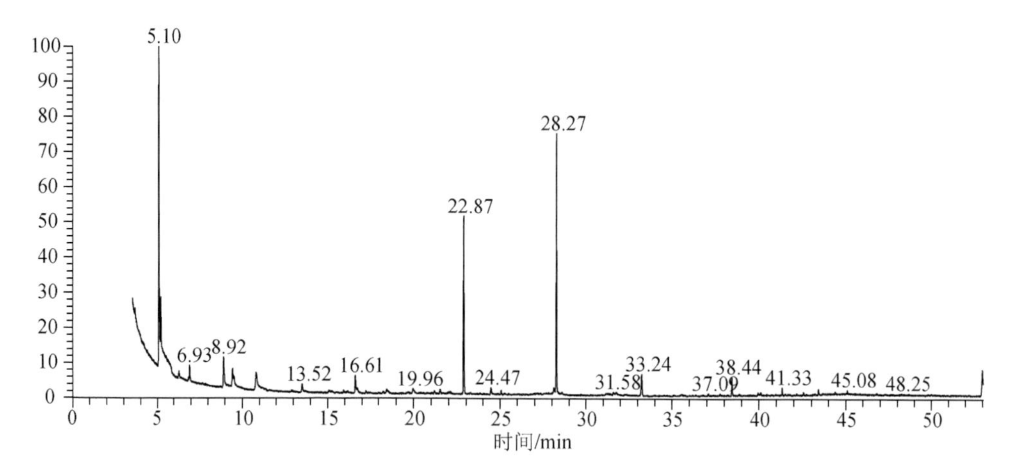

图 2-5　舱体背景 VOC 浓度谱图

（1）从舱体气体出口处注入一定量的甲醛气体作为示踪气体（舱体内甲醛浓度远远高于舱体外甲醛浓度），用磨口盖封闭出口。打开舱体内的风扇，使舱体内的空气和甲醛气体混合均匀。

（2）待舱体内空气和甲醛气体混合均匀后，将舱体一侧气体出口与甲醛分析仪连接。甲醛分析仪开始测定舱体内甲醛浓度，并记录时间。

（3）采用回归方程的方法，前一个小时每 6min 记录一次甲醛浓度，后两个小时每 20 min 记录一次甲醛浓度。气密性检测试验共持续三个小时。

（4）舱体内浓度随时间变化的方程为

$$V\frac{\mathrm{d}C(t)}{\mathrm{d}t}=Q\left[C_{\mathrm{in}}-C(t)\right] \tag{2-1}$$

式中，V 为舱体体积，m^3；C（t）为 t 时间的舱体内甲醛浓度，$mg \cdot m^{-3}$；Q 为泄漏量，m^3；C_{in} 为舱体外甲醛浓度，$mg \cdot m^{-3}$。

方程（2-1）在附加了初始条件后的解为

$$\ln\left[C(t)-C_{\mathrm{in}}\right]=-\frac{Q}{V}\cdot t+\ln(C_0-C_{\mathrm{in}}) \tag{2-2}$$

式中，C_0 为舱体内甲醛初始浓度，$mg \cdot m^{-3}$。用最小二乘法进行回归计算，根据衰减曲线及可以拟合出 Q/V，即为舱体的气体泄漏率。

（5）测试数据如下：

由于甲醛分析仪用 ppm 为计量单位，故按照 23℃时甲醛浓度变换关系式为 1ppm=1.236 $mg \cdot m^{-3}$（0.0971 ppm=0.12 $mg \cdot m^{-3}$），将所有数据换算为 $mg \cdot m^{-3}$ 的计量单位。测得甲醛浓度见表 2-4。

表 2-4　舱体内外甲醛浓度变化

序号	时间/h	舱体内甲醛浓度 $C(t)$/（mg·m^{-3}）	舱体外甲醛浓度 C_{in}/（mg·m^{-3}）	$\ln[C(t)-C_{in}]$
1	0	9.83	0.076	2.277 677
2	0.1	9.77	0.076	2.271 507
3	0.2	9.71	0.077	2.265 195
4	0.3	9.67	0.076	2.261 138
5	0.4	9.64	0.075	2.258 111
6	0.5	9.61	0.076	2.254 864
7	0.6	9.57	0.077	2.250 555
8	0.7	9.5	0.077	2.243 154
9	0.8	9.45	0.077	2.237 833
10	0.9	9.41	0.078	2.233 449
11	1	9.34	0.078	2.225 92
12	1.2	9.27	0.078	2.218 334
13	1.4	9.2	0.076	2.210 908
14	1.6	9.06	0.078	2.195 223
15	1.8	9.00	0.078	2.188 52
16	2	8.91	0.078	2.178 381
17	2.2	8.84	0.077	2.170 538
18	2.4	8.78	0.078	2.163 553
19	2.6	8.71	0.078	2.155 476
20	2.8	8.66	0.079	2.149 55
21	3	8.6	0.078	2.142 651

根据方程（2-2），甲醛在三个小时内的变化趋势如图 2-6 所示。

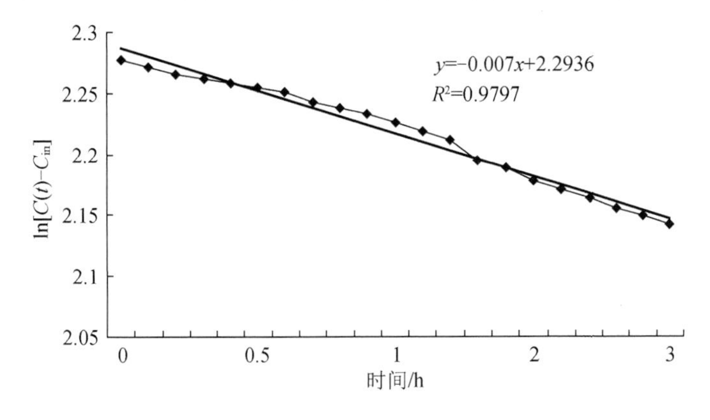

图 2-6　舱体气密性检验

由图 2-6 可以看出，Q/V=0.007，每小时内气体的泄漏量为舱体体积的 0.7%。完全符合标准 HJ 571—2010 中关于舱体气密性的要求。

制作小型环境舱共花费近三千元，远低于大型环境舱成本，达到了降低成本的目的。

2.2.3　小型环境舱的工作原理及过程

1. 小型环境舱的工作原理

环境舱是模拟室内环境（温度、相对湿度、气体交换率和风速）并且能够人为控制舱体内环境条件的测试设备，同时要求环境舱的背景浓度达到标准要求，以免影响测试结果。

小型环境舱的循环气体为氮气，氮气在氮气罐内部压力的作用下，进入舱体内部。氮气流平行流过试样表面，在风扇的作用下，与试样所释放的挥发性有机化合物混合均匀。由于舱体内外压力不平衡，混合气体在内外压力差的作用下排出舱体。采集气体时，舱体出口连接 Tenax-TA 吸附管，流量计和采样泵控制采样流速和流量。

2. 小型环境舱的工作过程

根据小型环境舱的工作原理，该环境舱的工作过程如下：

（1）舱体放入板材前，先用蒸馏水和去离子水擦洗舱体内壁，然后用无水乙醇擦洗。清洁后调节实验室温度，使小型环境舱温度达到测试温度，同时向小型环境舱中通入一定湿度和流量的氮气。待舱体和循环气体（氮气）达到实验所需温度和相对湿度时，把试件放入舱体内，密闭好后，打开风扇，开始气体循环。

（2）板材在舱体中循环，根据测试所需的采样时间和采样流量，将 Tenax-TA 吸附管一端与连有流量计的采样口相连，另一端连接智能真空泵，进行采样。

（3）采样后的 Tenax-TA 吸附管通过其他仪器进行分析检测，检测采集气体的成分和浓度。

（4）检测完后，关掉风扇、控温控湿系统和氮气，将板材拿出舱体，舱体盖一直打开，保证舱体内外气体流通，降低舱体内 VOC 浓度。再次检测板材时，重复步骤（1）。

2.3　大小型环境舱测试数据的相关性分析

2.3.1　样品选择与性能测试

1. 样品选择

采用六种市场常见的人造板为测试样品，分别放入 1 m^3 环境舱和 15 L 小型环境舱中，按照相同的测试参数对样品释放的 VOC 进行 28 天循环测试，比较两种环境舱所得数据，分析其相关性。六种板材生产工艺参数见表 2-5。

表 2-5　六种板材热压工艺参数

编号	板材种类	厚度/mm	密度/（$g·cm^{-3}$）	热压温度/℃	热压时间/（$min·mm^{-1}$）	热压压力/MPa
1	中密度纤维板	16	0.74	180～190	0.4	3.2
2	贴面中密度纤维板	12	0.7	180～190	0.4	3.2
3	高密度纤维板	12	0.88	190	0.5	3.5
4	刨花板	16	0.7	170～180	0.5	2.8
5	定向刨花板	9	0.7	180	0.9	2.8
6	胶合板	9	0.6	100	1	1

1）1 m^3 环境舱所需板材尺寸

（1）实际散发表面积按双面计，边部用铝质胶带密封，目的是防止板材边部产生高释放。预算面积具体计算过程为：按照标准承载率为 1 $m^2·m^{-3}$ 的要求，舱体实测体积为 1 m^3，故双面暴露总面积为 1 m^2，即单面暴露面积为 0.5 m^2，因此每个单面暴露尺寸为 800 mm×625 mm。

（2）将板材按 825 mm×640 mm 的尺寸裁好，然后先用铝箔胶带封边，再用锡箔纸把板材包裹严后，用聚四氟乙烯塑料袋包裹好，并在塑料袋上贴好标签纸。

（3）将密封的板材放于－30℃的冰箱中保存，备用。

2）15 L 小型环境舱所需板材尺寸

（1）实际散发表面积按双面计，边部用铝质胶带密封，目的是防止板材边部产生高释放，用铝胶带封其一面以防止该面产生释放。面积的具体计算方法：按照标准承载率为 1 $m^2·m^{-3}$ 的要求，舱体实测体积为 0.015 m^3，故单面暴露总面积为 75 cm^2，暴露尺寸为 87 mm×87 mm。

（2）将板材按 100 mm×100 mm 的尺寸裁好，然后先用铝箔胶带封边，再用锡箔纸把板材包裹严后，用聚四氟乙烯塑料袋包裹好，并在塑料袋上贴好标签纸。

（3）将密封的板材放于－30℃的冰箱中保存，备用。

2. VOC 采集方法

1）1 m^3 环境舱采集法

采用东莞市升微机电设备科技有限公司生产的 1 m^3 环境舱，舱体内壁为不锈钢材料，舱体密闭，同时配有控温、控湿装置和清新空气供给与循环系统。使用 1 m^3 环境舱采集板材 VOC 释放的方法如下：

（1）将铝箔纸密封的板材从冰箱中取出，解冻 1 h。

（2）设定环境舱内的参数：温度 23℃、相对湿度 50%、空气流量为 16.7 $L·min^{-1}$、压强为 10 MPa。

（3）待舱体内温度、相对湿度和气流速率稳定后，将解冻好的待测板材放入环境舱中。

（4）分别在第 1 天、第 3 天、第 7 天、第 14 天、第 21 天和第 28 天采用 Tenax-TA 吸附管收集气体，采集气体流量为 150 $mL·min^{-1}$，采集气体 20 min，共采集气体 3 L。

2）15 L 小型环境舱采集法

采集中用到的小型环境舱为自行设计制造，容积为 0.015 m^3，该采集装置由气体流量湿度控制、箱体内循环风控制、温湿度实时监测、采样等组成，温度由室内空调控制。将试样置于舱体中，设定舱体内温度、相对湿度、通入纯净氮气的气流速度和舱体内循环风速度。排气口可与气体采样管直接连接进行采样。将板材放入小型环境舱里，小型环境舱的参数设置为温度（23±0.5）℃、相对湿度（50±3）%、空气流量为 250 $mL·min^{-1}$、气体交换率为 1 次$·h^{-1}$、板材表面风速为 0.1～0.3 $m·s^{-1}$，在 28 天的测试中，分别在第 1 天、第 3 天、第 7 天、第 14 天、第 21 天和第 28 天测量板材 VOC 释放情况，具体过程如下：

（1）将用铝箔纸密封的板材从冰箱中取出，解冻 1 h 后放入采样舱中，待环境舱温度、相对湿度、风速和气体交换率等参数稳定后，将板材放入舱体，可开始测试。

（2）调节舱体内气体流量：用流量计控制通过舱体的气体流量。

（3）调节舱体内相对湿度：测试中相对湿度由温湿度传感器实时监测，通过调节经过盛水容器的气体流量来调控。

（4）调节舱体内温度：测试中的温度由温湿度传感器实时监测，空调调节控制。

（5）调节舱体内气体循环速度：通过调节风扇的转速保证舱体内气流速度为 0.1～0.3 $m·s^{-1}$，同时保证气体混合均匀。

（6）通入纯净氮气，待试件 VOC 释放稳定后进行测量。

（7）用 Tenax-TA 吸附管收集气体，Tenax-TA 吸附管使用前要用热解吸脱附仪老化 3 h，保证管内不残留 VOC 以免影响实验。Tenax-TA 吸附管一端连接排气管，一端连接真空泵。采样流量为 150 $mL·min^{-1}$，采样 20 min，采集气体 3 L。

（8）第1天、第3天、第7天、第14天、第21天、第28天重复上述操作。

3. VOC检测方法

1）VOC检测设备

（1）气相色谱质谱联用仪

采用Thermo公司生产的DSQ单四极杆气相色谱质谱联用仪，检测样品释放VOC浓度及成分。

（2）TP-5000通用型热解吸进样器

北京北分天普仪器技术有限公司生产，可对Tenax-TA吸附管的检测物解脱附并吹扫进样。

2）VOC检测方法

将收集好的气体用热解吸进样器解吸5 min，然后利用气相色谱质谱联用仪采用内标法（内标物质为氘代甲苯），应用仪器自带软件对气相色谱图和质谱图进行分析，得出VOC中的各个组分和含量。内标定量分析方法为：$m_i = A_i \cdot m_s / A_s$（$A_i$和$A_s$分别待测品和内标物质的峰面积或峰高，$m_s$为加入内标物的物质的量）。

3）参数设置

大小型环境舱的具体参数见表2-6。

表2-6　大小型环境舱参数设置

实验参数	1 m³ 环境舱	15 L 环境舱
体积/m^3	1	0.015
承载率/（$m^2 \cdot m^{-3}$）	1	1
气体交换率/（次$\cdot h^{-1}$）	1	1
换气量/（$m^3 \cdot h^{-1}$）	1	0.015
单位面积换气量/（$m^3 \cdot h^{-1} \cdot m^{-2}$）	1	1
温度/℃	23	23
湿度/%	50	50

GC/MS参数设置如下：

（1）气相色谱以99.999%的氦气作为载气，流速1 $mL \cdot min^{-1}$，分流流量30 $L \cdot min^{-1}$，分流比率30。

（2）质谱采用EI电离方式，离子源温度230℃，质量扫描范围40～450 amu，溶剂延迟时间4.7 min。

（3）辅助区温度270℃，进样口温度250℃。

（4）升温程序：从40℃开始升温，40℃保留2 min，以2℃$\cdot min^{-1}$的速度升到50℃保留4 min，以5℃$\cdot min^{-1}$的速度升到150℃保留4 min，以10℃$\cdot min^{-1}$的速度升到250℃保留8 min。

热解吸进样器参数设置：解吸温度 280℃，管路温度 85℃，加压进样表压力 0.06 MPa，热解吸 5 min，进样时间 1 min。

2.3.2　大小型环境舱检测 TVOC 释放速率及相对偏差

根据我国室内空气质量标准（GB18883—2002）的定义，即利用 Tenax-GC 或 Tenax-TA 采样，非极性色谱柱（极性指数小于 10）进行分析，保留时间在正己烷和正十六烷之间的挥发性化合物称为 TVOC。本书中 TVOC 含量为保留时间在正己烷和正十六烷之间的挥发性化合物含量的总和。

分别采用大小型环境舱检测中密度纤维板、贴面中密度纤维板、高密度纤维板、刨花板、定向刨花板和胶合板的 VOC 释放情况。各板材第 28 天平衡期所释放的 VOC 具体成分见附录 1 中附表 1-1 至附表 1-6。

利用内标曲线计算得到 28 天内大小型环境舱体内 VOC 浓度变化趋势。舱体内 VOC 浓度与板材单位面积释放量关系如式（2-3）：

$$\mathrm{SER}=C\cdot q \tag{2-3}$$

式中，SER 为板材单位面积单位时间内释放 VOC 质量，$\mu g\cdot m^{-2}\cdot h^{-1}$；$C$ 为舱体质量浓度，$\mu g\cdot m^{-3}$；q 为单位面积换气量，$m^3\cdot h^{-1}\cdot m^{-2}$。

1. 大小型环境舱检测中密度纤维板 TVOC 释放速率及相对偏差

如图 2-7 所示，中密度纤维板在大小型环境舱中挥发性有机化合物的释放速率下降趋势是一致的。第 1 天释放速率最大约为 140 $\mu g\cdot m^{-2}\cdot h^{-1}$，之后释放速率迅速下降，第 7 天释放速率下降到约为第 1 天的一半，随着 VOC 的释放，速率逐渐趋于平稳，直至释放平衡，平衡时的释放速率约为 40 $\mu g\cdot m^{-2}\cdot h^{-1}$。

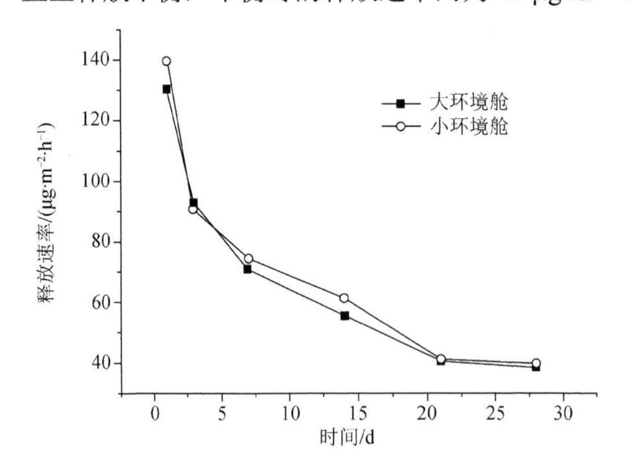

图 2-7　大小型环境舱检测中密度纤维板 TVOC 释放速率

由附表 1-7 可以看出，大小型环境舱检测数据存在偏差，最大相对偏差为 10.39%，最小相对偏差为 1.58%，平均偏差为 4.43%。六组数据中，只有第 3 天小型环境舱检测数据偏低，其他五组采集数据均为小型环境舱检测数据偏高。从平均偏差来看，小型环境舱检测中密度纤维板 TVOC 释放速率略高于大型环境舱检测值。

2. 大小型环境舱检测贴面中密度纤维板 TVOC 释放速率及相对偏差

由图 2-8 可以看出，贴面中密度纤维板在大小型环境舱中挥发性有机化合物的释放速率下降趋势一致。在第 1 天的 TVOC 释放速率约为 75 $\mu g \cdot m^{-2} \cdot h^{-1}$，在第 7 天释放速率逐渐趋于平衡，平衡时 TVOC 释放速率约为 35 $\mu g \cdot m^{-2} \cdot h^{-1}$。贴面中密度纤维板 VOC 释放量明显低于中密度纤维板 VOC 释放量，而且平衡时间较短，说明板材贴面在一定程度上起到了阻碍 VOC 释放的作用。

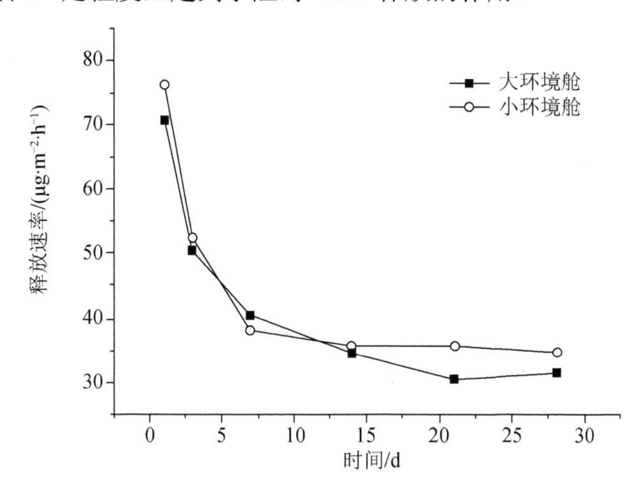

图 2-8　大小型环境舱检测贴面中密度纤维板 TVOC 释放速率

如附表 1-8 所示，大小型环境舱检测数据存在偏差，最大相对偏差为 16.99%，最小相对偏差为 0.34%。出现超过 16%的相对偏差可能由于 Tenax-TA 吸附管未老化干净，管内残留上一次采集的气体，从而影响 VOC 的检测精度，使 VOC 检测值偏高。检测的六组数据中，只有一组数据显示小型环境舱检测结果偏低。从平均偏差来看，小型环境舱检测贴面中密度纤维板的 TVOC 释放速率略高于大型环境舱检测值。

3. 大小型环境舱检测高密度纤维板 TVOC 释放速率及相对偏差

由图 2-9 可以看出，高密度纤维板在大小型环境舱中的挥发性有机化合物释放速率的下降趋势一致。第 1 天 TVOC 释放量最大，约为 300 $\mu g \cdot m^{-2} \cdot h^{-1}$，之后释放速率迅速下降。随着时间的延续，下降速率逐渐变缓，直到释放平衡，平衡时 TVOC 释放速率约为 65 $\mu g \cdot m^{-2} \cdot h^{-1}$。

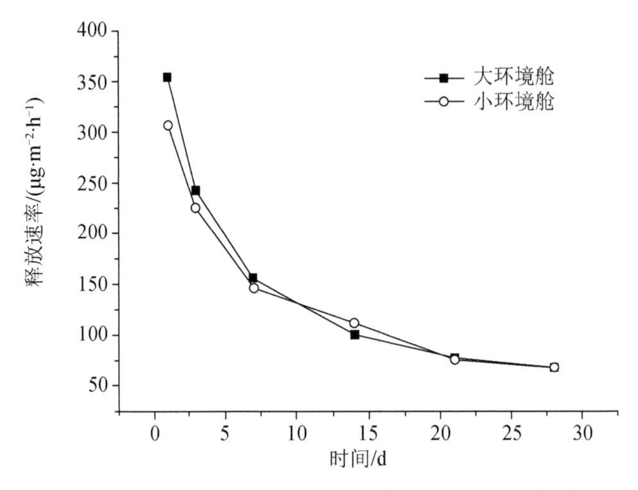

图 2-9　大小型环境舱检测高密度纤维板 TVOC 释放速率

如附表 1-9 所示，大小型环境舱检测数据存在差异，最大相对偏差为−13.52%，最小相对偏差为 1.14%。在检测的六组数据中，三分之二的数据结果显示小型环境舱检测结果低于大型环境舱检测结果。从平均偏差来看，大型环境舱检测 TVOC 释放速率高于小型环境舱所测的释放速率。

4. 大小型环境舱检测刨花板 TVOC 释放速率及相对偏差

刨花板挥发性有机化合物在大小型环境舱中的释放速率下降趋势相同（图 2-10）。第 1 天释放速率最大，达到约 120 $\mu g \cdot m^{-2} \cdot h^{-1}$，之后释放速率迅速下降，第 3 天释放速率降至约最大释放速率的一半。随着 VOC 的释放，释放速率的下降速率逐渐变缓，直至趋于平衡。平衡时 TVOC 的释放速率约为 29 $\mu g \cdot m^{-2} \cdot h^{-1}$。

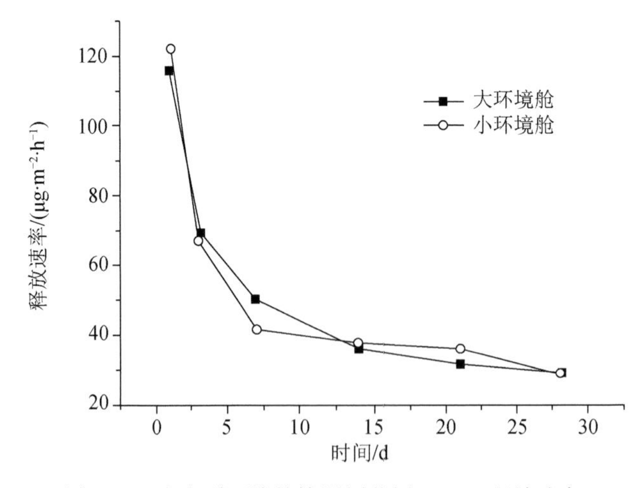

图 2-10　大小型环境舱检测刨花板 TVOC 释放速率

由附表 1-10 可以看出，大小型环境舱检测刨花板 TVOC 释放速率存在差异。平均相对偏差仅为－0.01%，但是六组检测数据各自相对偏差很大，最大相对偏差为－16.68%，最小相对偏差为－2.16%。在六组检测数据中，有一半的数据显示小型环境舱检测结果高于大型环境舱，另外一半的数据显示小型环境舱检测结果低于大型环境舱。所以从这组检测数据中很难看出大小型环境舱检测数据的相关性。

5. 大小型环境舱检测定向刨花板 TVOC 释放速率及相对偏差

由图 2-11 可以看出，定向刨花板挥发性有机化合物释放在大小型环境舱中的释放速率下降趋势大致相同。第 1 天的释放速率最大，约为 60 $\mu g \cdot m^{-2} \cdot h^{-1}$，之后释放速率迅速下降。在第 7 天时，TVOC 释放趋于平衡。在第 14 天时，1 m^3 环境舱检测检测 TVOC 释放速率出现异常，释放速率为 21.49 $\mu g \cdot m^{-2} \cdot h^{-1}$，高于第 7 天的释放速率为 18.65 $\mu g \cdot m^{-2} \cdot h^{-1}$。可能原因是 Tenax-TA 吸附管未老化干净，使第 14 天采样结果偏高，也可能是热解吸进样器解吸 Tenax-TA 吸附管中吸附的 VOC 不彻底，使第 7 天的分析结果偏低。

由附表 1-11 可以看出，大小型环境舱检测定向刨花板的 TVOC 释放速率存在偏差，最大相对偏差为 31.42%。检测的六组数据中有一半的数据显示小型环境舱检测数据高于大型环境舱。平均相对偏差为 4.33%，显示小型环境舱检测数据高于大型环境舱检测值。

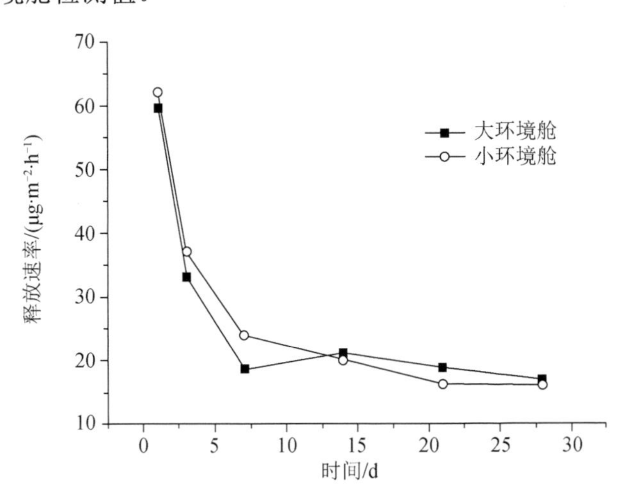

图 2-11　大小型环境舱检测定向刨花板 TVOC 释放速率

6. 大小型环境舱检测胶合板 TVOC 释放速率及相对偏差

由图 2-12 可以看出，胶合板在大小型环境舱中的 TVOC 释放速率的下降趋势相同，第 1 天释放速率最大，约为 100 $\mu g \cdot m^{-2} \cdot h^{-1}$，之后释放速率迅速下降，第 3 天释放速率下降约一半。随着时间的延长，TVOC 释放速率下降趋势逐渐变缓，并逐渐趋于平衡，释放平衡时的释放速率约为 30 $\mu g \cdot m^{-2} \cdot h^{-1}$。

由附表 1-12 可以看出，大小型环境舱检测数据存在偏差。在检测的六组数据中，小型环境舱的检测数据只有在第 3 天和第 7 天低于大型环境舱，其他检测数据均为小型环境舱检测数据高于大型环境舱。从平均偏差来看，小型环境舱检测数据略高于大型环境舱检测值。

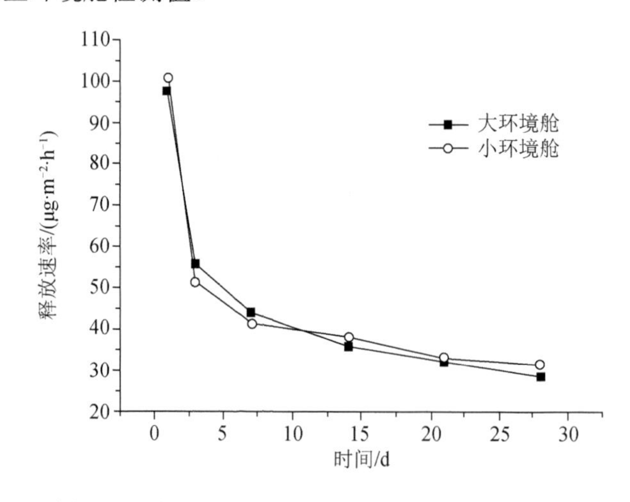

图 2-12　大小型环境舱检测胶合板 TVOC 释放速率

由图 2-7 至图 2-12 可以看出，六种板材在大小型环境舱中的 VOC 释放趋势是相同的。前三天迅速释放，之后释放速率逐渐下降，但是下降速度逐渐变缓，直至释放速率趋于平衡。根据传质学原理，在板材内部和空气中 VOC 存在浓度梯度，因此板材内部 VOC 不断向空气中释放。板材释放 VOC 初期，板材内部和空气中的 VOC 浓度差最大，因此释放速率快。随着 VOC 不断向空气中释放，浓度差减小，释放速率减慢，当空气中 VOC 浓度含量增大到与板材内部 VOC 浓度一致时，板材内部 VOC 释放受到抑制，进入稳定期。每种板材 TVOC 在大小型环境舱中释放速率变化趋势相同说明所设计的小型环境舱内气体混合均匀，环境舱的体积不影响舱内气体混合的均匀性。

由附表 1-7 至附表 1-12 可以看出，大小型环境舱检测六种板材 VOC 释放速率都存在偏差。从平均偏差来看（表 2-7），存在偏差的趋势大致相同。只有高密度纤维板的 TVOC 释放速率数据显示小型环境舱检测数据低于大型环境舱检测数据，其他五组数据显示小型环境舱检测结果略高于大型环境舱。存在偏差的趋势大致相同，说明大小型环境舱检测 VOC 释放量不因板材的种类而异。由于大小型环境舱检测的数据存在偏差，检测六种板材 TVOC 释放速率的平均相对偏差值为 2.35%，因此建议将小型环境舱检测数据乘以修正系数 0.977，以提高小型环境舱检测结果的准确度。

表 2-7 大小型环境舱检测六种板材 TVOC 释放速率平均相对偏差

板材种类	MDF	MDF 贴面	HDF	刨花板	定向刨花板	胶合板
平均相对偏差/%	4.43	6.23	−2.7	−0.01	4.33	1.82
平均值/%				2.35		

注：“−”表示小型环境舱检测值低于大型环境舱。

大小型环境舱检测数据存在偏差的原因如下：

（1）大小型环境舱循环气体不一致，小型环境舱的循环气体为纯净的氮气，大型环境舱的循环气体为清洁空气。实验证明，氮气和空气对板材释放 VOC 有影响，且因 VOC 的种类不同而异。氮气是纯净的气体，不含有任何 VOC，而空气中含有 VOC，因此氮气循环的舱体中板材和舱体内的气体流动相的边界层浓度梯度增大，根据传质学理论，边界层浓度梯度增大有助于板材内 VOC 的释放，板材 VOC 释放速率会随之增加。因此 15 L 环境舱中板材 VOC 释放速率略大于 1 m^3 环境舱中板材 VOC 的释放速率。

（2）虽然大小型环境舱检测的试样取自同一板材，但是同一板材不同部位的密度、含水率和施胶量等存在的不均匀性，对板材 VOC 的释放有影响。

由于板材在施胶过程中的施胶量不均匀，会造成同一块板材不同部位的施胶量不一样。板材不同的施胶量对板材 VOC 释放是有影响的，研究表明施胶量越大，VOC 释放速率越大。板材在热压过程中，胶黏剂在高温的作用下固化，胶黏剂固化时因发生化学反应而产生的热量和水对板材在热压过程中的传热传质过程很重要。施胶量较高的板材板坯表层温度达到一定温度所需时间比施胶量较低的板坯所需时间长，而板坯芯层达到一定温度所需的时间较短。板坯表、芯层到达一定温度形成了时间滞后，即形成了温度梯度，因此施胶量的增加有利于板材在板材厚度方向上的传热。这种传热过程加速了板材内部挥发性有机化合物的释放。另外，施胶量的增加也使板材在热压过程中板坯含水率增大，含水率的增大促进了挥发性物质的产生和释放。在热压机闭合时，在热压板高温的作用下，与热压板接触的板坯表层中的水分立即汽化并向板坯内部移动，板坯含水率高产生的水蒸气相对略多，向板坯内部移动的压力也增大，使板坯内部各层的温度上升速度加快，有助于板坯内部挥发性物质的气化，当板坯内的温度到达水分汽化的温度时，板坯内的水蒸气开始从心部向边部移动，挥发性物质随着水蒸气的移动向外释放。

由于板材施胶量的不均匀和板材铺装的不均匀，会造成同一板材不同部位的密度不同，而密度的不同也会造成挥发性物质不同的释放速率。板材密度增加使板材在热压时传热的速度减小，板坯的渗透性降低，影响板坯中蒸气的对流，延缓了传热过程，导致密度较高的纤维板在后期所需的平衡时间延长，促进了挥发性物质进一步散发。此外，板材密度增加使板坯原料用量和含水量相应增加，板坯内温度梯度、水蒸气压力和木材的细胞壁发生受力压溃的交互作用共同影响板材内部挥发性物质的释放。

（3）检测数据和采集数据的随机误差和系统误差，也是造成偏差的原因之一。采用 Tenax-TA 吸附管采集数据和 GC/MS 分析数据时会不可避免地产生人为操作的误差和系统误差。例如，采样时 Tenax-TA 吸附管未老化干净，使采样结果偏高；热解吸进样器解吸 Tenax-TA 吸附管中吸附的 VOC 不彻底，使分析结果偏低。这些误差是只能降低而不能避免的，这是造成大小型环境舱检测数据存在差异的原因之一。

2.3.3　测试数据的相关性分析

大小型环境舱在相同温度、相对湿度、换气次数及装载率条件下，分别检测六种板材 TVOC 释放量，分析大小型环境舱测试结果的相关性，如图 2-13 至图 2-18 所示。

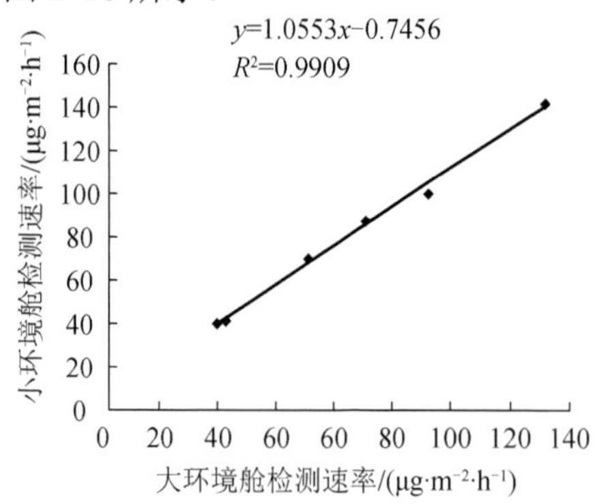

图 2-13　大小型环境舱检测中密度纤维板 TVOC 释放速率的相关性

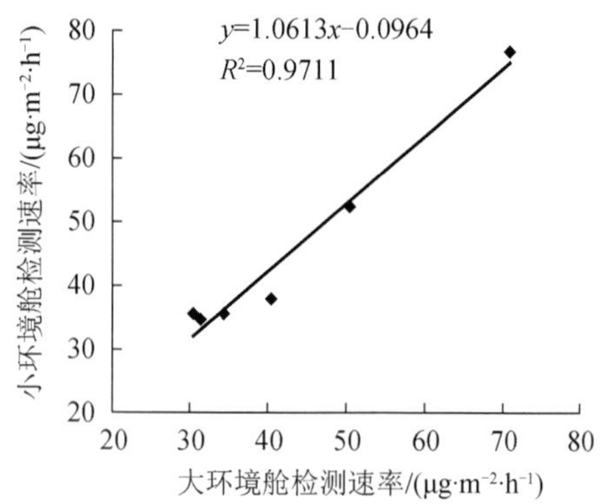

图 2-14　大小型环境舱检测贴面中密度纤维板 TVOC 释放速率的相关性

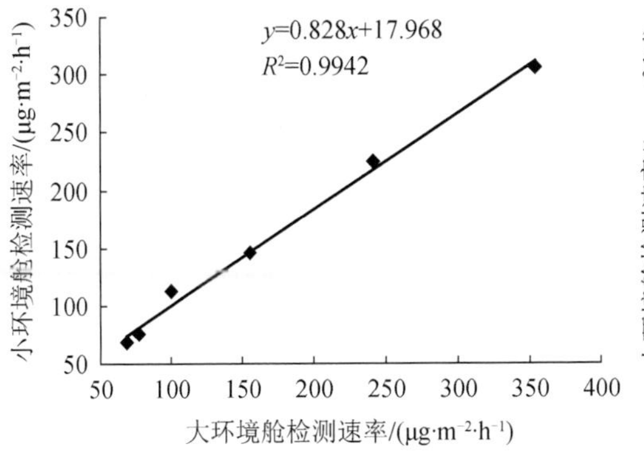

图 2-15　大小型环境舱检测高密度纤维板 TVOC 释放速率的相关性

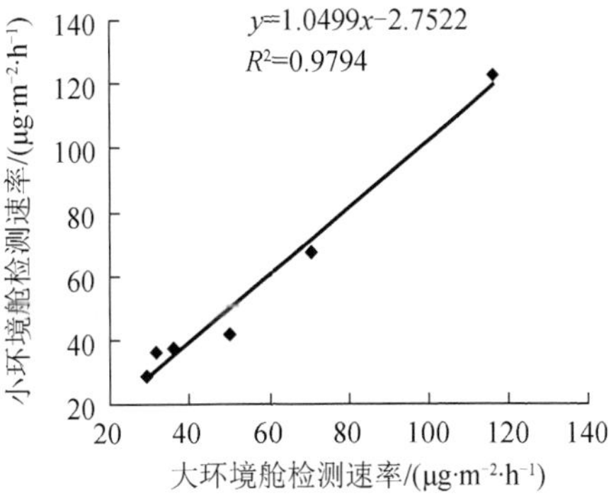

图 2-16　大小型环境舱检测刨花板 TVOC 释放速率的相关性

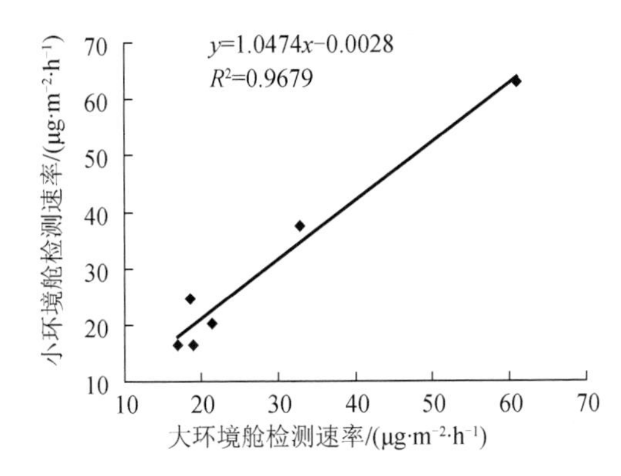

图 2-17　大小型环境舱检测定向刨花板 TVOC 释放速率的相关性

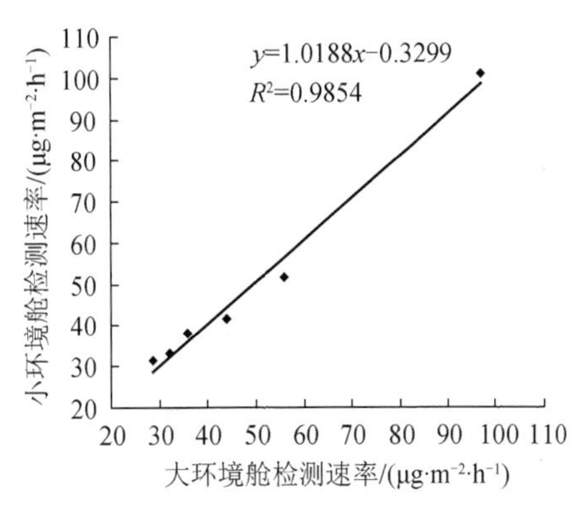

图 2-18　大小型环境舱检测胶合板 TVOC 释放速率的相关性

由图 2-13 至图 2-18 可以看出，大小型环境舱检测数据的拟合方程为线性方程，分别为 $y=1.0553x-0.7456$，$y=1.0613x-0.0964$，$y=0.828x+17.968$，$y=1.0499x-2.7522$，$y=1.0474x-0.0028$ 和 $y=1.0188x-0.3299$，斜率都接近于 1，说明大小型环境舱在相同测试条件和相同测试时间下所测得的 TVOC 释放速率相接近，且大小型环境舱检测六种板材 TVOC 释放速率拟合直线的拟合度均大于 0.96，接近于 1，表明大小型环境舱在相同的温度、相对湿度、换气次数及装载率的条件下，检测板材 TVOC 释放速率的相关性很好。检测六种板材的拟合度均大于 0.96，表明大小型环境舱检测结果的相关性与板材种类无关。大小环境舱综合对比见表 2-8。

表 2-8 大小环境舱综合对比

项目	15 L 小型环境舱	现有 1 m^3 环境舱
容积	15 L	1 m^3
材质	玻璃，不锈钢，聚四氟乙烯	不锈钢
循环气体	氮气	经过干燥和净化的空气
成本	3000 元	18 万元
设备操作	操作简单，不需接受专业培训	操作人员需接受工程师培训
设备维护	简单	复杂
系统稳定性	稳定	稳定
检测数据	小型环境舱监测数据略高于大型环境舱数据	
相关性	大小型环境舱检测数据相关性很好	

2.4 多参数调控条件下的性能分析

木制品 VOC 释放不仅受到材料本身原材料、热压工艺、涂饰工艺等影响，也会受到外部环境条件的影响，如温度、相对湿度、气体交换率和装载率。因此，15 L 小型环境舱可实现多参数调控，即可满足在不同测试环境下检测木制品 VOC 散发特性的要求，从而使测试值更接近真实的室内环境下 VOC 的蓄积量，又可实现对各环境舱法检测 VOC 标准（表 2-1）中参数设置的灵活操作。

在本节中，以胶合板和中密度纤维板为研究对象，采用小型环境舱、气相色谱质谱联用仪检测胶合板和中密度纤维板在不同的温度（18℃、23℃、28℃）、相对湿度（RH）（35%、50%、65%、80%）、气体交换率（ACH）（0.5 次·h^{-1}、1 次·h^{-1}、2 次·h^{-1}）和装载率（0.5 $m^2 \cdot m^{-3}$、1 $m^2 \cdot m^{-3}$、2 $m^2 \cdot m^{-3}$、5 $m^2 \cdot m^{-3}$）条件下的 VOC 释放速率，探究在不同环境舱参数设置下，TVOC、不同种类 VOC、主要 VOC 单体[甲苯、乙苯和对（间）二甲苯]的释放特性，结合前期环境参数对板材 VOC 释放特性影响的研究成果，分析该小型环境舱对测试多参数调控下板材 VOC 释放的可行性。

2.4.1 工艺设计与性能测试

测试中所用板材为表 2-5 中的胶合板和中密度纤维板。15 L 小型环境舱参数见表 2-9。GC/MS 和热解吸进样器参数设置参照本章 2.3.1 小节。

表 2-9 小环境舱参数设置

环境舱参数	15 L 环境舱			
	A	*B*	*C*	*D*
体积/m^3	0.015	0.015	0.015	0.015
承载率/（$m^2 \cdot m^{-3}$）	1	1	1	0.5/1/2/5
气体交换率/（次$\cdot h^{-1}$）	1	1	0.5/1/2	1
相对湿度/%	35/50/65/80	50	50	50
温度/℃	23	18/23/28	23	23
换气量/（$m^3 \cdot h^{-1}$）	0.015	0.015	0.0075/0.015/0.03	0.015
单位面积换气量/（$m^3 \cdot h^{-1} \cdot m^{-2}$）	1	1	0.5/1/2	2/1/0.5/0.2

2.4.2 多参数调控下 TVOC 的释放

1. 温度

研究表明，环境温度显著地影响板材 VOC 的释放，随着温度的升高，VOC 释放量显著增加。温度影响 VOC 释放的原因是温度影响 VOC 在材料内部扩散系数和 VOC 蒸气压。温度与 VOC 在材料内部扩散系数关系式简化如下：

$$D=D_{\text{ref}}\exp\left|-E\left|\frac{1}{T}-\frac{1}{296}\right|\right| \tag{2-4}$$

式中，D 为材料内部扩散系数，$m^2 \cdot h^{-1}$；D_{ref} 为 23℃时材料内部扩散系数；E 为由实验确定的系数，一般取 9000 K；T 为热力学温度，K。由此可以看出：随着温度增加，VOC 在材料内部扩散系数也增加，根据传质理论，扩散系数的增加会促进 VOC 释放。温度与水蒸气压关系式如下：

$$\lg p=a-\frac{b}{c+T} \tag{2-5}$$

式中，p 为化合物蒸气压，atm（atm 为标准大气压，在标准大气条件下 1 atm=101.325kPa）；T 为热力学温度，K；a、b、c 均是大于零的参数。因此，当温度升高时，板材内部化合物蒸气压升高，使板材和舱体内的空气流动相的边界层化合物蒸气压梯度增大，从而促进 VOC 释放。在 VOC 释放初期，扩散系数和蒸气压共同影响 VOC 释放。在释放后期，由于舱体不断通风，使板材内部 VOC 浓度降低，蒸气压影响效应逐渐减弱，只有扩散系数影响效应起主要作用。提高 VOC 在材料内部的扩散系数使 VOC 加速释放的增加量要小于通过提高温度（23～35℃）使 VOC 加速释放增加量的 10%，即扩散系数影响效应较蒸气压影响效应弱。另外，随着板材内部 VOC 的不断释放，板材内 VOC 浓度逐渐降低，VOC 释放速率变小，温度对低浓度 VOC 的释放速率的影响程度偏小。因此，在释放初期温度对 VOC 释放影响显著，释放后期影响程度减弱。Fang 等也通过实验证明了温度对材料 VOC 释放的影响只在 VOC 释放初期显著，随着 VOC 的释放，温度对其影响程度减弱。

基于以上研究和理论分析，测试小型环境舱温度对两种板材 TVOC 释放的影响，见图 2-19 和图 2-20。

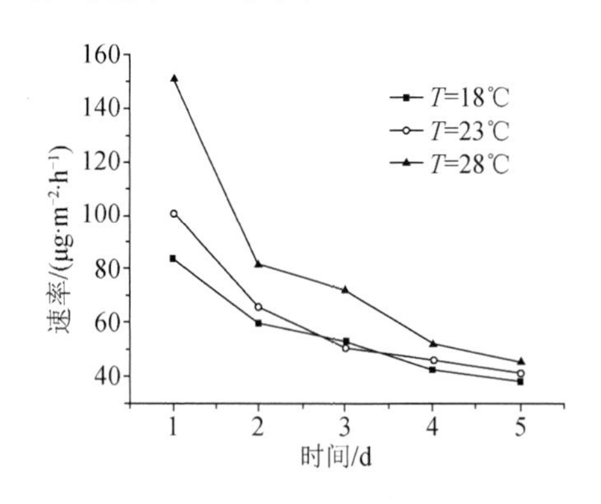

图 2-19　不同温度条件下胶合板 TVOC 的释放速率

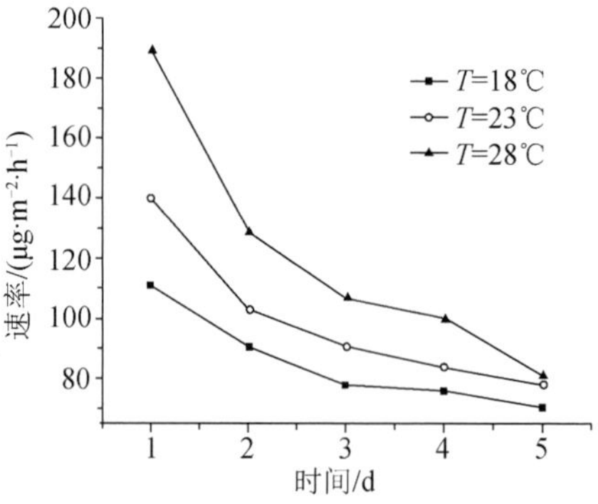

图 2-20　不同温度条件下中密度纤维板 TVOC 的释放速率

由图 2-19 和图 2-20 可知，胶合板和中密度纤维板释放的 TVOC 在不同温度条件下表现出相同的释放特性，即温度越高，TVOC 释放速率越大，并且释放速率下降越快。以胶合板为例，在 28℃条件下，释放速率从第 1 天到第 2 天下降了 51.6%。第 1 天 TVOC 释放速率相差最大，在 28℃条件下的速率是在 18℃下的 2 倍左右。随着 TVOC 的释放，三种温度条件下的 TVOC 释放速率差异变小，TVOC 释放逐渐趋于平衡。在温度为 18℃、23℃、28℃条件下第 5 天舱体 TVOC 质量浓度分别为 35.70 $\mu g\cdot m^{-3}$、41.06 $\mu g\cdot m^{-3}$、45.48 $\mu g\cdot m^{-3}$。由此可见，释放前期，温度对其影响显著，后期减弱。该结论与《刨花板 VOCs 释放研究》（科学出版社，2013 年）的研究结果一致，证明该小型环境舱适合于测试不同温度下板材 VOC 释放量。

2. 相对湿度

相对湿度显著地影响板材 TVOC 的释放，随着相对湿度的增加，TVOC 释放也随之加快。增加相对湿度会提高环境水蒸气压，从而降低了环境水蒸气压与板材内部水蒸气压梯度，使板材内部水蒸气蒸发速率变小。而板材内部水蒸气蒸发的过程需要吸收热量，吸收热量的同时会阻碍 VOC 的释放，因此，在高湿度条件下板材内部水蒸气蒸发对 VOC 释放的阻碍作用要低于在低湿度条件下的阻碍作用。相对湿度能够影响挥发性化合物释放的另外一个原因是，相对湿度的变化能够改变板材内部水分子和 VOC 分子占据板材内孔隙空间的比例。由于大多数

VOC 属于疏水性化合物，如芳烃类、烷烃类、酯类等化合物，而且板材属于多孔性材料。因此水分子和 VOC 分子会各自占据一定的孔隙空间。当提高外部环境的相对湿度时，板材内部水分子向外蒸发的速率变小，占据的孔隙空间相对较大，而使 VOC 所占据的孔隙空间变小，促使 VOC 分子从板材内部向外释放。因此提高相对湿度能够促进疏水性化合物的释放。对于板材内部存在少量的亲水性化合物来说，相对湿度的提高不会使亲水性化合物分子所占的孔隙空间变小，反而会因和水分子的结合作用，使其释放速率变小。

基于以上研究和理论分析，测试小型环境舱中相对湿度对两种板材 TVOC 释放的影响，见图 2-21 和图 2-22。

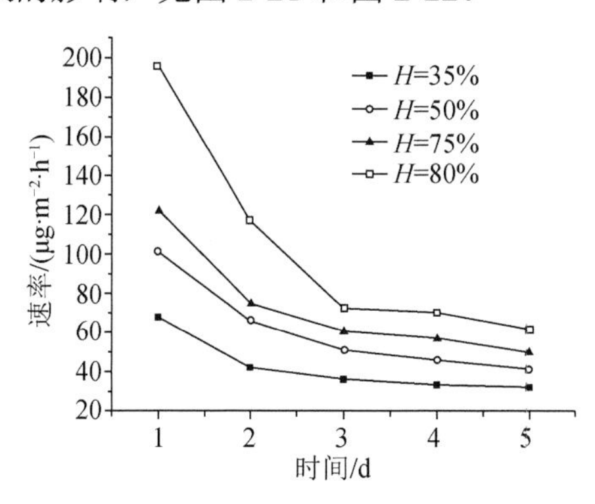

图 2-21　不同相对湿度条件下胶合板 TVOC 释放速率

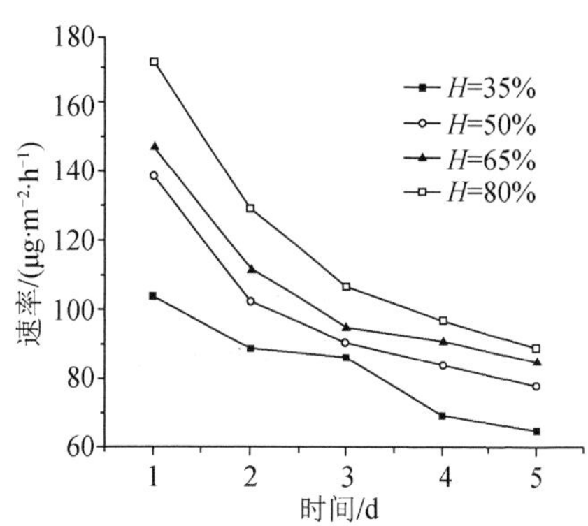

图 2-22　不同相对湿度条件下中密度纤维板 TVOC 释放速率

相对湿度对胶合板和中密度纤维板 TVOC 释放速率的影响规律相同，即相对湿度越大，TVOC 释放速率越大，而且第 1 天 TVOC 释放速率相差最大，随着 TVOC 的释放，不同相对湿度条件下的 TVOC 释放速率差异逐渐变小。以胶合板为例，在释放的第 1 天，相对湿度为 50%、65%、80%条件下的 TVOC 释放速率分别是相对湿度为 35%条件下的 1.6 倍、1.8 倍、2.9 倍。随着 TVOC 释放测试时间的延长，释放速率差异越来越小，直至趋于平衡。相对湿度在 35%、50%、65%、80%条件下的第 5 天舱体 TVOC 浓度分别为 31.98 $\mu g \cdot m^{-3}$、41.06 $\mu g \cdot m^{-3}$、49.79 $\mu g \cdot m^{-3}$、61.34 $\mu g \cdot m^{-3}$。即前期影响明显，后期减弱。TVOC 浓度在相对湿度为 50%～65%范围内变化最小，65%～80%范围内变化最大，35%～50%范围内居中。由此可以推测，TVOC 释放速率会随着相对湿度的增大而升高，但是在不同的相对湿度范围内，受相对湿度影响程度不同。以上所得结论与《刨花板 VOCs 释放研究》的研究结果一致，证明该小型环境舱适合用于测试不同相对湿度下板材 VOC 释放。

3. 气体交换率

按照传质理论，增大气体交换率能降低舱体 TVOC 浓度，从而使板材和舱体内的空气流动相的边界层浓度梯度增大，因此，VOC 分子通过边界层进入空气的速率加快。增加气体交换率加速了 VOC 释放，同时降低了舱体的平衡浓度，说明随着测试时间的延长，气体交换率对板材 TVOC 释放的影响并没有明显减弱。在此理论分析基础上，测试两种板材在不同气体交换率下 TVOC 的释放速率，分析应用 15 L 小型环境舱在不同气体交换率下测试板材 VOC 释放的可行性，如图 2-23 和图 2-24 所示。

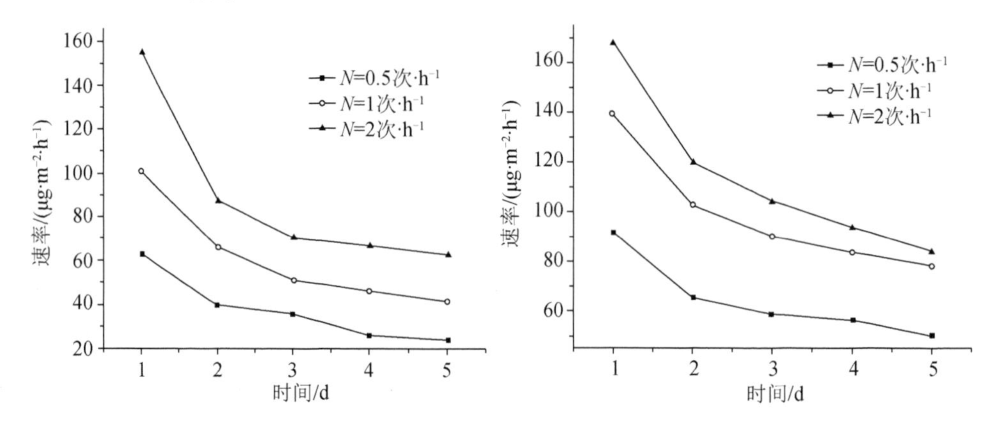

图 2-23 不同气体交换率下胶合板 TVOC 的释放速率

图 2-24 不同气体交换率下中密度纤维板 TVOC 的释放速率

由图 2-23 和图 2-24 可知，中密度纤维板和胶合板 TVOC 的释放速率表现出相同的规律，即增大气体交换率能加快 TVOC 的释放，并且不因板材种类而异。气体交换率越大，TVOC 释放速率下降得越快。以胶合板为例，气体交换率为 2 次·h^{-1} 条件下，TVOC 释放速率从第 1 天到第 2 天释放速率下降了 43.7%，之后释放速率逐渐趋于平稳。气体交换率为 0.5 次·h^{-1}、1 次·h^{-1}、2 次·h^{-1} 条件下的舱体第 5 天浓度分别是 46.68 μg·m^{-3}、41.06 μg·m^{-3}、31.29 μg·m^{-3}。由此可以发现，实测 TVOC 释放趋势与理论分析以及相关研究结论一致，证明该小型环境舱可应用在不同气体交换率的测试中。

4. 装载率

装载率是板材在舱体内的暴露面积与环境舱体积的比值，装载率越大表示板材在舱体内的暴露面积大，即挥发性有机化合物的释放源增加，使舱内的挥发性有机化合物的浓度增大。所以装载率越大，舱体内的挥发性有机化合物浓度越大。但是在相同的气体交换率的条件下，舱体内的挥发性有机化合物的浓度的增加会降低板材和舱体内的空气流动相的边界层浓度梯度。根据传质理论，浓度梯度越小，VOC 由板材内通过边界层进入空气的速率越慢，从而抑制板材内 VOC 的释放，使板材单位面积 VOC 散发速率衰减趋势加快。因此，不同装载率条件下的板材 VOC 释放速率不是简单的倍数关系，高装载率条件下的 VOC 释放速率要比低装载率条件下的 VOC 释放速率乘以相应倍数后的数值要低。通过设定不同的装载率，分别考察两种板材在该小型环境舱中的 TVOC 散发特性，分析其释放规律是否与前期研究和理论依据相符，判断该小型环境舱对测试不同装载率下材料 VOC 释放量的适用性，如图 2-25 和图 2-26 所示。

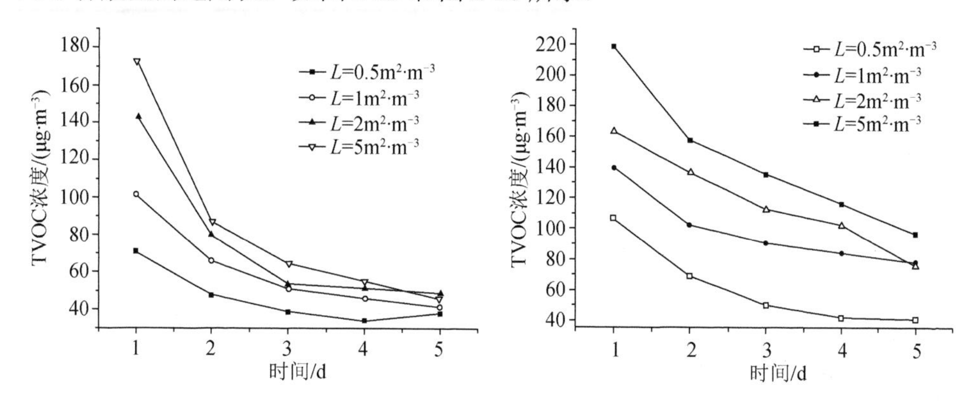

图 2-25　不同装载率条件下胶合板释放 TVOC 在环境舱内的浓度

图 2-26　不同装载率条件下中密度纤维板释放 TVOC 在环境舱内的浓度

由图可以看出，装载率越大，舱体内挥发性化合物的浓度越大。胶合板和中密度纤维板都表现出相同的规律，说明装载率对板材挥发性有机化合物的影响不因板材种类而异。以胶合板为例，装载率分别为 0.5 $m^2{\cdot}m^{-3}$、1 $m^2{\cdot}m^{-3}$、2 $m^2{\cdot}m^{-3}$ 和 5 $m^2{\cdot}m^{-3}$，第 1 天舱体内的 TVOC 浓度分别为 70.24 $\mu g{\cdot}m^{-3}$、100.94 $\mu g{\cdot}m^{-3}$、143.81 $\mu g{\cdot}m^{-3}$ 和 172.73 $\mu g{\cdot}m^{-3}$。第 1 天装载率为 5 $m^2{\cdot}m^{-3}$ 的 TVOC 浓度分别是装载率为 0.5 $m^2{\cdot}m^{-3}$、1 $m^2{\cdot}m^{-3}$ 和 2 $m^2{\cdot}m^{-3}$ 时 2.46 倍、1.71 倍和 1.20 倍。随着挥发性化合物的释放，在四种不同装载率条件下的 TVOC 浓度差距越来越小。由此可以得出，在相同的环境条件下，装载率和舱体内的挥发性化合物的浓度不成正比，而且高装载率条件下的 VOC 释放速率要比低装载率条件下的 VOC 释放速率乘以相应倍数后的数值要低。这与前期相关研究结果是一致的，证明该小型环境舱可用于测试不同装载率下板材 VOC 的释放。

2.4.3　多参数调控下芳烃和烷烃的释放

将胶合板在不同环境条件下释放的挥发性化合物分类，发现芳烃类化合物释放量最大，其次是烷烃类和烯烃类化合物，并有少量的酯类和醛酮类化合物。在不同环境条件下释放的主要挥发物芳烃类化合物和烷烃类化合物的释放速率变化见图 2-27 至图 2-29。

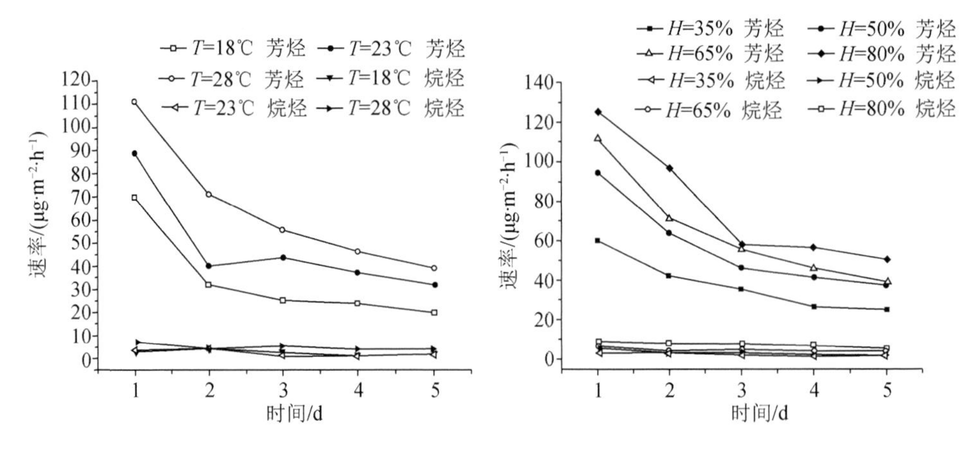

图 2-27　不同温度条件下胶合板芳烃类化合物和烷烃类化合物释放速率

图 2-28　不同相对湿度条件下胶合板芳烃类化合物和烷烃类化合物释放速率

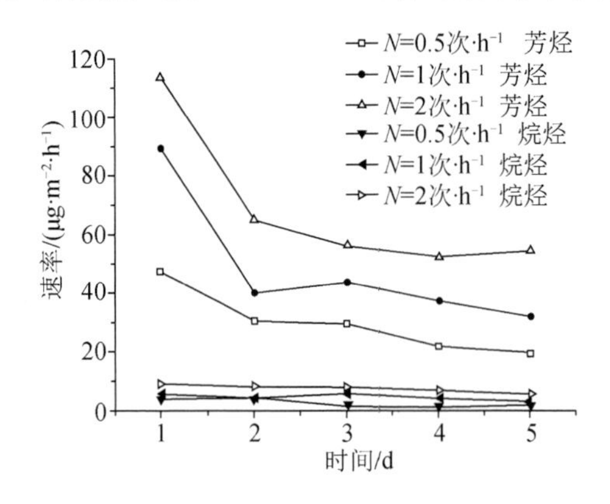

图 2-29　不同气体交换率下胶合板芳烃类化合物和烷烃类化合物释放速率

由图可以看出，芳烃类化合物释放速率高于烷烃类化合物，是烷烃类化合物的 10～20 倍左右。芳烃类化合物的释放特性与 TVOC 释放特性相似。在释放初期，芳烃类化合物释放速率下降快，第 2 天速率下降三分之一左右，第 3 天速率下降约一半，之后释放逐渐趋于平稳。但是烷烃类化合物释放并没有明显地表现出此特性，从释放初期到后期，释放速率较平稳。因此，建材释放的任何一类化合物或一种化合物的释放特性都不能概括 TVOC 的释放特性，除非该类化合物的释放速率远远高于其他化合物。芳烃类化合物受到温度、相对湿度、气体交换率影响程度比烷烃类化合物大。温度主要是依靠材料内部化合物蒸气压来影响 VOC 释放速率的。烷烃类化合物在材料内部的蒸气压受温度影响程度弱，导致温度对该类化合物影响不明显。由于湿度影响板材内部 VOC 释放都是主要依靠影响板材内部水蒸气蒸发来影响释放速率的。烷烃类化合物释放速率小，板材内部水蒸气蒸发对烷烃类化合物释放的阻碍作用比芳烃类化合物小，因此，烷烃类化合物受到相对湿度影响程度小。气体交换率对烷烃类化合物释放速率影响不显著，原因是烷烃类化合物释放速率小，板材和舱体内含有的该化合物浓度均低于芳烃类化合物，造成板材和舱体内的空气流动相边界层的烷烃类化合物浓度梯度低于芳烃类化合物，导致烷烃类化合物受气体交换率的影响程度小。

2.4.4　多参数调控下主要 VOC 单体的释放

甲苯、乙苯、对（间）二甲苯是胶合板释放的主要 VOC 单体，三种单体在不同外部环境条件（温度、相对湿度、气体交换率）下的释放速率见表 2-10 至表 2-12。

表 2-10　胶合板释放主要 VOC 单体在不同温度条件下的释放速率（$\mu g \cdot m^{-2} \cdot h^{-1}$）

测试时间	甲苯			乙苯			对（间）二甲苯		
/d	18℃	23℃	28℃	18℃	23℃	28℃	18℃	23℃	28℃
1	35.20	44.46	68.42	6.02	6.91	7.92	6.29	11.60	12.64
2	12.61	11.87	32.95	7.11	13.73	15.98	9.87	11.82	11.92
3	9.36	13.71	24.51	9.05	7.95	12.03	11.07	11.40	10.00
4	6.32	9.67	12.42	4.27	5.71	8.49	5.35	7.80	8.69
5	5.43	7.81	10.53	3.41	4.03	6.73	6.24	6.76	7.97

表 2-11　胶合板释放主要 VOC 单体在不同相对湿度条件下的释放速率

单体名称	测试时间/d	不同相对湿度下释放速率/（$\mu g \cdot m^{-2} \cdot h^{-1}$）			
		35%	50%	65%	80%
甲苯	1	36.11	44.46	55.55	117.43
	2	10.89	11.87	13.81	29.22
	3	10.74	13.71	8.87	12.87
	4	7.34	9.67	8.93	12.07
	5	5.84	7.81	8.58	10.35
乙苯	1	4.94	6.91	7.48	11.98
	2	11.53	13.73	4.25	9.40
	3	5.85	7.95	5.63	7.93
	4	4.67	5.71	6.01	8.38
	5	4.16	4.03	5.46	6.43
对（间）二甲苯	1	7.12	11.60	8.07	11.98
	2	8.90	11.82	8.66	21.18
	3	8.57	11.40	7.20	16.17
	4	7.89	7.80	7.02	16.45
	5	5.98	6.76	6.94	11.71

表 2-12 胶合板释放主要 VOC 单体在不同气体交换率下的释放速率（$\mu g \cdot m^{-2} \cdot h^{-1}$）

测试时间	甲苯			乙苯			对（间）二甲苯		
/d	0.5 次·h^{-1}	1 次·h^{-1}	2 次·h^{-1}	0.5 次·h^{-1}	1 次·h^{-1}	2 次·h^{-1}	0.5 次·h^{-1}	1 次·h^{-1}	2 次·h^{-1}
1	26.61	44.46	37.07	2.50	6.91	9.03	5.79	11.60	12.42
2	10.30	11.87	20.29	3.21	13.73	12.84	5.55	11.82	11.44
3	8.88	13.71	13.71	4.91	7.95	7.80	5.81	11.40	11.13
4	4.00	9.67	11.80	6.17	5.71	6.82	6.04	7.80	10.78
5	3.74	7.81	8.98	2.40	4.03	5.93	4.38	6.76	9.55

由表 2-10 至表 2-12 可以看出，甲苯的释放速率最大，远远大于乙苯和对（间）二甲苯的释放速率，对（间）二甲苯的释放速率略高于乙苯。在不同的环境舱参数条件下甲苯和对（间）二甲苯的释放速率大多在释放的第 1 天时达到最大值，但是乙苯的释放速率则在第 2 天或第 3 天释放达到最大值。甲苯释放速率衰减速度很快，第 1 天释放速率是第 5 天释放速率的 6～10 倍，而乙苯和对（间）二甲苯释放速率的衰减速率较甲苯缓慢，第 1 天释放速率是第 5 天释放速率的 2 倍左右。这说明三种单体释放特性不同，并且这种释放特性不因外部环境条件的不同而发生改变。

温度由 18℃升至 28℃，释放第 1 天，甲苯、乙苯、对（间）二甲苯的释放速率分别增加至原来的 1.94 倍、1.32 倍、2.01 倍；释放 5 天，释放速率分别增加至原来的 1.94 倍、1.97 倍、1.28 倍（表 2-10）。相对湿度由 35%升至 80%，释放第 1 天，甲苯、乙苯、对（间）二甲苯的释放速率分别增加至原来的 3.25 倍、2.43 倍、1.68 倍；释放 5 天，释放速率分别增加至原来的 1.77 倍、1.55 倍、1.96 倍（表 2-11）。气体交换率由 0.5 次·h^{-1} 升至 2 次·h^{-1}，释放第 1 天，甲苯、乙苯、对（间）二甲苯的释放速率分别增加至原来的 1.39 倍、3.61 倍、2.14 倍；释放 5 天，释放速率分别增加至原来的 2.4 倍、2.47 倍、2.18 倍（表 2-12）。升高温度、相对湿度和气体交换率能够增加三种单体的释放速率，外部环境因素对三种单体的影响程度没有明显的差异。综上所述，该小型环境舱可以对舱体环境参数准确控制，从而实现对不同环境和不同 VOC 测试标准下板材释放组分和单体的有效检测。

2.5 本章小结

通过自行设计制造的小型环境舱和大型环境舱检测人造板挥发性有机化合物的释放量进行对比，从而分析两种不同体积环境舱测试数据的相关性。同时采用该小型环境舱检测不同环境条件下的板材挥发性有机化合物释放特性，分析该小型环境舱在不同环境参数和不同 VOC 检测标准中应用的可行性。主要得出以下结论：

（1）15 L 小型环境舱设计合理，能够模拟真实的室内环境，控制舱体内的温度、相对湿度、气体交换率和风速。温度控制范围是 18～28℃，控制稳定。相对湿度控制范围是 35%～80%，控制稳定。气体交换率的控制范围可根据测试要求及流量计的量程任意调节。风扇可通过减速箱调节转速，从而调节舱体内风速。该小型环境具有良好的气密性和背景浓度，符合相关标准要求。环境舱所用材料多为玻璃制品，易加工，组装简单。制作成本远远低于大型环境舱，达到了降低成本的目的。

（2）相同人造板在大小型环境舱中的挥发性有机化合物释放速率下降趋势一致，不因板材种类而异，说明小型环境舱中气体混合均匀，舱体体积并不影响舱体内气体混合的均匀性。

（3）大小型环境舱检测人造板挥发性有机化合物释放速率存在差异，小型环境舱检测值略高于大型环境舱。最大相对偏差超过 30%，最小偏差为 0.01%，平均相对偏差值为 2.35%。因此，建议将小型环境舱检测数据乘以修正系数 0.977，以提高小型环境舱检测结果的准确度。存在偏差的原因是大小型环境舱的循环气体不一致、检测板材含水率、密度等的不均匀性和检测采集数据时的系统误差。

（4）大小型环境舱检测六种板材 TVOC 释放速率的数据拟合度均大于 0.96，接近于 1，在相同的温度、相对湿度、气体交换率和风速条件下，大小型环境舱检测数据的相关性很好，并且检测结果不因板材的种类而异。

（5）通过在不同的温度、相对湿度、装载率和气体交换率条件下，采用 15 L 小型环境舱法测试板材的 VOC 释放特性，所得释放规律与前期研究和理论分析相一致，说明该小型环境舱可实现多参数调控，可适用于不同环境下木制品 VOC 散发特性的检测和执行环境舱参数设置具有差异的 VOC 检测标准。

参考文献

白志鹏，韩旸，袭著革．2006．室内空气污染与防治[M]．北京：化学工业出版社：1-7

国家标准化管理委员会．2013．GB/T 18204.1—2013．公共场所卫生检验方法　第 1 部分：物理因素[S]．北京：中国标准出版社

国家质量监督检验检疫总局，卫生部，环境保护部．GB/T 18883—2002，室内空气质量标准[S]．

环境保护部．HJ 571—2010 环境标志产品技术要求_人造板及其制品[S]．北京：中国环境科学出版社

黄燕娣，赵寿盼，胡玢．2007．室内人造板制品释放挥发性有机物研究[J]．环境检测管理与技术，19(1)：38-40

李春艳，沈晓滨，时阳．2007．应用气候箱法测定胶合板的 VOC 释放[J]．木材工业，21(4)：40-42

李春艳，陈宇红，曹伟．2007．强化木地板的 VOCs 散发试验研究[J]．中国人造板，14(4)：10-12

李光荣，郝聪杰，龙玲．2010．小气候箱法测定家具板材有机挥发物释放[J]．木材加工机械，(3)：24-27.

李辉．2010．环境舱法研究家具有害物释放及其影响因子[D]．北京林业大学硕士学位论文
刘玉，沈隽，朱晓冬．2008．热压工艺参数对刨花板 VOCs 释放的影响[J]．北京林业大学学报，30(5)：139-142
刘玉．2010．刨花板 VOC 释放控制技术及性能综合评价[D]．东北林业大学硕士学位论文
龙玲，李光荣，周玉成．2011．大气候室测定家具中甲醛及其他 VOC 的释放量[J]．木材工业，25(1)：12-15
龙玲．2012．木材及其制品挥发性有机化合物释放及评价[M]．北京：科学出版社：3-4
Risholm-Sundman M．2003．用实地和实验室小空间释放法(FLEC)测甲醛释放量——复得率及与大气候箱法的相关性[J]．人造板通讯，(10)：21-23
沈隽，李爽，类成帅．2012．小型环境舱法检测中纤维板挥发性有机化合物的研究[J]．木材工业，26(3)：15-18
沈隽，刘玉，张晓伟，等．2006．人造板有机挥发物(VOCs)释放的影响及研究[J]．林产工业，33(1)：6
沈哲仪．2008．不同外气引入量对全尺寸复合木地板挥发性有机化合物质移除率以研究[D]．台湾成功大学硕士论文
时尽书，李建军，周文瑞，等．2006．脲醛树脂与纳米二氧化碳复合改善木材性能的研究[J]．北京林业大学学报，28(2)：123-128
王雨．2012．室内装饰装修材料挥发性有机化合物释放标签发展的研究[D]．东北林业大学硕士学位论文
杨东晖，张爱民．2002．浅谈室内装饰板材的环保化[J]．森林工程，18(4)：59-60
杨帅，张吉光，任万辉．2007．自然通风对装饰材料对污染物散发的影响分析[J]．山东暖通空调，(2)：155-160
余跃滨，张国强，余代红．2006．多孔材料污染物散发外部影响因素作用分析[J]．暖通空调，36(11)：13-19
张思冲，吴昊．1998．纤维板制造业的工艺优化及清洁生产[J]．森林工程，14(1)：18-19
张文超．2011．室内装饰用饰面刨花板 VOC 释放特性的研究[D]．东北林业大学博士学位论文
周连．2007．气候变化对污染物浓度和健康影响的关系研究[D]．南京医科大学硕士学位论文
朱海欧，汪蓉，卢志刚，等．2011．装饰材料中挥发性有机物检测技术的研究进展[J]．环境科学与技术，34(9)：73-81
Afshari A, Lundgren B, Ekberg L E. 2003. Comparison of three small chamber test methods for the measurement of VOC emission rates from paint[J]. Indoor Air, 13(2): 156–165
An J Y, Kim S, Kim H J. 2011. Formaldehyde and TVOC emission behavior of laminate flooring by structure of laminate flooring and heating condition [J]. Journal of Hazardous Materials, 187(1): 44-51
Fang L, Ausen G C L,Fanger P O. 1999. Impact of temperature and humidity on chemical and sensory emissions from building materials[J]. Indoor Air, 9(3): 193-201
Gunnarsen L, Nielsen P A, Wolkoff P. 1994. Design and characterization of the CLIMPAQ, chamber for laboratory investigations of materials, pollution and air quality[J].Indoor Air,4(1): 56-62
Jann O, Wilke O, Brödner D. 1999. Entwicklung eines prüfverfahrenszur ermittlung der emissionen flüchtiger organischer verbindungen aus beschichteten holzwerkstoffen und möbeln[J]. Textedes Umweltbundesamtes, 74
Katsoyiannis A, Leva P, Kotzias D. 2008.VOC and carbonyl emissions from carpets: A comparative study using four types of environmental chambers[J]. Journal of Hazardous Materials, 152: 669-676
Kim K W, Kim S, Kima H J, et al. 2010. Formaldehyde and TVOC emission behaviors according to finishing treatment with surface materials using 20 L chamber and FLEC[J]. Journal of Hazardous Materials, 177(1/3): 90-94

Kim S, Choi Y K，Park K W, et al. 2010. Test methods and reduction of organic pollutant compound emissions from wood-based building and furniture materials[J]. Bioresource Technology, 101(16): 6562–6568

Liles W T, Koontz M D, Hoag M L. 1996. Comparison of two small chambers test methods used to measure formaldehyde and VOC emission rates from particleboard and medium density fiberboard. In: Characterizing Sources of Indoor Air Pollution and Related Sink Effects, ASTM STP 1287. Washington, DC: American Society for Testing and Materials

Lin C C, Yu K P , Zhao P , Lee G W M. 2009.Evaluation of impact factors on VOC emissions and concentrations from wooden flooring based on chamber tests[J]. Building and Environment,44(3): 25–533

Makowshi M, Ohlmeyer M. 2006.Comparison of a small and a large environment test chamber for measure VOC emissions from OSB made of Scots pine(Pinus sylvestris L.)[J]. HolzRoh Werkst, 64(6): 469–472

Molhave L. 1986. Indoor air quality in relation to sensory irritation due to volatile organic compounds [J]. Ashrae Transactions, 92(pt 1A): 306–316

Myers G E, Nagaoka M. 1981. Emission of formaldehyde by partieleboard: Effect of ventilation rate and loading on air concentration level[J]. Forest Produets Journal, 31(7): 39–44

Myers G E. 1984. Effect of ventilation rate and board loading on formaldehyde concentration: a critieal review of the Literature[J]. Forest Produets Journal, 34(10): 59–68

Roache N F, Guo Z, Fortmann R, et al. 1996. Comparing the field and laboratory emission cell (FLEC) with traditional emissions testing chambers. In: Characterizing Sources of Indoor Air Pollution and Related Sink Effects, ASTM STP 1287. Washington: American Society for Testing and Materials

Solthammer T. 1999. Organic Indoor Air Pollutants: Occurrence, Measurement, Evaluation[M]. Weinheim: Wiley-VCH: 129–141

Sollinger S, Levsen K. 1993. Wunsch G·Indoor air pollution by organic emissions from textile floor coverings[J]. Climate chamber studies under dynamic conditions[J]. Atmospheric Environment, 27(2): 183–192

The Ministry of Health, Labor and Welfare of Japan (MHLW). 2012. Committee on Sick House Syndrome: Indoor Air Pollution Report No. 4, Summary on the Discussions at the 8th and 9th Meetings

Van der wal J F, Hoogeveen A W, Wouna P. 1997. The influence of temperature on the emission of volatile organic compounds from PVC flooring, carpet, and paint[J]. Indoor Air, 7(3): 215–221

Wensing M. 1999.Environmental test chambers. In: Salthammer T(ed) Organic Indoor Air Pollutants. Weinheim: Wiley-VCH: 129–141

Wolkoff P. 1998. Impact of air velocity, temperature, humidity and air on long-term VOC emissions from building products[J]. Atmospheric Environment, 32(14): 2659–2668

Zhang Y P, Luo X X, Wang X K, et al. 2007. Influence of temperature on formaldehyde emission parameters of dry building materials[J]. Atmospheric Environment, 41 (15): 3203–3216

第 3 章　杨木强化材有害气体检测与控制技术研究

为了改善杨木在室内应用中的性能缺陷，国内外学者向木材中浸渍低相对分子质量热固性树脂，发现经过处理后的木材密度、表面硬度、耐磨性、尺寸稳定性和防腐性都有大幅度提高，应用范围扩大到地板、建筑装饰材料及家具行业。当前人工林木材强化技术研究中主要是采用真空-加压方式将低相对分子质量脲醛树脂或酚醛树脂溶液浸渍到木材中，由此产生的甲醛和芳香族物质会对人体的神经系统、免疫系统和肝脏等产生副作用。甲醛的危害已引起企业和消费者的广泛关注，因此，通过添加化学改性剂使人工林杨木的性能得到改良的强化材的环保性能更应引起关注，这也成为推进杨木强化处理材工业化进程中亟待解决的主要问题之一。

因此，本章以脲醛树脂处理人工林杨木制作杨木强化材为例，探讨从源头控制杨木强化材有害气体释放的生产工艺。

3.1　工艺参数对杨木强化材 VOC 释放的影响

现阶段关于树脂浸渍处理木材的研究主要集中在工艺参数对木材浸渍效果的影响和如何提高物理力学性能等方面。王军等采用正交试验考察树脂浓度、真空度、真空时间、加压压力和加压时间对脲醛树脂浸渍木材效果的影响，结果显示树脂浓度、加压压力和加压时间显著影响木材的浸渍效果。柴宇博等以不同的酚醛树脂浓度、真空时间、加压压力和加压时间密实化处理人工林木材，发现树脂浓度对木材浸渍效果影响最为显著，其次为加压压力和加压时间，真空时间对树脂增重不显著；且得出最优工艺参数为树脂浓度 40%、加压压力 1.0 MPa、加压时间 3 h，真空时间 70 min。然而，在获得较大增重率的同时，木材的环保性能和节约生产成本的要求无法得到保证，制约了杨木强化材的生产和应用。

本节采用低相对分子质量脲醛树脂在不同的加压压力、加压时间和树脂浓度下真空-加压浸渍杨木生产强化材，通过调整工艺参数控制强化材质量增重率，从而间接控制处理材 VOC 释放量。了解工艺参数影响强化材 VOC 释放量的作用机理，有助于综合提高处理材的环保性能、力学性能和降低成本。

3.1.1　工艺设计与性能测试

1. 真空加压浸渍工艺设计

杨木试件尺寸为 300 mm×100 mm×20 mm（纵向×弦向×径向），由 2012 年采自黑龙江省铁力双丰林场的山杨（*Populus davidiana*）锯切而成。铁力全年多东南风，冬季严寒干燥，夏季温和多雨，年光照时数 2420 h，无霜期 128 d。采集量为 2 株，树龄为 17 年，平均胸径为 35.50 cm，木材平均密度为 0.33 $g\cdot cm^{-3}$。低相对分子质量脲醛树脂是由工业甲醛和尿素按物质的量比 1.05∶1 进行合成；固体含量为 40%；黏度为 15 s（用涂-4 黏度计在 20℃条件下测定）；游离甲醛含量为 0.17%；pH 8.0。

采用真空-加压浸渍方式将脲醛树脂溶液浸渍到木材中，制作杨木强化材试件。选取加压时间、加压压力、树脂浓度 3 个工艺参数进行单因素实验，考察工艺参数的变化对杨木强化材质量增重率和 VOC 释放的影响，工艺设计如表 3-1 所示。

表 3-1　脲醛树脂真空-加压处理木材工艺参数

加压时间/h	加压压力/MPa	树脂浓度/%	真空时间/min
1 / 2.5 / 4 / 5.5	0.95	32	30
2.5	0.75 / 0.85 / 0.95 / 1.05	32	30
2.5	0.95	16/24/32/40	30

将含水率为 5%的杨木试件放在减压装置中抽真空（图 3-1），真空压力值－0.08 MPa，保压 30 min 后，打开进液阀，使一定质量分数的脲醛树脂缓缓进入到真空装置中，确保杨木试件完全被树脂溶液浸没；进液完毕后，使空气缓慢进入，直到恢复常压，然后打开真空装置取出装有树脂溶液和试件的器皿。将装有试件和树脂溶液器皿放进高压罐中（图 3-2），密闭好后加压，加压压力和保压时间按照表 3-1。从高压装置中取出浸渍好的试件，将其再次放入真空装置中，进行后真空处理。

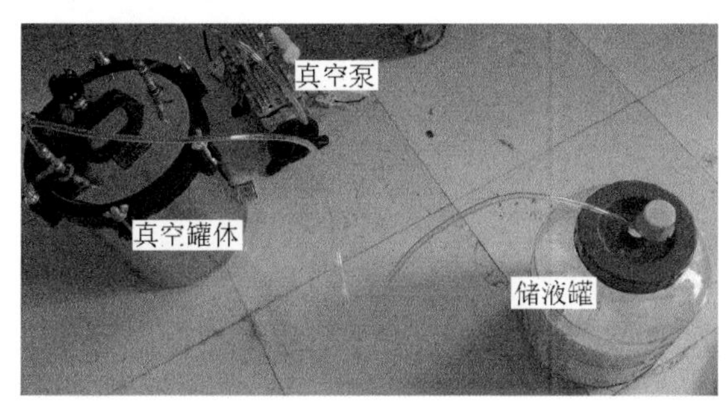

图 3-1　真空设备

图 3-2　压力缸和加压泵

浸渍后的试件气体干燥 3 d 后，在 60℃下干燥到含水率为 5%，再在 120℃下保持 2 h 使树脂固化。将固化后的试件用铝胶带封边，并用铝箔纸包裹，以防止过高的边部释放和表面释放。

2. 性能测试

1）杨木试件含水率控制

按照 GB 1931—2009《木材含水率测定方法》制作 20 mm×20 mm×20 mm 的含水率试件，测得湿材含水率 W；用天平测出试验用大试件干燥前质量，记做 m_1，按照式（3-1）计算出大试件全干时质量 m_0；按照式（3-2），计算出试件含水率为 5%时大试件质量，记做 m_2。将浸渍用大试件放入鼓风干燥箱干燥，60℃干燥 3 d 后，每 2 h 称重一次，当质量达到 m_2 时取出，放入干燥器内，直至冷却，称出质量记做 m_{untr}，并用封口袋密封。

$$m_0=\frac{m_1}{W+1} \tag{3-1}$$

式中，W 为试件含水率，%；m_1 为大试件干燥前质量，g；m_0 为大试件全干时质量，g。

$$m_2=(5\%+1)\times m_0 \tag{3-2}$$

式中，5%为大试件干燥后达到的含水率；m_2 为大试件干燥到含水率为 5%时的质量，g。

2）质量增重率测试

杨木处理材增重率按式（3-3）计算：

$$\text{WPG}=\frac{m_{tr}-m_{untr}}{m_{untr}}\times 100\% \tag{3-3}$$

式中，WPG 为强化处理材的增重率，%；m_{untr} 为杨木未处理材干燥后质量，g；m_{tr} 为杨木处理材固化后的质量，g。

3）VOC 采集与测试

挑选无干燥缺陷的试件放置于体积为 15 L 的小型玻璃舱中，装载率为 4.0 $m^2 \cdot m^{-3}$，密闭 48 h。与通风环境相比，试件在密闭环境下 VOC 释放能更快达到平衡状态，有利于快速分析不同参数制备的试件 VOC 释放差异。小舱放置于恒温、恒湿房间内，温度保持在（23±1）℃，相对湿度保持在（50±5）%。

用 Tenax-TA（200 mg，60～80 mesh）在舱体出口采集气体作为 VOC 浓度。流速为（150±1）$mL \cdot min^{-1}$，采集 20 min，采样量为 3L。利用热解吸仪（TP-5000，北分）对采集样品后的 Tenax-TA 在 280℃下热解吸 5 min，气体样品加压进样进入 GC/MS（DSQⅡ，美国热电）中进行分析，进样时间为 1 min。GC 进样口温度为 250℃，采用分流进样，分流比为 30∶1。色谱柱（HP-5MS）长度为 30 m，内径为 0.25 mm，膜厚为 0.25 μm。升温程序：炉温 40℃时保持 2 min，以 2$℃ \cdot min^{-1}$升到 50℃保持 4 min，再以 5$℃ \cdot min^{-1}$升到 150℃保持 4 min，最后以 10$℃ \cdot min^{-1}$升到 250℃保持 8 min。离子源温度为 230℃，扫描方式为全扫描。根据色谱图上保留时间和质谱图与标准谱库匹配度（大于 90%）对 VOC 进行定性，采用内标法（内标物为氘代甲苯）根据响应因子对 VOC 进行定量。

4）傅里叶变换红外光谱（FTIR）测试

为减小木材试件各位置浸渍效果差异对测试结果的影响，在杨木和杨木处理材试件距离各边缘相同位置上取样，试样制备成 10 mm×10 mm×3.5 mm 的小样，在制样过程中切忌污染试件表面。采用气相色谱-傅里叶红外联用仪（MAGNA-IR560 E.S.P，美国 Nicolet 公司）扫描其红外谱图，扫描范围 500～4000 cm^{-1}，谱图分辨率为 4 cm^{-1}，样品扫描 30 次，用 OMNIC E.S.P 软件进行基线校正，并测量各光谱谱带峰值。

5）电镜扫描测试

制备杨木处理材试件时，为减小木材试件各位置浸渍效果差异对测试结果的影响，在杨木和杨木处理材试件距离各边缘相同位置上取样，试样制备成 5 mm×5 mm×3.5 mm 的小样。制样时为防止直接切割导致刀片切痕破坏木材结构，采用劈裂方法获取断面。将制备好的样品用导电胶粘贴到样品座上，试件边缘用胶带封边并编号后，放入真空喷镀仪内，进行镀金处理形成导电的表面，镀层厚度一般为 10～20 nm。将载有样品的样品台放入到电镜室内对杨木和杨木处理材的断面进行电镜扫描，调整放大倍数观察断面形貌。

3.1.2　加压浸渍压力

不同加压压力下处理的杨木强化材在密闭 24 h 和 48 h 后所释放的主要挥发性有机化合物种类和浓度见表 3-2。

表 3-2 不同加压浸渍压力杨木强化材 VOC 成分和浓度

化合物 \ 浓度 \ 密闭时间和加压压力	试件挥发性有机化合物浓度/（μg·m^{-3}）							
	24 h				48 h			
	0.75 MPa	0.85 MPa	0.95 MPa	1.05 MPa	0.75 MPa	0.85 MPa	0.95 MPa	1.05 MPa
醛类化合物								
己醛	23.82	25.16	32.74	24.13	40.31	42.80	44.83	33.09
庚醛	2.79	3.74	6.43	4.23	4.94	5.81	6.60	4.12
辛醛	5.63	8.53	4.94	4.61	6.76	3.99	7.10	5.64
壬醛	4.30	7.34	14.12	10.96	10.26	11.47	19.01	13.15
苯甲醛	5.34	6.28	3.48	5.44	7.04	11.37	12.45	7.12
十二醛	17.08	36.42	19.14	31.30	11.20	18.95	38.92	34.02
癸醛	3.24	4.69	6.73	4.37	7.62	10.39	9.10	7.53
萜烯类化合物								
α-蒎烯	26.76	28.91	29.84	27.45	26.48	24.84	26.60	23.18
β-蒎烯	0.00	3.52	5.01	3.65	4.87	5.97	9.56	4.77
3-蒈烯	6.62	4.30	8.84	7.43	8.88	9.35	8.11	6.71
D-柠檬烯	3.17	2.55	2.99	3.73	2.56	3.89	5.09	4.18
烷烃类化合物								
癸烷	5.65	3.38	4.98	3.90	4.78	5.32	5.60	0.00
壬烷	3.83	6.13	6.73	4.74	7.24	6.03	0.00	14.83
十一烷	10.03	12.36	11.66	9.56	10.72	11.65	16.49	9.89
十二烷	28.20	26.57	30.64	28.59	34.47	43.61	46.51	34.22
2,3,7-三甲基辛烷	10.47	15.85	16.34	12.33	15.89	19.23	22.03	11.73
6-甲基十三烷	7.72	9.36	7.34	10.36	12.99	11.54	15.03	8.44
4-甲基十三烷	11.53	9.77	14.71	7.58	0.00	13.55	21.74	10.45
2-甲基十三烷	12.84	15.69	20.62	16.84	15.36	24.63	19.42	19.89
3-甲基十三烷	13.08	17.48	15.43	19.02	17.99	29.39	21.81	13.47
2,6,10-三甲基十二烷	0.00	5.92	13.92	14.98	0.00	20.95	20.81	18.51
十四烷	10.17	7.86	18.94	14.45	14.08	17.40	19.50	24.44
十五烷	0.00	5.17	7.71	5.78	11.52	5.99	4.07	6.74
十六烷	6.11	6.69	5.83	4.53	4.02	5.24	7.18	6.04
酮类化合物								
苯甲酮	7.88	8.46	9.46	9.32	8.50	8.61	14.84	6.26
6-甲基-5-庚烯-2-酮	5.02	5.40	3.36	0.00	0.00	5.39	0.00	3.64
其他化合物	40.33	34.40	53.26	51.02	47.73	40.17	53.82	51.59
TVOC	271.61	321.93	375.19	340.3	336.21	417.53	476.22	383.65

由表 3-2 可知，在不同加压压力下制作的杨木强化材释放的挥发性有机化合物种类相同，但浓度差异较大；密闭 24 h 后所检测到的化合物种类与密闭 48 h 后所检测到的化合物种类一致，各单体化合物浓度总体上明显增加。烷烃类化合物、醛类化合物和萜烯类化合物是杨木强化材释放的 VOC 的主要成分，约占其总量的 61%以上。同时，也检测出了少量的酮类化合物和多环芳香化合物。在所

检测到的 7 种醛类化合物中，以己醛、十二醛和壬醛为主，其占醛类化合物总量的平均质量分数分别为 35.25%、27.14%和 11.60%。龙玲在常温下测定杨木释放的醛类化合物种类和浓度，发现杨木所释放的醛类挥发物以乙醛为主和己醛为主，这与本书的检测结果相符合，但因采样和测试方法差异，本书只可检测到 C_6～C_{16} 的醛类，故未检测到乙醛；在所检测的 13 种烷烃类化合物中，十二烷、3-甲基十三烷、2-甲基十三烷和十四烷是烷烃类化合物的主要成分，其占烷烃类化合物总量的平均质量分数分别为 20.28%、10.97%、10.79%和 9.30%。在检测到的 4 种萜烯类化合物中，α-蒎烯含量最高，其次为 3-蒈烯，最后为 D-柠檬烯和β-蒎烯。

图 3-3 总结了不同加压压力下制作的杨木强化材树脂增重率和各组分挥发性有机化合物释放量的变化。

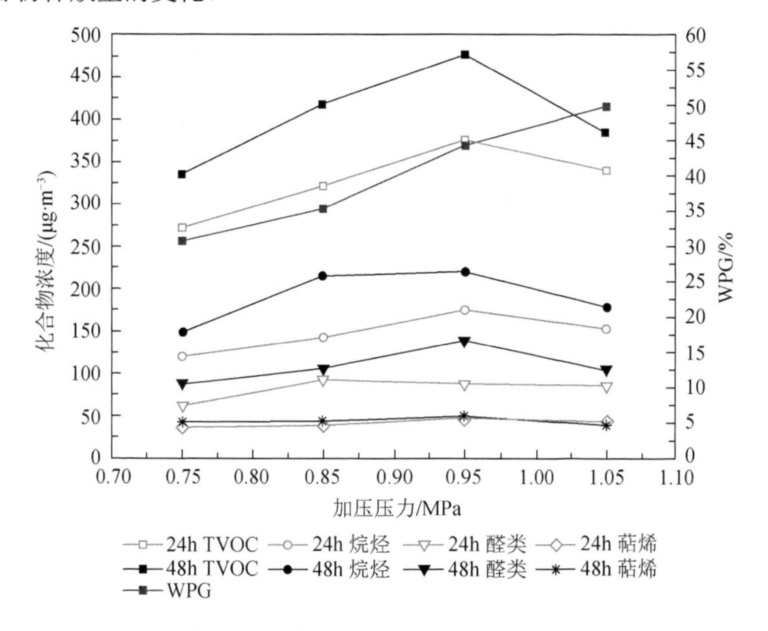

图 3-3　不同加压压力下所得强化材 VOC 释放量和增重率

加压压力显著地影响脲醛树脂浸渍处理杨木强化材的树脂浸渍效果。在本试验压力变化范围内，随着加压压力的增加，WPG 呈线性增长。当压力为 0.75 MPa 时，强化材的 WPG 为 30.7%，当压力继续增加到 1.05 MPa 时，强化材的 WPG 增加了 1.63 倍，为 50.04%。提高加压浸渍时的压力，有利于树脂向木材渗透。这是因为若将低相对分子质量树脂溶液浸注到木材中，必须施加足以克服木材微孔内存在张力的外界压力。刘焕蓉以酚醛树脂浸渍杨木单板生产单板复合材，压力为 0.8 MPa 下浸渍 15 min 与常压下浸渍相同时间下所得的杨木单板相比，树脂浸渍量提高了 2.19 倍。提高加压压力可以增加树脂浸渍量这一结论与本节所得结果相一致。

加压压力通过对 WPG 影响，间接影响强化材各组分挥发性有机化合物释放量。随着加压压力的增大和 WPG 的增加，总挥发性有机化合物、烷烃类化合物和醛类化合物释放量随之增加。当压力由 0.75 MPa（WPG 30.7%）提高到 0.95 MPa 后，24 h 后舱体 TVOC 浓度由 271.60 $\mu g \cdot m^{-3}$ 增加到 375.20 $\mu g \cdot m^{-3}$，烷烃类化合物浓度由 119.62 $\mu g \cdot m^{-3}$ 增加到 171.85 $\mu g \cdot m^{-3}$，醛类化合物也明显提高。相同的趋势也出现在密闭 48 h 后的检测数据趋势图上。然而，当加压压力为 0.95 MPa（WPG 达到 44.41%）后，继续升高压力，挥发性有机化合物开始下降。24 h TVOC 浓度和烷烃浓度分别下降了 9.30%和 12.69%；48 h TVOC 浓度、烷烃浓度和醛类化合物浓度分别下降了 19.44%、18.87%和 24.16%。相对于因 WPG 变化而浓度产生较大差异的这几组分，萜烯类化合物的变化差异较小，保持在 40～50 $\mu g \cdot m^{-3}$ 范围内。24 h 和 48 h 萜烯类化合物检测结果几乎接近，这说明相对于其他组分，在密闭环境下萜烯类化合物更易达到平衡状态。

由以上测试结果可以发现，低相对分子量热固性树脂浸渍木材程度直接影响 TVOC 释放量。浸渍程度与浸渍树脂的化学结构和木材构造密切相关。低相对分子质量的树脂通过木材导管和木射线浸渍到木材中。由于阔叶材的木材构造，决定树脂浸渍木材是一个树脂“多级过滤—渗透”过程。相对分子质量相对大的树脂停留在木材导管中，相对分子质量小的树脂附着在木纤维和细胞腔内表面，只有相对分子质量更小的树脂才能浸入细胞壁。在树脂固化后木材中的自由基和填充在细胞壁孔隙以及细胞腔内表面树脂的高活性羟基（—OH）发生化学反应，生成羰基（>C=O），提高木材强度。

树脂含量的增加使得木质基复合材料挥发性有机化合物释放量显著增加。孙世静等测试了不同施胶量下生产的刨花板所释放量 VOC 种类和浓度，发现脲醛树脂施胶量显著影响刨花板 VOC 释放浓度，且随着施胶量的增加，VOC 释放量显著增加。这也和本书所得结果相一致。但人造板比木材具有更均一的结构，且其树脂的使用量远远低于杨木强化材，这也导致树脂含量对两者挥发性有机化合物释放影响的差异。当处理材的 WPG 达到 44.41%后，TVOC、烷烃类化合物和醛类化合物浓度分别开始下降。这是因为过量的树脂浸渍到木材中使得木材的孔隙率降低。当树脂含量达到一定值时，多余的树脂会沉积在木材导管和细胞壁表面，树脂固化后会导致细胞腔和细胞壁纹孔被堵塞，木材孔隙率降低。木材孔隙率较低直接影响 VOC 在杨木强化材中的质扩散系数。孔隙率与质扩散系关系表达式为

$$D = D_m \xi / \tau \tag{3-4}$$

式中，D 为有效扩散系数，$m^2 \cdot s^{-1}$；ξ为孔隙率；τ为曲折度；D_m 为介质孔中的平均扩散系数，$m^2 \cdot s^{-1}$。由此可见，孔隙率越小，VOC 在材料内的有效扩散系数越

小。而 VOC 在多孔材料中的扩散符合菲克第二定律。VOC 首先从材料内部扩散到材料表层，气体扩散主要是由浓度梯度和扩散系数控制，表达式为

$$\frac{\partial C(x,t)}{\partial t}=D\frac{\partial^2 C(x,t)}{\partial x^2} \tag{3-5}$$

式中，x 为扩散方向上的一维线性尺寸，m；t 为时间，s；$C(x,t)$ 为材料内部 VOC 浓度，$\mu g\cdot m^{-3}$；D 为 VOC 在材料内的有效扩散系数，$m^2\cdot s^{-1}$。这一扩散过程在挥发性有机化合物从材料内部释放到空气中起决定作用。因此按照传质模型可知，扩散系数直接贡献于 VOC 的释放。因此，过度的树脂浸渍会导致孔隙度降低而阻碍 VOC 的释放。

3.1.3　加压浸渍时间

通过改变加压时间，获得不同增重率的杨木强化处理材，并对这些试件分别密闭 24h 和 48h 后的 VOC 成分和浓度进行测定分析，具体成分和浓度如表 3-3 所示。

表 3-3　不同加压浸渍时间杨木强化材 VOC 成分和浓度

化合物 \ 浓度 \ 密闭时间和加压时间	试件挥发性有机化合物浓度/（$\mu g\cdot m^{-3}$）							
	24 h				48h			
	1 h	2.5 h	4 h	5.5 h	1 h	2.5 h	4 h	5.5 h
醛类化合物								
己醛	21.53	40.92	37.30	32.06	45.23	53.68	48.56	43.08
庚醛	3.23	5.38	2.88	3.00	2.98	6.99	3.17	4.92
辛醛	7.01	7.18	8.55	7.42	7.73	9.14	9.04	6.52
壬醛	9.59	16.16	13.99	12.12	14.38	23.55	10.44	9.50
苯甲醛	2.83	4.43	1.89	2.09	3.42	5.50	2.24	3.17
十二醛	10.06	17.29	23.93	13.20	10.90	39.60	27.34	14.12
癸醛	5.14	3.45	4.06	3.12	10.20	4.16	5.82	5.72
萜烯类化合物								
α-蒎烯	34.55	35.29	23.63	34.69	29.65	31.42	28.06	28.04
β-蒎烯	0.00	5.51	3.88	3.84	4.26	3.79	4.02	2.37
3-蒈烯	10.43	11.29	18.69	10.32	13.04	19.90	23.76	19.31
D-柠檬烯	3.61	0.00	0.00	2.80	2.90	0.00	0.00	4.06
烷烃类化合物								
癸烷	4.60	5.20	3.78	3.28	5.64	4.54	4.18	4.24
壬烷	7.23	6.72	5.67	4.56	10.17	8.65	6.93	6.01
十一烷	10.33	9.29	10.90	12.44	8.74	14.64	13.01	15.99
十二烷	24.48	25.49	27.81	30.30	31.05	41.00	35.18	43.12
2,3,7-三甲基辛烷	11.71	15.19	9.94	11.64	12.50	20.12	13.90	17.44

续表

化合物（浓度 \ 密闭时间和加压时间）	试件挥发性有机化合物浓度/（$\mu g\cdot m^{-3}$）							
	24 h				48h			
	1 h	2.5 h	4 h	5.5 h	1 h	2.5 h	4 h	5.5 h
6-甲基十三烷	9.64	12.12	7.56	10.66	12.34	15.04	10.04	11.69
4-甲基十三烷	5.12	10.42	7.08	8.59	4.31	0.00	18.20	10.21
2-甲基十三烷	12.93	18.27	11.53	12.86	14.88	21.43	16.92	12.91
3-甲基十三烷	5.34	9.72	7.13	5.09	7.21	19.64	12.16	14.30
2,6,10-三甲基十二烷	0.00	13.19	7.68	0.00	0.00	15.58	9.50	8.14
十四烷	8.13	15.97	16.21	14.32	11.06	20.32	12.10	13.98
十五烷	3.69	7.31	13.67	5.26	3.86	9.67	13.78	4.96
十六烷	4.13	5.24	3.95	4.13	5.77	4.35	10.75	6.23
酮类化合物								
苯甲酮	2.39	5.31	9.91	3.22	3.40	7.68	11.32	4.76
6-甲基-5-庚烯-2-酮	2.78	6.22	4.59	4.00	2.90	7.84	4.62	5.90
其他化合物	33.12	71.81	58.86	56.49	23.26	77.80	42.34	44.21
TVOC	253.6	384.37	345.07	311.5	301.78	486.03	397.38	364.9

由表 3-3 可知，不同加压时间下生产的杨木强化材释放的 VOC 成分与表 3-2 中所列化合物相同，说明工艺参数变化不影响强化材 VOC 释放种类，仅因工艺参数不同得到不同的增重率而导致各 VOC 单体和总挥发性有机化合物浓度有所差异。

烷烃类化合物释放量最高，占总挥发性有机化合物释放量的 42%以上，主要检出物包括壬烷、癸烷、十二烷、十四烷、十五烷和十六烷等（表 3-3）。黄山在木材纤维干燥过程中排放的气体中检测到了十四烷、十五烷和十六烷等，这显示了烷烃的释放可能来自木材自身，但目前尚无明确的反应路径证明烷烃的来源。烷烃的释放也随着测试时间的延长而明显降低。

在脲醛树脂处理的速生杨木中检测到的醛类化合物含量占挥发性有机化合物总量的 23%～31%。醛类化合物是新居室中最普遍存在的化合物。由于醛类化合物具有较低的蒸气压，使其易于从建材中释放出来，高浓度的醛类化合物直接降低室内空气质量。直链醛类化合物来自于木材中不饱和脂肪酸的氧化降解。己醛、壬醛和十二醛是醛类化合物的主要组分，在第 48 小时的测试中占醛类总和的 76.64%～81.92%；庚醛、癸醛、苯甲醛和辛醛也是木制品 VOC 释放检测中常见的化合物。Baumann 在对 53 种刨花板和 16 种 MDF 样品的 VOC 测试中也检测到了己醛、壬醛、庚醛、苯甲醛和辛醛等化合物。这与本书结果是一致的。

萜烯类化合物是树木防御病虫害的重要成分。萜烯类化合物本身对人体没有危害，但部分人群对萜烯类化合物有过敏反应。同时，研究表明室内空气中的臭氧会与萜烯类化合物（如D-柠檬烯和蒎烯等）发生反应，生成危害人体健康的室内有机微粒。在对处理材的测试中，检测出萜烯类化合物以α-蒎烯和3-蒈烯为主要成分，且随着工艺参数的改变，萜烯类化合物浓度没有规律性变化。这说明萜烯类化合物的释放不依赖于强化木的浸渍过程，而来源于木材抽提物。龙玲在常温下检测杨木释放的VOC中也检测到了α-蒎烯、3-蒈烯和D-柠檬烯，这说明萜烯类化合物来自木材自身抽提物。这也和本节所得结果相一致。本节检测到较低浓度的萜烯类化合物是因为其常温下就具有较高的蒸气压，极易挥发，因此在木材存放和干燥阶段就会快速释放，且随着干燥温度的升高，其释放量明显升高。而杨木无论是在浸渍前还是浸渍后都经过长期的干燥过程，这使得萜烯类化合物在此期间大量散发，导致其在后期测试中释放量减小。

试件释放的挥发性有机化合物中检测到少量的酮类化合物，主要为苯甲酮。其他学者在人造板和木材中也检测出这种化合物，分析其来源可能是木材中的不饱和脂肪酸降解而来。本节所检测到的酮类化合物种类和含量远远少于上述文献所显示的，一方面是因为色谱柱的极性对检测结果的影响；另一方面是利用DNHP采样和高效液相色谱分析的方法更适合检测醛酮类化合物。

综上所述，烷烃类化合物、醛类化合物仍是所检测到强化材释放的挥发性有机污染物的主要成分。因此，图3-4总结了24 h和48 h后舱体内TVOC、烷烃类化合物和醛类化合物浓度以及WPG随加压时间变化的趋势。

如图3-4所示，随着加压时间的延长，树脂增重率显著增加。加压时间为1 h时，WPG为28.05 %，当加压时间增加到2.5 h时，WPG增加了1.55倍。加压时间从2.5 h继续升高到5.5 h时，WPG从43.36%增加到67.45%。在所考察加压时间范围内，随加压时间递增，增重率几乎呈线性增长，但2.5 h前树脂增重速率稍优于2.5 h后的增重速率。

由图3-4（a）可以发现，随着加压时间的延长、WPG的增加，总挥发性有机化合物浓度先增长，24 h舱体TVOC浓度由最初的253.59 $\mu g \cdot m^{-3}$（加压时间1.0 h，WPG 28.05%）增加到384.38 $\mu g \cdot m^{-3}$；随着加压时间（WPG）继续增到4 h（WPG 54.69%），TVOC浓度开始快速下降，而当加压时间达到5.5 h（WPG 54.69%）时，TVOC浓度缓慢降低。虽然具有较高WPG的强化材，其TVOC释放量相对于WPG在40%左右的强化材有所降低，但其浓度仍高于较低WPG的强化材释放的TVOC浓度。24 h测得的TVOC释放量随WPG增加所呈现的变化趋势，在第48小时检测数据上也同样得到。当WPG超出一定范围后，TVOC浓度随WPG增加而降低，不仅表现在测试组内，在测试组间也同样适用（杨木选材尽量排除个体差异）。由图3-3和图3-4（a）可知，加压时间组别中5.5 h下所得到WPG大于加压压力组别中1.05MPa下得到的WPG（51.65%），前者在24 h和48 h TVOC浓度与后者 TVOC 释放量相比分别降低了 8.46%和 4.88%。由图 3-4（b）可知，强化材的浸渍效果同样影响烷烃类化合物和醛类化合物，其变化趋势与图 3-4（a）TVOC 变化趋势相同，且 48 h 检测结果较 24 h 检测结果更为显著。

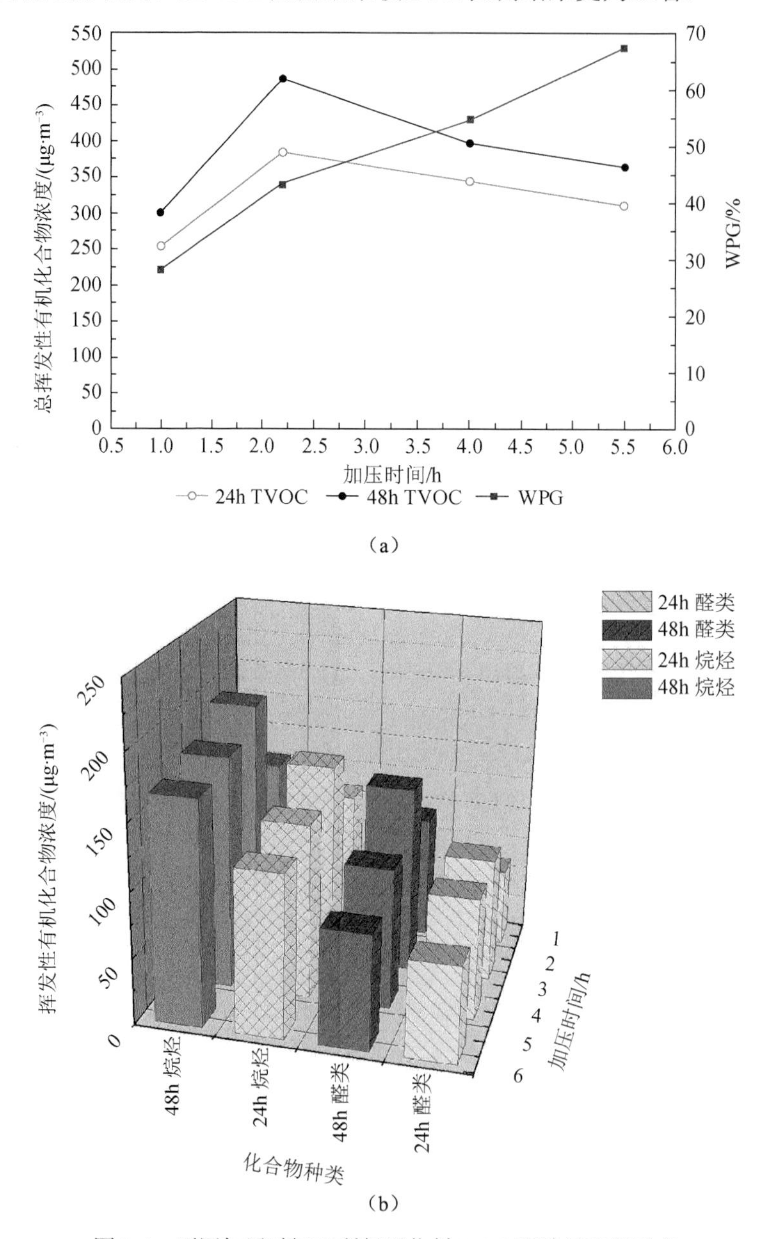

图 3-4　不同加压时间下所得强化材 VOC 释放量和增重率

（a）TVOC 释放量和质量增重率；（b）烷烃和醛类化合物释放

3.1.4　树脂浓度

当树脂浓度分别为 16%、24%、32%和 40%时，真空-加压浸渍生产不同增重率的杨木强化材。表 3-4 总结了各试件在密闭 24h 和 48h 后所释放的挥发性有机化合物的种类和浓度。

表 3-4　不同树脂浓度杨木强化材 VOC 成分和浓度

化合物 \ 浓度 \ 密闭时间和树脂浓度	试件挥发性有机化合物浓度/（$\mu g \cdot m^{-3}$）							
	24 h				48 h			
	16%	24%	35%	40%	16%	24%	35%	40%
醛类化合物								
己醛	36.22	40.90	33.18	32.24	39.24	42.68	43.28	41.51
庚醛	5.38	5.01	6.04	4.52	6.70	10.42	3.34	4.64
辛醛	8.08	10.83	8.82	8.86	17.32	18.62	11.80	8.79
壬醛	12.82	19.42	17.62	11.96	9.18	17.00	12.78	11.84
苯甲醛	5.31	5.26	6.00	4.92	10.90	6.75	5.05	5.61
十二醛	22.34	16.22	11.16	19.74	25.96	25.78	28.98	22.37
癸醛	10.04	11.67	5.32	5.06	12.46	11.69	8.00	6.91
萜烯类化合物								
α-蒎烯	35.04	28.03	25.92	23.70	35.72	29.44	32.39	24.45
β-蒎烯	3.29	7.68	6.24	6.12	5.44	9.28	4.51	5.21
3-蒈烯	11.16	11.52	15.24	13.48	13.44	8.48	10.14	9.26
D-柠檬烯	7.12	4.33	6.02	5.68	2.72	6.78	8.73	5.1
烷烃类化合物								
癸烷	4.10	4.75	5.96	8.90	7.06	6.10	4.23	7.45
壬烷	5.50	6.42	4.26	3.77	7.72	10.24	2.76	4.63
十一烷	14.90	15.95	12.08	11.18	15.20	18.44	16.69	12.01
十二烷	36.18	34.36	30.54	25.14	37.18	47.28	45.63	30.1
2,3,7-三甲基辛烷	12.00	11.53	12.64	8.65	8.48	13.24	19.20	10.48
6-甲基十三烷	8.82	12.97	9.34	6.72	9.21	14.33	16.21	9.52
4-甲基十三烷	16.90	18.54	12.51	9.24	17.82	25.68	22.39	15.44
2-甲基十三烷	20.00	22.55	18.79	12.51	26.46	25.74	13.58	17.53
3-甲基十三烷	12.00	13.55	13.37	8.20	11.51	15.69	14.75	10.16
2,6,10-三甲基十二烷	7.76	8.96	10.24	6.62	6.38	10.10	17.99	9.24
十四烷	15.03	14.80	17.85	13.09	11.34	14.98	15.45	15.29
十五烷	6.45	8.13	10.26	7.74	9.50	11.56	8.42	6.78
十六烷	2.41	1.32	4.11	5.30	2.36	4.73	6.77	8.7
酮类								
苯甲酮	8.50	10.11	7.04	9.10	12.30	17.74	11.01	10.23
6-甲基-5-庚烯-2-酮	4.34	3.98	6.16	5.44	5.16	7.78	6.25	7.12
其他化合物	52.49	57.18	54.85	59.84	52.44	55.83	63.00	60.63
TVOC	384.18	405.97	371.56	337.72	419.2	486.38	453.33	381

由表 3-4 可知，不同树脂浓度下生产的杨木强化材释放的 VOC 成分与表 3-2 和表 3-3 中所列单体化合物相同，且密闭 24 h 后所检测到的化合物种类与密闭 48 h 后所检测到的化合物种类一致。这说明工艺参数变化不影响强化材 VOC 释放种类，仅因工艺参数不同得到不同的增重率而导致各 VOC 单体和总挥发性有机化合物浓度有所差异，且 48 h 检测出的各单体化合物浓度与 24 h 检测结果相比，单体化合物浓度总体呈上升趋势，说明强化材 VOC 释放在 15 L 小舱内密闭 24 h 未达到平衡。烷烃类化合物、醛类化合物和萜烯类化合物是杨木强化材释放的 VOC 的主要成分，约占其总量的 78%以上。同时，也检测出少量的酮类化合物和多环芳香化合物。在所检测到的 7 种醛类化合物中，以已醛、十二醛和壬醛为主，三者之和占醛类化合物总量的 61.09%～75.10%。在所检测到的 13 种烷烃类化合物中，十二烷、4-甲基十三烷、2-甲基十三烷和十四烷是烷烃类化合物的主要成分，4 种单体浓度之和占烷烃类化合物总和的 47.21%～54.37%。在检测到的 4 种萜烯类化合物中，α-蒎烯含量最高，其次为 3-蒈烯，最后为 D-柠檬烯和β-蒎烯。

不同树脂浓度下制作的杨木强化材的质量增重率以及各强化材释放的 TVOC、烷烃类化合物和醛类化合物浓度如图 3-5 所示。

由图 3-5（a）可知，脲醛树脂浓度显著地影响杨木强化处理材的质量增重率，且随着树脂浓度的增加，WPG 从 26.71%（树脂浓度为 16%）呈线性增加到 56.59%（树脂浓度为 40%）。方桂珍以浓度为 5%、10%、15%、20%、30%和 40%的低相对分子质量酚醛树脂改性大青杨，发现随着树脂浓度的增加增重率几乎呈线性增长。柴宇博以 10%、20%、30%和 40%浓度的水溶性酚醛树脂处理大规格杨木，发现树脂浓度在 10%～30%时，WPG 呈线性增长，而树脂浓度在 30%～40%时，WPG 增长稍微缓慢。这些研究结果与本节一致。

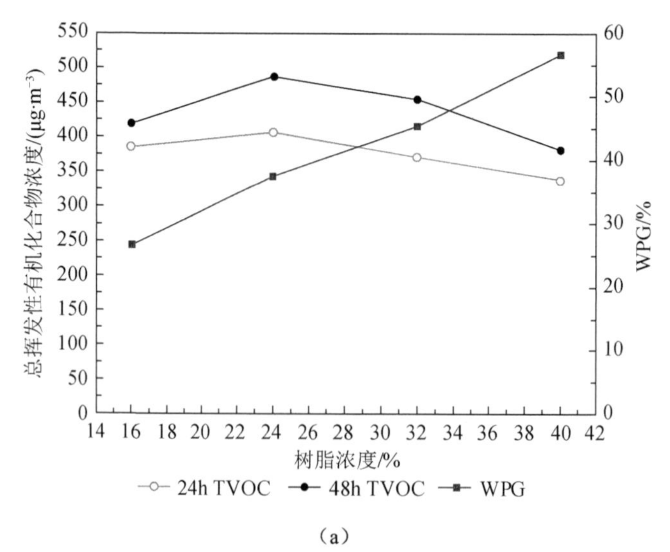

（a）

图 3-5　不同树脂浓度下所得强化材 VOC 释放量和增重率

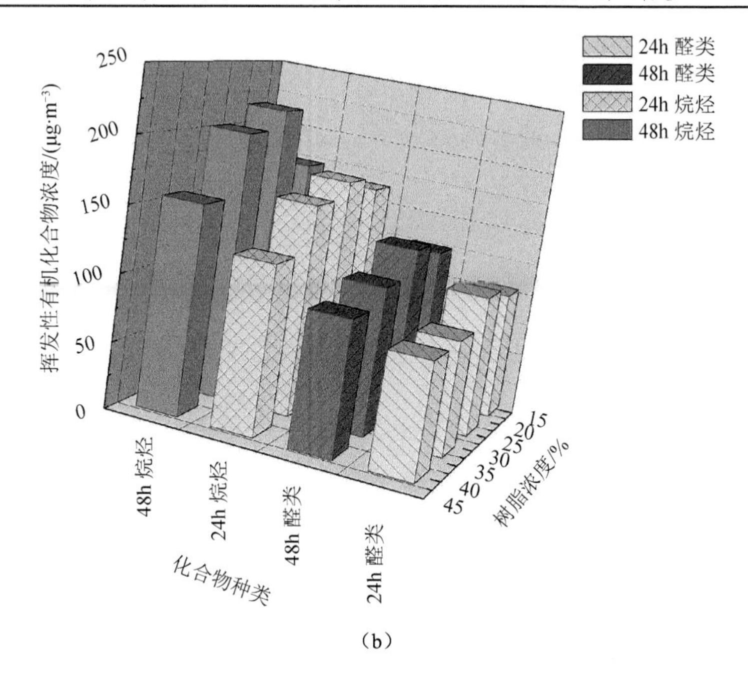

（b）

图 3-5　不同树脂浓度下所得强化材 VOC 释放量和增重率（续）
（a）TVOC 释放量和质量增重率；（b）烷烃和醛类化合物释放

不同树脂浓度处理的杨木强化材释放的 TVOC 浓度随着树脂浓度和 WPG 的增加先快速上升到最高值，此时树脂浓度为 24%（WPG 为 37.46%），24 h 舱体 TVOC 浓度为 405.97 $\mu g \cdot m^{-3}$，与树脂浓度为 16%相比，TVOC 浓度增加了 5.67%；当树脂浓度和 WPG 继续增加，24 h 舱体 TVOC 浓度开始降低，当树脂浓度为 40%（WPG 为 56.59%），24 h 舱体 TVOC 浓度为 337.72 $\mu g \cdot m^{-3}$，与最高值相比，降低了 16.81%。相同的趋势在第 48 h 检测结果也被得到。TVOC 释放量随 WPG 变化趋势和加压压力、加压时间组别所得结果相似。但浓度组别所得结果又差别于前两组，表现为：①压力组和时间组所得到的影响 VOC 释放的 WPG 拐点为 44.41%和 43.36%（工艺参数都为 0.95 MPa、2.5 h 和 35%），而树脂浓度组所得到的拐点为 37.64%（工艺参数为 0.95 MPa、2.5 h 和 24%），与组内树脂浓度 35%（其他参数为 0.95 MPa 和 2.5 h）相比，VOC 释放拐点提前；②树脂浓度为 19%时得到的 WPG 为 26.71%，压力组和时间组所得到的最低 WPG 分别为 30.70%和 28.05%，而其 TVOC 释放量却分别高出后两者 112.58 $\mu g \cdot m^{-3}$ 和 130.59 $\mu g \cdot m^{-3}$（24 h TVOC 浓度）。同时，树脂浓度 19%的强化材 TVOC 浓度也高出树脂浓度 40%时生产的强化材 TVOC 浓度。这说明降低树脂浓度浸渍处理强化材，虽然 WPG 可以达到高浓度-低压力（低浸渍时间）工艺下所得到的树脂浸渍效果，但其 TVOC 释放量将远远高于其他工艺下获得的相同 WPG 强化材 TVOC 释放量。原因可能是水溶性脲醛树脂经水大量稀释后，树脂的水溶性和稳定性变差，在后期固化时释放或降解出更多的挥发性有机化合物。因此，在制作杨木强化材时，应控制树脂浓度，树脂浓度过低则会造成强化材有害气体释放量升高；反之，树脂浓度过高，则会降低树脂浸渍效果。

图 3-5（b）直观地反映了烷烃类化合物和醛类化合物释放量随浸渍树脂浓度增加而产生的变化。其变化趋势与图 3-5（a）TVOC 随树脂浓度变化趋势一致，即随着树脂浓度增加到 24%，烷烃类化合物和醛类化合物释放量也随之升高，而当树脂浓度继续上升，释放量反而显著降低，且低浓度下的强化材释放出更多的烷烃和醛类化合物。产生这种变化的原因一方面是大量树脂的浸入，导致杨木处理材的孔隙率降低，阻碍 VOC 的扩散；另一方面过度稀释脲醛树脂，导致树脂溶液的稳定性降低而使其固化后形成的网状结果不稳定，释放或降解出更多的挥发性有机化合物。

在 3 个试验组中，都有加压压力 0.95 MPa、浸渍时间 2.5 h 和树脂浓度 24%条件下生产的杨木强化材，表 3-5 比较了 3 组试件的质量增重率和挥发性有机化合物释放量差异。

表 3-5 平行试件 WPG 和 24h VOC 释放量标准偏差

项　目	WPG/%	TVOC/（$\mu g \cdot m^{-3}$）	烷烃/（$\mu g \cdot m^{-3}$）	醛类/（$\mu g \cdot m^{-3}$）	萜烯/（$\mu g \cdot m^{-3}$）
压力组	44.41	375.20	174.85	87.58	46.68
时间组	43.36	384.38	154.14	94.81	52.09
浓度组	45.35	371.56	161.95	88.14	53.20
平均值	44.37	377.05	163.65	90.18	50.66
标准偏差	0.50	21.82	54.69	8.09	6.08
变异系数	1.12%	5.79%	33.42%	8.97%	12.01%

由表 3-5 可知，三组测试所得的增重率 WPG 偏差较小，试件应根据使用要求限制其偏差变化范围（一般在 5%以内），所以本节中 WPG 的测试数据具有较好的平行性。TVOC、醛类和萜烯的标准偏差变化在 13%以内。VOC 的释放过程比较复杂，而且测试过程受到许多工作步骤的影响，如装载率、空气采样和 GC/MS 分析热解吸物等。在这种情况下，无论是随机误差还是系统误差，必须予以考虑，从而导致测量值偏差比例范围近 20%。本书中只有烷烃释放的离散程度大于 20%，这可能是试件样本本身烷烃释放差异引起的。综上所述，总体上 3 个平行试件各测试项的测试值离散程度相对较小，在数据偏差允许范围内。

3.1.5 FTIR 分析

通过脲醛树脂浸渍处理杨木材试样（WPG 为 37.64%）和未处理杨木材试样的红外光谱图分析官能团的变化，可以从机理上探讨脲醛树脂增强杨木的作用原

理。由图 3-6 可以发现两者的特征吸收峰和透射率有显著差异。解析红外谱图，在谱图上波数 3330 cm^{-1} 附近出现的吸收峰为纤维素内氢键的羟基（—OH）伸缩振动吸收峰，杨木羟基吸收峰强度略低于脲醛树脂处理材，未能发现脲醛树脂的引入减少木材羟基基团，这样的结果在刘君良对大青杨和酚醛树脂处理材的红外光谱对比测试数据中也出现，分析原因可能是脲醛树脂分子中羟基与羟基、羟基与氨基、氨基与氨基间形成分子间氢键，产生缔合现象，故在波数 3400～3200 cm^{-1} 出现宽而强的吸收峰。波数 2895 cm^{-1} 附近的吸收峰为亚甲基（—CH_2—）的伸缩振动峰，2895 cm^{-1} 是—CH_2—的特征基团频率。波数 1734 cm^{-1} 为木质素上醛基（$-\overset{\overset{\displaystyle O}{\|}}{C}-H$）的特征基团频率，脲醛树脂处理材强度略低于杨木素材，表明脲醛树脂的羟基与木材木质素的醛基发生缩聚反应，从而提高木材强度。在处理材光谱上出现波数 1654 cm^{-1} 的吸收峰，这是酰胺基—C（=O）—NH_2 的特征基团频率，其透射率为 92%，而在杨木素材光谱上未出现吸收峰，说明是由脲醛树脂的引入而产生的。林巧佳等研究脲醛树脂的红外光谱得到波数 1654.48 cm^{-1} 吸收峰为脲醛树脂酰胺基吸收峰，这一结论与本书是一致的。杨木素材光谱上波数 1590 cm^{-1} 和 1506 cm^{-1} 处的吸收峰是由木质素苯环骨架振动产生的，而脲醛树脂处理材光谱图上仅出现的波数 1506 cm^{-1} 弱峰，可能是木质素部分降解而引起的。1234 cm^{-1} 附近吸收峰是由半纤维素的酰氧键（$-\overset{\overset{\displaystyle O}{\|}}{C}-O-$）以及木质素中酚醚键（ph—O—R）振动产生的。1026 cm^{-1} 处吸收峰是由纤维素和半纤维素的醚键伸缩振动产生的，脲醛树脂处理材的吸收峰强度低于杨木素材，说明纤维素和木质素的羟基减少。由此可见，脲醛树脂与木材纤维素、木质素上的一些官能团发生反应，可提高木材强度和木材尺寸稳定性。

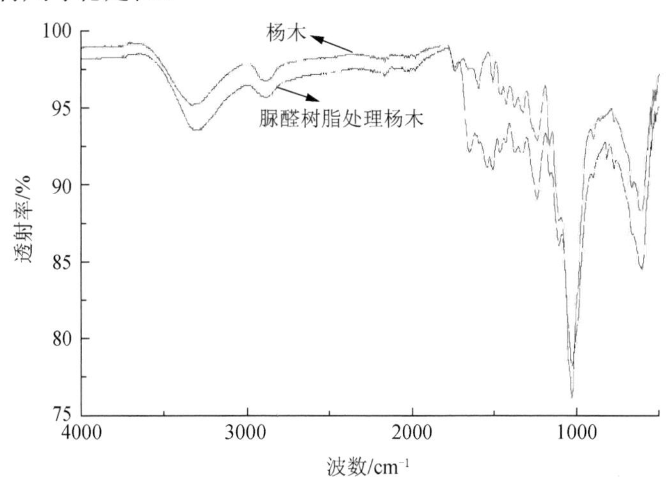

图 3-6　杨木素材与脲醛树脂杨木处理材 FTIR 光谱

3.1.6　扫描电镜分析

通过电镜对杨木和脲醛树脂处理材（WPG 为 37.64%）的断面形貌进行扫描，分析脲醛树脂在杨木结构中分布状态，如图 3-7 所示。通过对试件放大 100 倍所得图像比较，可以发现脲醛树脂均匀地分布在木材导管中，在素材图像中可以清晰地看到导管壁上纹孔，而经过脲醛树脂浸渍后，可观察到的纹孔分布减少，部分纹孔被堵塞。对放大倍数 100 倍图上选定的区域放大到 500 倍进一步观察，可以发现图 3-7（c）中清晰可见导管壁上的纹孔，纹孔呈交叉状排列，分布在导管周围的木射线呈单列排列，且有木纤维有明显的撕裂痕迹。图 3-7（d）中也可清晰观察到纹孔，但部分纹孔被树脂堵塞，且树脂均匀分散在导管内壁，说明导管内壁有树脂填充，可以提高木材强度，但在 37.64%增重率下，导管未填充满，可以节省生产成本；处理材图像上也可清晰观察到木射线，但无法判断是否有树脂的填充，由此说明树脂主要是沿木材轴线由导管和纹孔向木材中渗透的；经过处理后的试件没有明显的木纤维撕裂痕迹，说明浸渍处理后的木材经切削不易起毛，其加工性能得到提高；尽管脲醛树脂浸渍到木材细胞壁中，与细胞壁物质发生交联反应，才能大幅度地提高木材强度，但通过电镜无法观测到树脂在细胞壁中的分布状态。

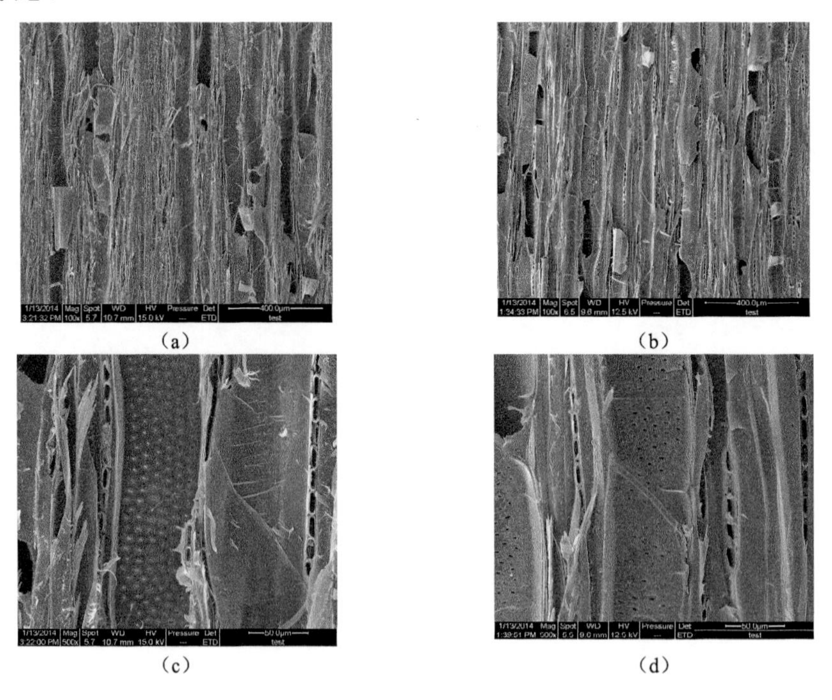

图 3-7　杨木素材与脲醛树脂杨木处理材扫描电镜

（a）素材×100 倍；（b）UF 处理材×100 倍；（c）素材×500 倍；（d）UF 处理材×500 倍

3.2　低污染杨木强化材优化工艺研究

杨木强化材的尺寸稳定性和力学强度等与木材浸渍效果密切相关。罗建举等对四种木材浸渍处理，发现脲醛树脂浸渍材增重率达到 30%时，木材的抗胀系数可达到 30%以上，吸水率可降低 20%，吸水膨胀率可降低 50%；在增重率达到 40%时，端面硬度可增加 50%以上。Deka 等用脲醛树脂、三聚氰胺甲醛树脂和酚醛树脂处理阔叶材，发现增重率为 31%～33%时，与未处理材相比，处理材的静曲强度提高了 7.5%～21.02%，弹性模量提高了 9.50%～12.18%。然而，真空-加压浸渍处理木材工艺参数的变化，尤其是树脂浓度，对木材的浸渍效果影响显著。刘亚兰以醇溶性低分子酚醛树脂浸渍处理落叶松木材制作强化材，发现：树脂浓度显著影响处理材的尺寸稳定性，并随着树脂溶液浓度的增大而提高。当树脂浓度在 20%～30%时，强化材的质量增重率在 20%以上，且木材的抗胀率显著提高。李淑君等将低相对分子质量酚醛树脂与阻燃剂共混后改性大青杨，并测试其力学性能，发现酚醛溶液浓度为 20%时对木材力学强度及经济性能的综合评价较好。因此，生产工艺参数的确定对强化材各项性能的影响尤为关键。以上研究未考虑强化材的 VOC 和甲醛释放量指标，单纯强调其浸渍效果和力学性能。然而，处理后的木材应根据其用途，综合考虑强度、环保和成本等指标。

本节在 3.1 节研究基础上，利用响应面优化方法根据用途综合考虑强化材的浸渍效果、力学性能和环保性能，优化脲醛树脂浸渍杨木生产强化处理材的最佳工艺，分析各因素对各性能的影响显著性并建立各性能和工艺参数的模型，并对优化后的参数进行调整，且验证优化结果。

3.2.1　工艺设计与性能测试

1. 优化工艺设计

响应面优化方法能够科学合理安排试验，且在整个区域上能够找到几种因素和响应值之间的回归方程，求得的方程精度高，从而可以在整个区域上找到因素的最佳组合和响应值的最优值。Box-Behnken 试验设计是响应面法中的一种试验设计方法。Box-Behnken 设计是一种基于三水平的二阶试验设计方法，与其他设计方法相比，试验次数少、效率高，且所有因素不会同时处于高水平，目前主要应用在生物酶的培养条件优化和有机物的提取条件优化等方面。

本节采用 Box-Behnken Design（BBD）优化试验方法设计杨木强化材生产工艺参数。按照 Box-Behnken 响应面优化试验设计，选择加压压力、加压时间和树脂浓度 3 个因素并分别设定 3 个水平，共 17 个试验，如表 3-6 所示。

表 3-6　因子和水平表

因子代号	因子	水平		
		−1	0	1
A	保压压力/MPa	0.85	0.95	1.05
B	加压时间/h	2.5	4	5.5
C	树脂浓度/%	24	32	40

挑选无干燥缺陷、干燥后质量相近、材质相近的四块人工林杨木试件通过真空-加压方式浸渍一定质量浓度的低相对分子质量脲醛树脂溶液，具体工艺参数见表 3-7。

表 3-7　Box-Behnken 响应面优化试验设计表

编码	代码值			实际值		
	A	*B*	*C*	加压压力/MPa	加压时间/h	树脂浓度/%
1	−1	−1	0	0.85	2.5	32
2	1	−1	0	1.05	2.5	32
3	−1	1	0	0.85	5.5	32
4	1	1	0	1.05	5.5	32
5	−1	0	−1	0.85	4	24
6	1	0	−1	1.05	4	24
7	−1	0	1	0.85	4	40
8	1	0	1	1.05	4	40
9	0	−1	−1	0.95	2.5	24
10	0	1	−1	0.95	5.5	24
11	0	−1	1	0.95	2.5	40
12	0	1	1	0.95	5.5	40
13	0	0	0	0.95	4	32
14	0	0	0	0.95	4	32
15	0	0	0	0.95	4	32
16	0	0	0	0.95	4	32
17	0	0	0	0.95	4	32

2. 性能测试

1）VOC 采样与测试

采样方法和设备按照 ISO 16000-9（2006）和 ISO 16000-6（2011）。挑选无干燥缺陷的试件放置于体积为 15 L 的小型环境舱中（图 2-3），进行气体循环和 VOC 采样分析。该环境舱与 1 m^3 环境舱检测结果相关性在第 2 章中被验证，结果显示：小型环境舱与 1 m^3 环境舱有良好的相关性。清洁的湿空气以 250 $mL \cdot min^{-1}$ 的流速通入到环境舱中，气体交换率为 1.0 次·h^{-1}，舱体温度为（23±0.5）℃，相对湿度为（50±3）%。封边后的试件放入该环境舱中的装载率为 2.5 $m^2 \cdot m^{-3}$，该数值的确定是依据 GB 18584—2001 中对室内空间木家具产品合理承载率应小于等于 2.5 $m^2 \cdot m^{-3}$ 的规定和国家林业行业标准《室内装饰装修材料人造板及其制品中挥发性有机化合物释放限量》草案中更严格的 EL 2.5 限量值。为了防止小舱内壁吸附前一次试验试件释放的 VOC，影响下一次测试的准确性，测试前用甲醇擦洗小舱内壁，并打开风扇和通入清洁空气运行一段时间，直到背景浓度达到做样要求。

用 Tenax-TA（200 mg，60～80 mesh）在舱体出口采集气体作为 VOC 浓度。流速为（150±1）mL·min^{-1}，采集 20 min，采样量为 3 L。利用热解吸仪（TP-5000）对采集样品后的 Tenax-TA 加热解吸，以加压进样方式是空气样品进入到 GC/MS 中进行分析，具体工作参数见 3.1 节。

2）甲醛采样与测试

按照 ASTM D 6007-2，将样品置于温度为（25±1）℃、相对湿度为（50±3）%、体积为 15 L 的小型环境舱中，装载率为 2.5 $m^2 \cdot m^{-3}$。*N/L* 为 0.526 m·h^{-1}，高纯氮气作为气体源以 250 mL·min^{-1} 通入到环境舱中，以减小背景浓度（低于 0.02 mg·m^{-3}）。空气样品以 1 L·min^{-1} 流速采集 30 min 吸收到甲醛吸收液中，利用紫外分光光度计（UV-2450，岛津）测定吸收液中甲醛浓度，从而计算出环境舱内甲醛浓度。

3）力学测试

按照 GB/T 1936.2 测定处理材和未处理材的抗弯弹性模量；按照 GB/T 1936.1 测定处理材和未处理材的抗弯强度。

3.2.2　VOC 释放特性

按照 BBD 工艺设计生产的杨木强化材的质量增重率范围为 24.56%～72.67%，其中 WPG 在 45%～55%范围内强化材较多，低于 30%和高于 60%的强化材较少。

针对 17 组工艺参数下生产的具有不同 WPG 的杨木强化材，测试其 28 d 内通风条件下所释放的挥发性有机化合物种类和释放量，具体数据见附录 2 中附表 2-1 至附表 2-8。比较不同 WPG 的杨木强化材 VOC 释放特性差异，分析通风条件下随着 WPG 增加各板材 TVOC、烷烃类化合物、醛类化合物和萜烯类化合物释放量的变化趋势，如图 3-8 所示。

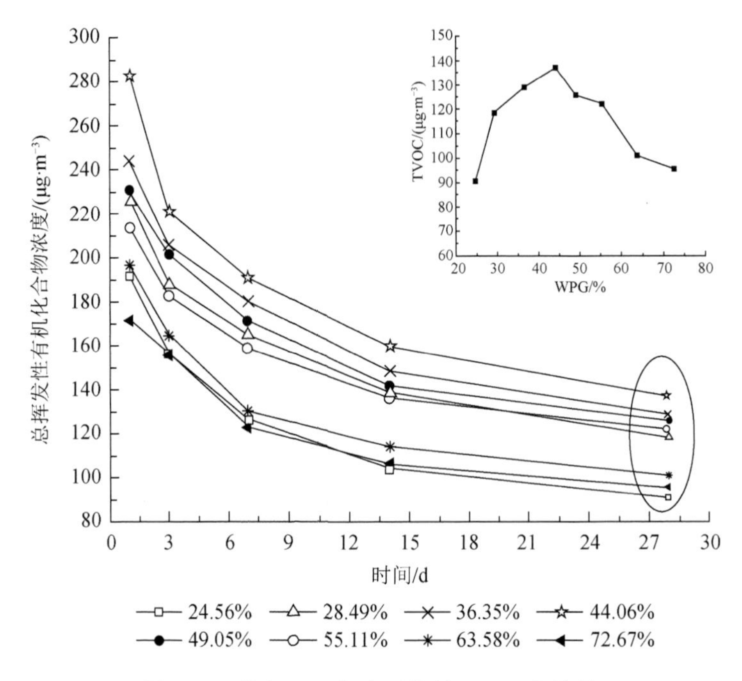

图 3-8　不同 WPG 杨木强化材 TVOC 释放量

由图 3-8 可以发现，随着测试时间的延长，杨木强化处理材释放的 TVOC 浓度呈下降趋势。测试时间在第 7 天以内，TVOC 浓度快速降低，属于释放活跃期；当测试进入到第 14 天以后，TVOC 浓度缓慢下降，变化幅度不大，属于释放稳定期。在 28 天测试时间内，WPG 由 24.56%提高到 44.06%，处理材 TVOC 释放量随着 WPG 升高而增大。第 1 天 TVOC 释放量由 191.33 $\mu g \cdot m^{-3}$ 升高到 283.14 $\mu g \cdot m^{-3}$，提高了 47.99%；第 28 天 TVOC 释放量由 90.62 $\mu g \cdot m^{-3}$ 升高到 136.89 $\mu g \cdot m^{-3}$，提高了 51.06%。当 WPG 由 44.06%继续提高到 72.67%，杨木强化材 28 天内测试的 TVOC 释放量由最高值（WPG 为 44.06%）开始显著降低。当 WPG 升高到 55.11%时，与 WPG 为 44.06%的处理材相比，第 1 天 TVOC 释放量降低了 24.44%；第 28 天 TVOC 释放量为 122.10 $\mu g \cdot m^{-3}$，降低了 10.80%，由此可见 WPG 对强化材 TVOC 释放影响在释放前期较释放后期更为显著。当 WPG 升高到 63.58%，随着 WPG 继续升高，强化材 TVOC 释放量虽有降低趋势，但变化幅度不大。WPG 为 24.56%、63.58%和 72.67%的 3 个杨木强化材释放的 TVOC 浓度曲线相接近，说明高增重率的杨木强化材 TVOC 释放量若接近或低于较低增重率的杨木强化材，WPG 需要提高到 60%以上。

随着 WPG 增加，强化材 TVOC 释放量先增加而后降低，这种趋势与密闭条件下的测试结果一致。在通风测试条件下，影响 TVOC 释放的 WPG 拐点为

44.06%，这与密闭条件下所得的 WPG 拐点 44.41%（压力组）和 43.36%（时间组）相一致。这证明无论是密闭状态下还是通风状态下，WPG 对杨木强化处理材的 TVOC 释放量的影响趋势不变。密闭小室法有利于板材 VOC 释放快速达到稳定状态，缩短测试周期，而环境舱法虽然测试周期长，但更能真实地反映材料在实际使用过程中挥发性有机化合释放特性和释放水平。

由附表 2-1 至附表 2-8 可知，烷烃类化合物是杨木强化材释放的挥发性有机化合物的主要组分之一，占总挥发性有机化合物释放量的 43%以上，主要检出物包括壬烷、癸烷、十二烷、十四烷、十五烷和十六烷等。烷烃类化合物中所检测到的单体化合物种类与第 2 章检测结果一致。黄山在木材纤维干燥过程中排放的气体中检测到了十四烷、十五烷和十六烷等，这显示了烷烃的释放可能来自木材自身，但目前尚无明确的反应路径证明烷烃的来源。通风状态下不同 WPG 的杨木强化材烷烃释放特性见图 3-9。

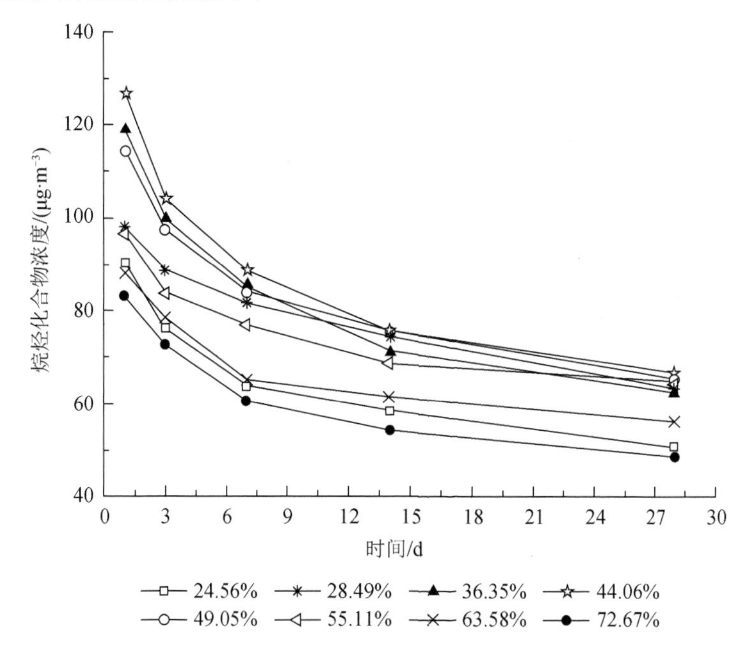

图 3-9　不同 WPG 杨木强化材烷烃类化合物释放量

如图 3-9 所示，随着测试时间的延长，杨木强化处理材释放的烷烃类化合物浓度呈下降趋势。测试时间在第 7 天以内，烷烃类化合物浓度快速降低，属于释放活跃期；当测试进入到第 14 天以后，烷烃类化合物浓度缓慢下降，变化幅度不大，属于释放稳定期。WPG 对强化材烷烃类化合物释放趋势的影响与 WPG 对 TVOC 释放趋势的影响一致，且影响烷烃释放的 WPG 拐点与 TVOC 的也相同，为 44.06%。当 WPG 由 24.56%升高到 44.06%，烷烃类化合物浓度显著升高。在测试时间为第 1 天时，烷烃类化合物浓度由 90.11 $\mu g \cdot m^{-3}$ 升高到 126.68 $\mu g \cdot m^{-3}$，提高了 40.58%；在测试时间为第 28 天时，烷烃类化合物浓度由 50.53 $\mu g \cdot m^{-3}$ 升高到 66.61 $\mu g \cdot m^{-3}$，提高了 31.82%。随着 WPG 继续升高，烷烃类化合物浓度在整个释放期开始显著下降。当 WPG 为 72.67%时，第 1 天和第 28 天释放量分别为 82.79 $\mu g \cdot m^{-3}$ 和 48.48 $\mu g \cdot m^{-3}$，与最高值（WPG 为 44.06%的强化材烷烃释放量）相比分别降低了 34.65%和 27.22%。由 WPG 在 36.35%～55.11%范围的杨木强化材烷烃释放曲线可知，WPG 对烷烃释放的影响在释放前期更为显著，而在释放后期尤其是第 28 天，这种影响效果不显著。WPG 为 24.56%、63.58%和 72.67%的 3 个杨木强化材释放的烷烃浓度曲线相接近，这一趋势与三个 WPG 下的 TVOC 释放趋势相同，说明高增重率的杨木强化材烷烃释放量若接近或低于较低增重率的杨木强化材，WPG 需要提高到 60%以上。

由附表 2-1 至附表 2-8 可知，醛类化合物也是杨木强化材释放的挥发性有机化合物的主要组分。醛类化合物第 1 天和第 28 天释放量分别占总挥发性有机化合物释放量的 20.99%～25.29%（由 WPG 为 72.67%和 44.06%的试件得到）和 15.70%～22.32%（由 WPG 为 24.56%和 44.06%的试件得到）。在杨木强化材挥发性有机化合物测试中，检测出了 7 种醛类化合物。己醛、壬醛和癸醛是醛类化合物的主要组分，在第 28 天的测试中占醛类总和的 58.94%～72.54%；同时，检测到的庚醛、苯甲醛和辛醛也是木制品 VOC 释放检测中常见化合物。醛类化合物是新居室中最普遍存在的化合物。由于醛类化合物具有较低的蒸气压，使其易于从建材中释放出来，高浓度的醛类化合物直接危害人类健康。2010 年，欧洲 AgBB 列出了与危害人体健康的多种 VOC 释放最低感量值（lowest concentration of interest，LCI），其中己醛、庚醛、辛醛、壬醛、癸醛和 2-十一醛的 LCI 值分别为 870 $\mu g \cdot m^{-3}$、1000 $\mu g \cdot m^{-3}$、1100 $\mu g \cdot m^{-3}$、1300 $\mu g \cdot m^{-3}$、1400 $\mu g \cdot m^{-3}$ 和 24.00 $\mu g \cdot m^{-3}$。LCI 值越小，对人体的毒害作用越大。直链醛类化合物来自于木材中不饱和脂肪酸的氧化降解。Baumann 在对 53 种刨花板和 16 种 MDF 样品的 VOC 测试中也检测到了己醛、壬醛、庚醛、苯甲醛和辛醛等化合物。

利用环境舱法测试各工艺参数下生产的杨木强化材，图 3-10 总结了不同 WPG 的试件 28 天内醛类化合物的释放趋势。

由图 3-10 可以发现，在测试期醛类化合物浓度随着测试时间的延长呈现衰减趋势，由第 1 天的 36.05～71.62 $\mu g \cdot m^{-3}$（试件增重率为 72.67%和 44.06%）衰减到了第 28 天的 14.23～30.55 $\mu g \cdot m^{-3}$（试件增重率为 24.56%和 44.06%）。WPG 显著地影响杨木强化材的醛类化合物的释放水平，WPG 对试件醛类释放的影响与 WPG 对试件 TVOC 释放和烷烃类化合物释放的影响趋势相同，且影响醛类释放的 WPG 拐点也为 44.06%。随着 WPG 从 24.56%升高到 44.06%，醛类化合物 28 天内释放量随着升高；当 WPG 继续升高到 55.11%后，其释放量随着 WPG 的增加明显下降；当 WPG 从 63.58%一直升高到 72.67%，2 个试件的醛类化合物浓度在测试期内几乎接近，并且与 WPG 为 24.56%的试件醛类释放水平相接近，说明高增重率的杨木强化材烷烃释放量若接近或低于较低增重率的杨木强化材，WPG 需要提高到 60%以上。WPG 对醛类释放的影响在释放前期更为显著，而在释放后期尤其是第 28 天，这种影响效果不显著。

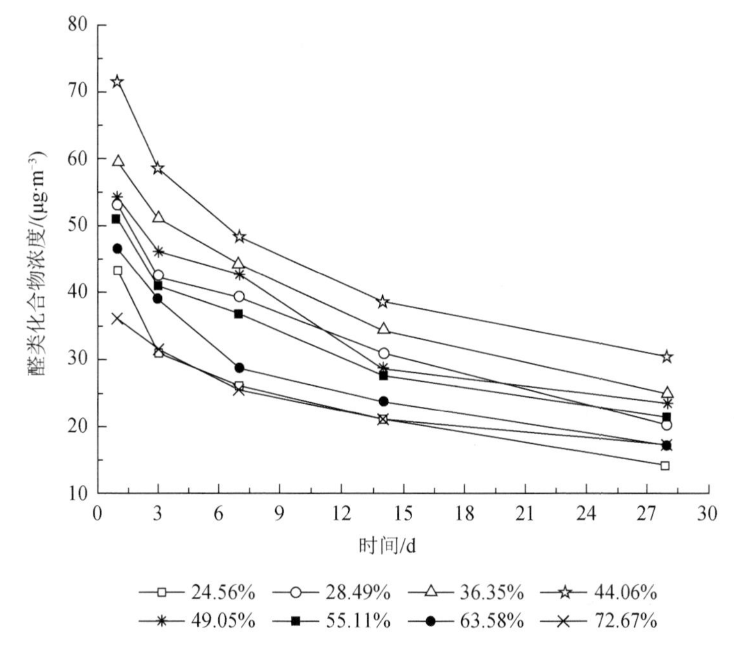

图 3-10　不同 WPG 杨木强化材醛类化合物释放量

由附表 2-1 至附表 2-8 可知，除了检测到烷烃类化合物、醛类化合物外，还检测到少量的萜烯类化合物、酮类化合物、醇类化合物和多环芳香烃。在所检测到的杨木强化材释放的挥发性有机化合物中，检测出两种萜烯类化合物，为α-蒎烯和 3-蒈烯，其 LCI 值都为 1500 $\mu g \cdot m^{-3}$，且释放量很低；杨木强化材释放的挥发性有机化合物中检测出两种酮类化合物，为苯甲酮和 6-甲基-5-庚烯-2-酮，苯甲酮对人体危害较大，其 LCI 值为 500 $\mu g \cdot m^{-3}$；测试中检测到 1-甲基萘、2-甲基萘和萘三种多环芳香烃，对人体的危害都很大，萘的 LCI 值为 10 $\mu g \cdot m^{-3}$。

3.2.3　甲醛释放

利用小型环境舱法测定各质量增重率下的杨木强化处理材第 28 天甲醛释放量。图 3-11 显示了 17 组试件的甲醛释放量平均值和标准偏差，表 3-8 显示了 6 个不同层次质量增重率（24.56%、29.94%、36.35%、44.06%、49.05%和 63.58%）杨木强化材甲醛释放量的方差分析结果。

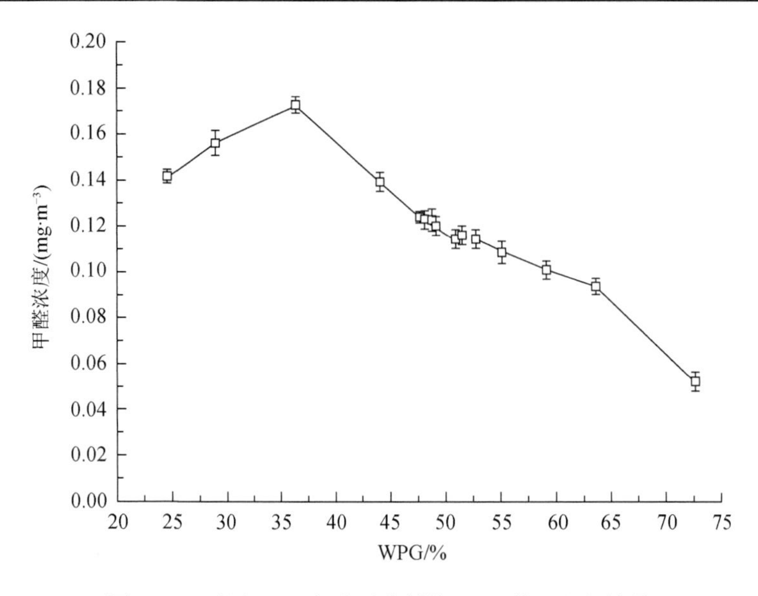

图 3-11 不同 WPG 杨木强化材第 28 天的甲醛释放量

表 3-8 甲醛释放量方差分析

差异源	平方和	自由度	均方	F	$F_{0.01}$
组间	1.14×10^{-2}	5	2.29×10^{-3}	94.71	5.06
组内	2.9×10^{-4}	12	2.42×10^{-5}		
总计	1.17×10^{-2}	17			

由图 3-11 可以发现，WPG 对强化材甲醛释放的影响趋势与 WPG 对强化材 TVOC 释放的影响趋势相似，即随着树脂增重率的增加，甲醛浓度从 0.141 mg·m^{-3} 增加到 0.173 mg·m^{-3}；当 WPG 继续增加到 72.67%时，甲醛释放量显著降低到 0.052 mg·m^{-3}，降低了 69.94%。标准偏差占甲醛释放量平均值百分比为 1.9%～4.52%，除了 WPG 为 72.67%的处理材甲醛释放量外（变异系数为 6.63%），都小于 5%，这说明第 28 天甲醛释放量测试值的重复性较好。由此可见，杨木强化材的 WPG 显著地影响其甲醛的释放，这一结论在表 3-8 方差分析结果中也得到证实（$F>F_{0.01}$）。

最新的 ISO 12460-1 标准利用标准气候箱法测定木质材料甲醛释放，对甲醛释放水平的限量为不大于 0.0992 mg·m^{-3}。ISO 12460-2 是利用小气候箱法测定木质材料甲醛释放，其使用时需与标准气候箱法建立相关性，而 ISO 12460-2 草案尚未实行，而其制定的基准为本书所用 ASTM D 6007-2 方法。在以上标准中材料装载率为 1 m^2·m^{-3}，本章中采用更为严格的指标，材料的装载率为 2.5 m^2·m^{-3}。按此测试方法，只有 WPG 为 59.12%、63.58%和 72.67%的处理材甲醛释放量接近或低于标准限值。对于 5 个平行试验，增重率为 51.01%、48.12%、49.05%、

48.35%和 50.01%，其 28 天甲醛释放量分别为 0.114 mg·m^{-3}、0.123 mg·m^{-3}、0.120 mg·m^{-3}、0.125 mg·m^{-3}和 0.120 mg·m^{-3}，增重率和甲醛释放量的标准偏差占平均值的百分数（变异系数）分别为 2.99%和 3.85%，证明测试数据的平行性和重复性较好。

质量增重率影响杨木强化材甲醛释放的原因与 WPG 对杨木强化材 TVOC 影响的原因相同。过量的树脂浸渍到木材中使得木材的孔隙率降低。当树脂含量达到一定值时，多余的树脂会沉积在木材导管和细胞壁表面，树脂固化后会导致细胞腔和细胞壁纹孔被堵塞。木材孔隙率降低导致 VOC 在木材中的扩散系数减小。按照传质模型可知，扩散系数直接贡献于 VOC 的释放。因此，过度的树脂浸渍会导致孔隙率降低而阻碍 VOC 和甲醛的释放。

3.2.4　力学性能

杨木素材和按 BBD 工艺设计下制作的杨木强化材的 MOE 和 MOR 见图 3-12。杨木素材的 MOE 和 MOR 分别为 5249.12 MPa 和 70.85 MPa，通过不同的工艺参数向木材中浸渍脲醛树脂，得到增重率在 24.56%～72.67%的杨木强化材。处理材的 MOE 和 MOR 随着质量增重率的增大而显著升高，分别从 6097.65 MPa 和 77.04 MPa 升高到 8823.93 MPa 和 91.94 MPa，与素材相比分别提高了 16.17%、8.74%（WPG 24.56%）和 68.10%、29.77%。质量增重率在 55%以下时，MOE 和 MOR 随质量增重的增加而快速增大，当质量增重率超过 55%后继续升高，MOE 和 MOR 的提高幅度减小。这是因为只有脲醛树脂浸渍到木材的细胞壁中，脲醛

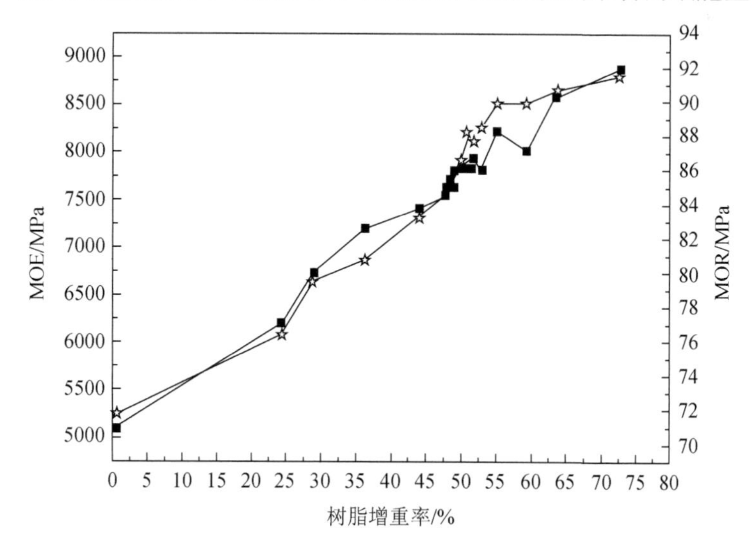

图 3-12　不同 WPG 杨木强化材的 MOE 和 MOR

树脂的羟基与木材上的活性基团发生交联反应，才能提高木材的强度。然而，随着树脂浸渍量的增多，大量的树脂沉积在细胞腔内，进入到细胞壁中的树脂分子有限，所以对提高木材强度不显著。张帆等测试了 5 种常用家具材的力学性能，黄榆木的弦向和径向 MOE 分别为 5520 MPa 和 5533 MPa，弦向和径向 MOR 分别为 63 MPa 和 64 MPa，古夷苏木的弦向和径向 MOE 分别为 8415 MPa 和 8489 MPa，弦向和径向 MOR 分别为 115 MPa 和 118 MPa。经过处理后的木材的 MOE 和 MOR 高于榆木，低于古夷苏木，但大部分处理材 MOE 超过两者的平均水平 7000 MPa，这一强度可以满足室内家具用材强度要求。

3.2.5 响应面优化

1. BBD 工艺设计测试结果

按照表 3-7 工艺设计生产杨木强化材，其力学性能、质量增重率、甲醛释放量和第 28 天 TVOC 释放量见表 3-9，其中第 28 天 TVOC 释放量见附表 2-1 至附表 2-9。

按照表 3-9 所得各响应值（MOE、WPG、28 d 甲醛释放量和 28 d TVOC 释放量）的测试结果，建立响应因子和各响应值之间的模型，分析模型显著性和各响应因子对响应值的显著性，有利于得出准确、合理的生产工艺参数优化方案。

表 3-9 BBD 工艺设计及结果

序号	因素编码值			响应值			
	A	*B*	*C*	甲醛/（$mg·m^{-3}$）	TVOC/（$\mu g·m^{-3}$）	MOE/MPa	WPG /%
1	−1	−1	0	0.1725	129.07	6871.62	36.35
2	1	−1	0	0.1225	133.25	7669.43	48.75
3	−1	1	0	0.1155	128.01	8131.06	51.56
4	1	1	0	0.1085	122.1	8509.82	55.11
5	−1	0	−1	0.156	118.54	6650.08	30.94
6	1	0	−1	0.139	136.89	7314.77	44.06
7	−1	0	1	0.1005	111.96	8515.69	59.12
8	1	0	1	0.0935	101.13	8634.00	63.58
9	0	−1	−1	0.141	90.62	6097.65	24.56
10	0	1	−1	0.1235	135.18	7549.43	47.74
11	0	−1	1	0.114	124.15	8259.11	52.78
12	0	1	1	0.052	95.72	8823.93	72.67
13	0	0	0	0.114	120.8	8208.91	51.01
14	0	0	0	0.1225	138.25	7623.30	48.12
15	0	0	0	0.1195	132.33	7788.44	49.05
16	0	0	0	0.1245	138.09	7663.92	48.35
17	0	0	0	0.1195	130.33	7928.84	50.01

2. MOE 模型及响应面分析

利用软件 Design Expert 这对 MOE 进行多元回归拟合，得到的线性拟合方程如图 3-13 所示。

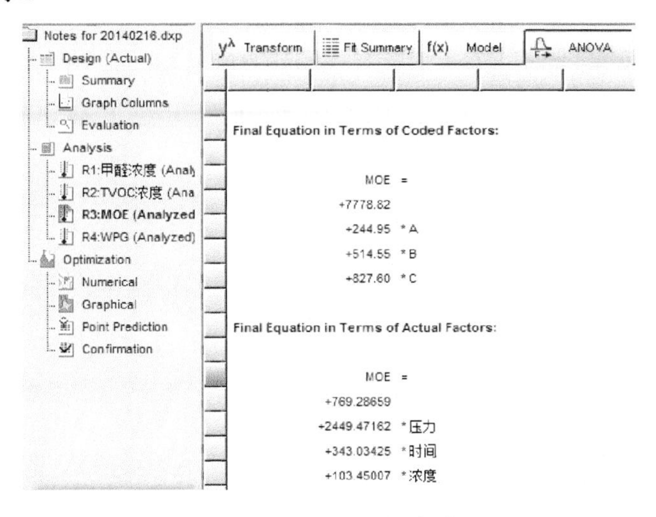

图 3-13　MOE 线性模型

该模型的方差分析结果见表 3-10，线性模型 F 值为 55.87，$P<0.0001$，一般当 $P<0.05$ 时，模型显著，因此该线性回归方程极显著。模型决定系数 $R^2=0.9114$，拟合度>90%，说明预测值与测试值具有高度的相关性，模型能够反映响应值的变化，证明这种试验方法可靠，可用于指导强化材生产工艺优化。二次回归方程和三次回归方程的 P 值均远远大于 0.05，表明此方程的显著性较差，不应采用。

表 3-10　多模型方差分析

方差来源	平方和	自由度	均方	F 值	P 值	
平均模型 *vs* 总计	1.03×10^9	1	1.03×10^9			
线性模型 *vs* 平均模型	8.08×10^6	3	2.69×10^6	55.87	<0.0001	建议采用
双因素 *vs* 线性模型	3.15×10^5	3	1.05×10^5	3.38	0.0626	
二次方程 *vs* 双因素	5.86×10^4	3	1.95×10^4	0.54	0.6693	
三次方程 *vs* 二次方程	2.81×10^4	3	9.37×10^3	0.17	0.9134	较差
残差	2.25×10^5	4	5.61×10^4			
总计	1.04×10^9	17	6.10×10^7			

表 3-11 为线性方程回归系数对 MOE 显著性分析。由表可知，树脂浓度和加压时间的 $P<0.0001$，证明树脂浓度和加压时间显著地影响杨木强化材的抗弯弹性模量；加压压力的 P 值为 0.0076，小于 0.05，证明加压压力也对杨木强化材的

MOE 有显著影响，但其影响效果小于树脂浓度和加压时间。从三因素编码值对 MOE 拟合模型的各因素系数（树脂浓度系数为 827.60，加压时间系数为 514.55，加压压力系数为 244.95）可以发现，树脂浓度变化对 MOE 的影响最大，其次为加压时间，最后为加压压力。杨木强化材的 MOE 直接受强化材的 WPG 影响，因此影响处理材 WPG 的工艺参数也同样影响处理材的 MOE。柴宇博等研究得出树脂浓度对 WPG 影响效果显著，加压压力与加压时间次之。这和本节所得结果是相符合的。

表 3-11　回归系数显著性

方差来源	平方和	自由度	均方	F 值	P 值	显著性
回归模型	8.08×10^6	3	2.69×10^6	55.87	<0.0001	极显著
A-压力	4.80×10^5	1	4.80×10^5	9.96	0.0076	显著
B-时间	2.12×10^6	1	2.12×10^6	43.95	<0.0001	极显著
C-浓度	5.48×10^6	1	5.48×10^6	113.70	<0.0001	极显著
残差	6.26×10^5	13	4.82×10^4			
失拟项	4.02×10^5	9	4.47×10^4	0.80	0.6455	不显著
净误差	2.25×10^5	4	5.61×10^4			
总计	8.70×10^6	16				

3. 甲醛释放模型及响应面分析

利用软件 Design Expert 对甲醛释放量进行多元回归拟合，得到的编码拟合方程和实际值拟合方程分别为

$$Y_{\text{甲醛}}=0.12-0.01013A-0.01881B-0.02494C+0.01075AB+0.0025AC-0.01113BC+0.012188A^2-0.00244B^2-0.00994C^2$$

$$\text{甲醛浓度}=1.53836-2.80354\times\text{压力}-0.04229\times\text{时间}+0.00756\times\text{浓度}+0.07167\times\text{压力}\times\text{时间}+0.00312\times\text{压力}\times\text{浓度}-0.00093\times\text{时间}\times\text{浓度}+1.21875\times\text{压力}^2-0.00108\times\text{时间}^2-0.00016\times\text{浓度}^2$$

（$R^2=0.9807$，$R^2_{\text{Adj}}=0.9559$）

该模型决定系数 $R^2=0.9807$，拟合度>90%，说明预测值与实际值具有高度的相关性，模型能够反映响应值的变化，证明这种试验方法可靠，可用于指导强化材生产工艺优化。该模型的方差分析结果见表 3-12，线性模型 $P<0.0001$，二次方程 *vs* 双因素 P 值为 0.0045，P 值都小于 0.05，模型显著。双因素 *vs* 线性模型和三次方程 *vs* 二次方程的 P 值都远远大于 0.05，模型不显著，不采用。

表 3-12　多模型方差分析

方差来源	平方和	自由度	均方	F 值	P 值	显著性
平均模型 *vs* 总计	2.44×10^{-1}	1	2.44×10^{-1}			
线性模型 *vs* 平均模型	8.63×10^{-3}	3	2.88×10^{-3}	16.96	<0.0001	显著
双因素 *vs* 线性模型	9.82×10^{-4}	3	3.27×10^{-4}	2.68	0.1037	较差
二次方程 *vs* 双因素	1.01×10^{-3}	3	3.38×10^{-4}	11.31	0.0045	显著
三次方程 *vs* 二次方程	1.46×10^{-4}	3	4.86×10^{-5}	3.09	0.1522	较差
残差	6.30×10^{-5}	4	1.58×10^{-5}			
总计	0.26	17	0.015			

为了确定甲醛的拟合方程形式，表 3-13 显示了三个因素、双因素和因素平方的回归系数的显著性。模型的 P 值小于 0.0001，回归方程显著。失拟项差异不显著，说明残差均是由随机误差引起的。加压压力和树脂浓度的一次项和二次项对脲醛树脂浸渍处理的杨木释放的甲醛的影响极显著或显著；加压压力的一次项对杨木处理材甲醛释放量的影响显著，而二次项不显著；加压压力与加压时间的交互作用和加压时间与树脂浓度的交互作用对杨木处理材甲醛释放量的影响显著。这表明试验因素对甲醛释放量不是简单的线性关系，而是包含二次项、一次项和双因素交互作用的非线性回归方程。

表 3-13　回归系数显著性验证

方差来源	平方和	自由度	均方	F 值	P 值	显著性
回归模型	1.06×10^{-2}	9	1.18×10^{-3}	39.54	<0.0001	**
A-压力	8.20×10^{-4}	1	8.20×10^{-4}	27.48	0.0012	*
B-时间	2.83×10^{-3}	1	2.83×10^{-3}	94.86	<0.0001	**
C-浓度	4.98×10^{-3}	1	4.98×10^{-3}	166.68	<0.0001	**
AB	4.62×10^{-4}	1	4.62×10^{-4}	15.49	0.0056	*
AC	2.50×10^{-5}	1	2.50×10^{-5}	0.84	0.3905	
BC	4.95×10^{-4}	1	4.95×10^{-4}	16.59	0.0047	*
A^2	6.25×10^{-4}	1	6.25×10^{-4}	20.95	0.0026	*
B^2	2.50×10^{-5}	1	2.50×10^{-5}	0.84	0.3904	
C^2	4.16×10^{-4}	1	4.16×10^{-4}	13.93	0.0073	*
残差	2.09×10^{-4}	7	2.98×10^{-5}			
失拟项	1.46×10^{-4}	3	4.86×10^{-5}	3.09	0.1522	不显著
净误差	6.30×10^{-5}	4	1.58×10^{-5}			
总计	1.08×10^{-2}	16				

**（$P<0.001$）表示极显著；*（$P<0.05$）表示显著。

响应曲面反映了当加压压力、加压时间和树脂浓度三个因素中任意一个变量处于 0 水平的时候，其他两个因素交互作用对杨木处理材甲醛释放量的影响情况，具体见图 3-14。

由图 3-14（a）可知，加压时间的曲面较加压压力曲面稍陡，说明加压时间对杨木强化材甲醛释放量的影响较加压压力对其影响显著。等高线沿加压时间轴分布比较密集，而等高线沿加压压力轴排列稀疏，也说明加压时间对杨木强化材甲醛释放量的影响较加压压力对其影响显著。在等高线图上，等高线呈现非圆形，说明两者交互作用对甲醛释放影响显著。由图 3-14（b）可知，树脂浓度的曲面较陡，而加压时间曲面比较平缓，说明树脂浓度对杨木强化材甲醛释放量影响显著，加压时间对甲醛释放影响不显著。等高线沿树脂浓度轴分布比较密集，而等高线沿加压时间轴排列稀疏，也说明树脂浓度对杨木强化材甲醛释放量的影响较加压时间对其影响显著。由图 3-14（c）可知，树脂浓度的曲面较陡，而加压压力曲面比较平缓，说明树脂浓度对杨木强化材甲醛释放量影响显著，加压压力对甲醛释放影响不显著。等高线沿树脂浓度轴分布比较密集，而等高线沿加压压力轴排列稀疏，也说明树脂浓度对杨木强化材甲醛释放量的影响较加压压力对其影响显著。

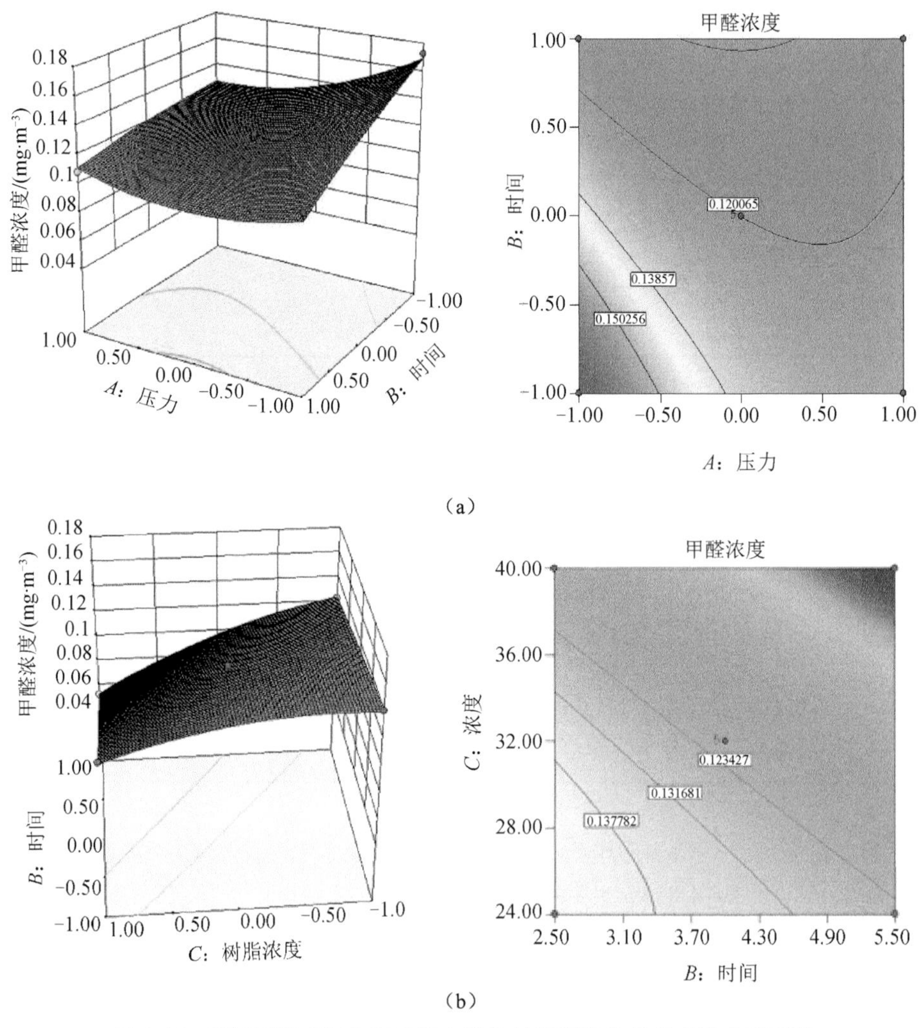

图 3-14　不同因素交互作用对杨木强化材甲醛释放量影响的响应面图

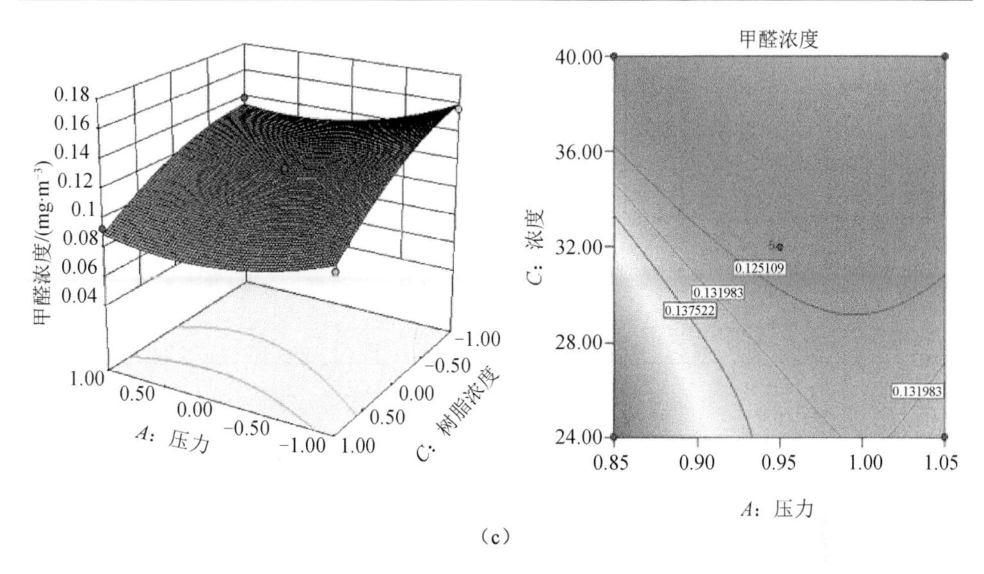

（c）

图 3-14　不同因素交互作用对杨木强化材甲醛释放量影响的响应面图（续）

（a）加压时间和加压压力交互作用；（b）加压时间和树脂浓度交互作用；（c）加压压力和树脂浓度交互作用

4. TVOC 释放模型及响应面分析

利用软件 Design Expert 对杨木强化材 28 d TVOC 释放量测试结果进行多元回归拟合，得到的编码拟合方程和实际值拟合方程分别为

$$Y_{TVOC}=131.96+0.72375A+0.49B-6.03375C-2.5225AB-7.295AC-18.2475BC+0.93A^2-4.7825B^2-15.76C^2$$

$$\text{TVOC 浓度}=-590.07701+189.60417\times\text{压力}+81.96694\times\text{时间}+29.75109\times\text{浓度}-16.81667\times\text{压力}\times\text{时间}-9.11875\times\text{压力}\times\text{浓度}-1.52062\times\text{时间}\times\text{浓度}+93.00000\times\text{压力}^2-2.12556\times\text{时间}^2-0.24625\times\text{浓度}^2\ (R^2=0.9036)$$

该模型决定系数 $R^2=0.9036$，拟合度>90%，说明预测值与实际值具有高度的相关性，模型能够反映响应值的变化，证明这种方法预测在各工艺参数设定范围内任意工艺下生产的杨木强化处理材的 TVOC 释放量。该模型的方差分析结果见表 3-14，二次方程 *vs* 双因素 *P* 值为 0.0269，*P* 值都小于 0.05，模型显著。双因素 *vs* 线性模型和三次方程 *vs* 二次方程的 *P* 值都远远大于 0.05，模型不显著，不采用。

表 3-14　多模型方差分析

方差来源	平方和	自由度	均方	F 值	P 值	显著性
平均模型 *vs* 总计	2.56×10^5	1	2.56×10^5			建议采用
线性模型 *vs* 平均模型	297.3604	3	99.12014	0.40	0.7561	
双因素 *vs* 线性模型	1570.205	3	523.4017	3.15	0.0733	
二次方程 *vs* 双因素	1178.965	3	392.9884	5.72	0.0269	显著
三次方程 *vs* 二次方程	276.8008	3	92.26693	1.80	0.2859	较差
残差	204.4804	4	51.1201			
总计	2.60×10^5	17	15270.32			

响应曲面反映了当加压压力、加压时间和树脂浓度三个因素中任意一个变量处于 0 水平的时候，其他两个因素交互作用对杨木处理材第 28 天 TVOC 放量的影响情况，具体如图 3-15 所示。

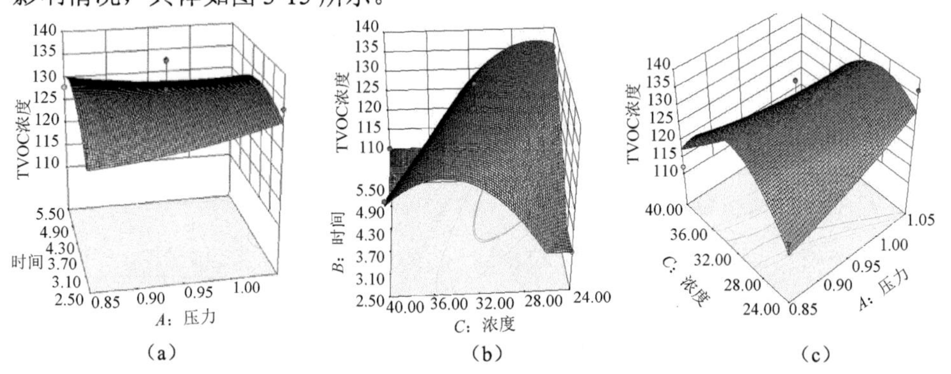

图 3-15　不同因素交互作用对杨木强化材 TVOC 释放量影响的响应面图

(a) 加压压力和加压时间交互作用；(b) 加压时间和树脂浓度交互作用；(c) 加压压力和树脂浓度交互作用

由图 3-15（a）可知，加压时间的曲面和加压压力曲面都平缓，说明加压时间和加压压力对杨木强化材 TVOC 释放量的影响都不显著。等高线沿加压时间轴和加压压力分布疏密程度相同，说明两者对杨木强化材 TVOC 释放量的影响程度相同。在等高线图上，等高线呈现非圆形，说明两者交互作用影响 TVOC 释放量。由图 3-15（b）可知，树脂浓度的曲面较陡，说明树脂浓度对杨木强化材 TVOC 释放量影响显著，加压时间对 TVOC 释放影响不显著。由图 3-15（c）可知，树脂浓度的曲面较陡，而加压压力曲面比较平缓，说明树脂浓度对杨木强化材 TVOC 释放量影响显著，加压压力对 TVOC 释放影响不显著。通过对 TVOC 的响应面图分析，工艺参数交互作用对 TVOC 释放影响不显著，与之相比，各因素交互作用对甲醛释放影响更为显著，甲醛释放量更适合用响应面法分析。

5. WPG 模型及响应面分析

利用软件 Design Expert 对杨木强化材 WPG 测试结果进行多元回归拟合，得到的编码拟合方程和实际值拟合方程分别为

$Y_{WPG}=49.04471+4.19125A+8.08B+12.60625C$

WPG＝－62.74384＋41.91250×压力＋5.38667×时间＋1.57578×浓度

（$R^2=0.9439$，$R^2_{Adj}=0.9309$）

该模型的方差分析结果见表 3-15，线性模型 F 值为 72.85，$P<0.0001$，一般当 $P<0.05$ 时，模型显著，因此该线性回归方程极显著。模型拟合系数 $R^2=0.9439$，拟合度＞90%，说明预测值与实际值具有高度的相关性，模型能够反映响应值的变化，证明这种方法可靠，可用于指导强化材生产工艺优化和预测参数设定范围内不同工艺参数生产的杨木强化材的 WPG。二次回归方程和三次回归方程的 P 值较大，表明此方程的显著性较差，不应采用。

表 3-15　多模型方差分析

方差来源	平方和	自由度	均方	F 值	P 值	
平均模型 *vs* 总计	4.09×10^4	1	4.09×10^4			
线性模型 *vs* 平均模型	1.93×10^3	3	645	72.85	<0.0001	建议采用
双因素 *vs* 线性模型	41	3	13.7	1.85	0.2023	
二次方程 *vs* 双因素	6.40	3	2.13	0.22	0.8789	
三次方程 *vs* 二次方程	61.8	3	20.6	14.25	0.133	较差
残差	57.9	4	1.45			

利用上述模型，计算出 17 组试验参数下得到的杨木强化材 WPG 的预测值，预测值与实际值关系如图 3-16 所示。

由图 3-16 可以发现，杨木的 WPG 预测值和测试值呈线性关系，分布在直线两侧。除了 WPG 为 24.56%和 55.11%稍偏离直线外，其余 15 个试样的 WPG 均分布在直线两侧，这证明 WPG 和三因素的线性拟合方程可以准确地计算出杨木强化材的 WPG。

6. 优化方案及调整

以力学性能指标 MOE、质量增重率、甲醛释放量和第 28 天 TVOC 释放量为响应值对工艺参数进行优化，综合考虑力学性能、生产成本和环保性能。由上述结果可知，质量增重率越大，其力学性能越好，甲醛和 TVOC 释放量越低，但树脂浸渍量过高，增加了生产成本。因此，本节优化的 MOE 指标控制在 7000～7200 MPa 范围内，树脂增重率控制在 40%以内，在此基础上选择甲醛释放量最小的工艺参数。利用 Design Export 软件以 MOE 为主要响应值，对加压压力、加压时间和树脂浓度进行优化，所得优化方案拷屏见图 3-17。

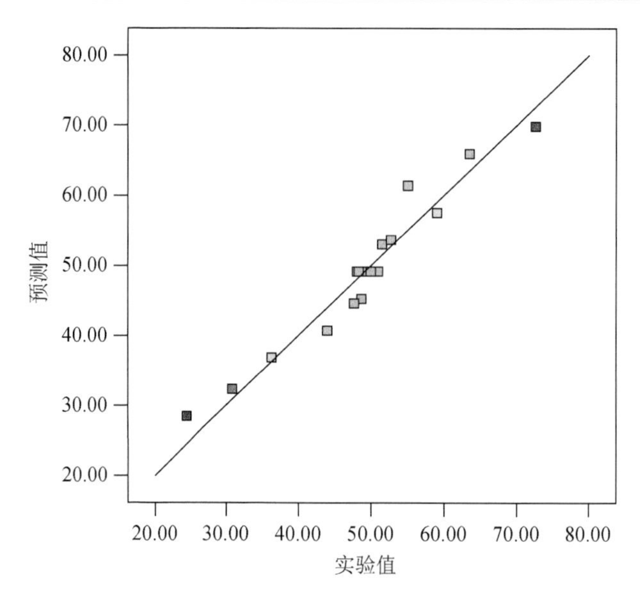

图 3-16　杨木强化材 WPG 的实验值与预测值

方案序号	压力	时间	浓度	甲醛浓度	TVOC 浓度	MOE	WPG	可用性	
1	1.00	4.00	24.89	0.131196	128.98	7173.82	40.0745	1.000	
2	0.95	5.50	24.00	0.124875	136.189	7465.77	44.5185	1.000	
3	1.02	2.72	30.67	0.128706	129.451	7377.57	43.0578	1.000	
4	0.87	4.30	25.60	0.14729	125.278	7023.7	37.2227	1.000	
5	0.90	2.62	31.21	0.148816	124.726	7110.25	38.4216	1.000	选择方案
6	0.93	3.20	31.25	0.134544	129.376	7380.84	42.7653	1.000	
7	0.86	4.63	27.28	0.14196	131.075	7285	41.2102	1.000	
8	1.02	2.58	31.05	0.12867	129.019	7370.68	42.9321	1.000	
9	0.88	4.66	24.69	0.142234	126.893	7071.75	38.0462	1.000	
10	1.02	4.33	24.08	0.132023	132.11	7248.32	41.3463	1.000	

图 3-17　BBD 优化方案

以 MOE 为主要响应值，图 3-17 中方案 1、4、5 和 9 都符合按照上述要求，方案 5 和其他 3 个方案相比，其 MOE 高于方案 4 和方案 9，低于方案 1，但方案 1 的 WPG 较高；方案 1 的甲醛浓度虽然高于方案 4 和方案 9，但其加压时间短，缩短生产时间，可提高生产效率。由 3.1.4 节工艺因素对 TVOC 释放影响结果分析可知，在其他工艺参数相同条件使用浓度为 24%的脲醛树脂溶液其 VOC 释放量明显高于浓度为 32%的脲醛树脂溶液。综合考虑，选择方案 5 作为最优方案。

为了便于脲醛树脂溶液的配制，将树脂浓度由 31.21%调整为 32%，即表 3-6 中的 0 水平，这样也便于方案调整计算，对优化工艺的调整过程如下：

以 MOE 为 7100 MPa 为优化等高线，即

$MOE = 7778.824 + 244.9472A + 514.5514B + 827.6006C = 7100$

当 $C=0$ 时，$A=(-678.824-514.5514B)/244.9472=-2.771307-2.100701B$

将 $C=0$，$A=-2.771307-2.100701B$ 带入甲醛编码拟合方程——甲醛$=0.12-0.01013A-0.01881B-0.02494C+0.01075AB+0.0025AC-0.01113BC+0.012188A^2-0.00244B^2-0.00994C^2$ 后得到

$$甲醛=0.12-0.01013(-2.771307-2.100701B)-0.01881B +0.01075(-2.771307-2.100701B)B+0.012188(-2.77130 -2.100701B)^2-0.00244B^2$$

经简化后得到如下方程：

甲醛$=0.028762(B+1.991986)^2+0.127551$，$B$ 在$[-1,1]$区间求甲醛极小值。

当 $B=-1$ 时，甲醛极小值$=0.15585385$

此时，$A=-2.771307-2.100701B=-0.670606$

把 $A=-0.67060$，$B=-1$ 和 $C=0$ 带入 WPG 线性方程，得到此时杨木强化材的质量增重率 $WPG=49.04471+4.19125A+8.08B+12.60625C=38.154$。

将编码值转化为真实值，浓度为 32%，加压时间为 2.5 h，加压压力为 0.89 MPa。

$$TVOC=131.96+0.72375A+0.49B-6.03375C-2.5225AB-7.295AC -18.2475BC+0.93A^2-4.7825B^2-15.76C^2=125.01$$

3.2.6　优化工艺的验证

1. 28 d TVOC 和甲醛释放量验证

按照优化调整后的工艺参数生产杨木强化材，对优化结果进行验证，得到的 3 个强化材的 WPG 分别为 38.16%、38.56%和 40.01%。对三个板材的 28 d TVOC 和甲醛释放量进行测试，前两个板材第 28 天 TVOC 释放量分别为 127.46 $\mu g \cdot m^{-3}$ 和 120.51 $\mu g \cdot m^{-3}$，具体数值见附表 2-10 和附表 2-16，第 28 天三个板材甲醛释放量分别为 0.140 $mg \cdot m^{-3}$、0.146 $mg \cdot m^{-3}$ 和 0.147 $mg \cdot m^{-3}$，具体数值见图 3-24、图 3-31 和图 3-35。测试发现 TVOC 和甲醛测试值和预测值相接近，由此表明了 BBD 优化杨木强化处理材工艺参数的可行性和准确性。

2. SEM 分析验证

图 3-18（a）中可清晰观察到纹孔，但部分纹孔被树脂堵塞，且树脂均匀分散在导管内壁，说明导管内壁有树脂填充，可以提高木材强度，但导管未被树脂填充满，可以节省生产成本；在图 3-18（b）中大部分纹孔被堵塞，且导管内壁沉积了较厚的树脂层，这对提高木材力学性能作用不显著，所以过大的 WPG 不利于节约成本。

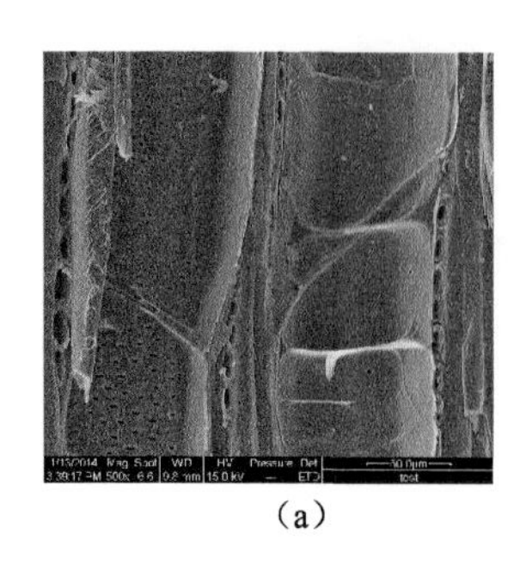
(a)

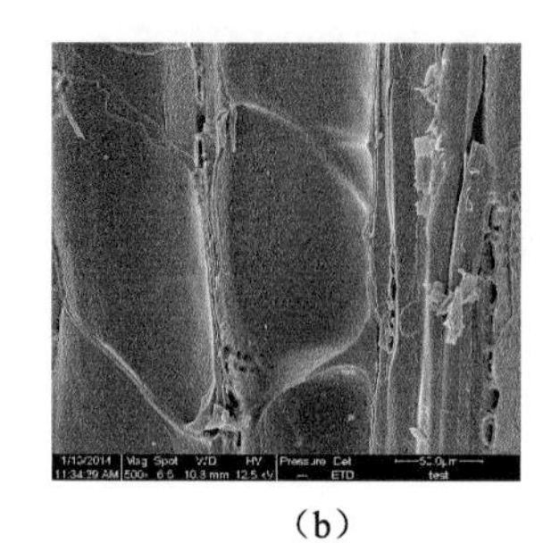
(b)

图 3-18　不同 WPG 试件的电镜扫描图比较
(a) WPG 38.56%；(b) WPG 49.05%

3.3　纳米二氧化钛对杨木强化材有害气体释放的控制作用

二氧化钛因其化学和光学性质稳定、活性高、无毒、价格低廉且不产生二次污染等优点，使其成为最有效和应用最广泛的一种半导体光催化剂。TiO_2 光催化机理是在光激发下能活化分子氧和水分子，产生大量具有强氧化性的 • OH 自由基来氧化降解有机物，使其彻底矿化。近年来，纳米 TiO_2 光催化剂在治理空气污染和废水处理方面得到极大发展。许多研究报道了纳米 TiO_2 可以高效降解甲醛、苯酚、三氯乙烯、环己烷、丙酮和芳香烃化合物。随着 TiO_2 在废水处理技术上的应用，超声波/紫外光联合氧化处理废水中有机物是近年来新兴、高效的降解有机物的处理方式。超声波降解有机物的机理是利用声空化过程中产生的高温和高压导致进入空化泡中的水蒸气发生分裂及链式反应，形成氢氧自由基和超临界水等强氧化剂，为化学反应提供了特殊的物理环境和化学条件。在超声波/紫外光联合处理有机物中，超声波不仅能开启新的反应通道，同时空化作用形成的冲击波和激射流可以清洗催化剂表面，防止过多的污染物附着在催化剂表面使催化剂失活，也可以使 TiO_2 颗粒的粒径减小并均匀分散在液相中，防止因 TiO_2 颗粒聚集成团而减小 TiO_2 有效比表面积，降低其光催化性能。

基于以上分析，本节在超声波/紫外光联合作用下将纳米 TiO_2 和脲醛树脂溶液混合，利用 TiO_2 的光催化作用降解脲醛树脂溶液中的游离甲醛，利用超声波的空化作用分散和清洗 TiO_2，利用超声波/紫外光/TiO_2 体系协同作用产生具有强氧化性的自由基氧化降解甲醛。将处理后的脲醛树脂溶液在优化工艺参数下浸渍到杨木中，制作杨木强化材。将杨木强化材放置于恒温、恒湿且恒流通入清洁空气的平衡室中，在紫外光的照射下，降解木材所释放的挥发性有机污染物。测试紫外处理后的强化材 VOC 和甲醛释放量，分析该工艺下 TiO_2 提高低杨木强化材环保性能的作用和机理。

3.3.1　工艺设计

超声波/紫外光（UV/US）联合处理装置，将紫外灯（功率 15 W，波长 365 nm）装于石英套管内放置于超声波反应器中（型号 AS 5150，功率 180 W，频率 40 kHz），通入氧气，作用是在超声波作用下产生自由基和超临界水，装置结构如图 3-19 所示。

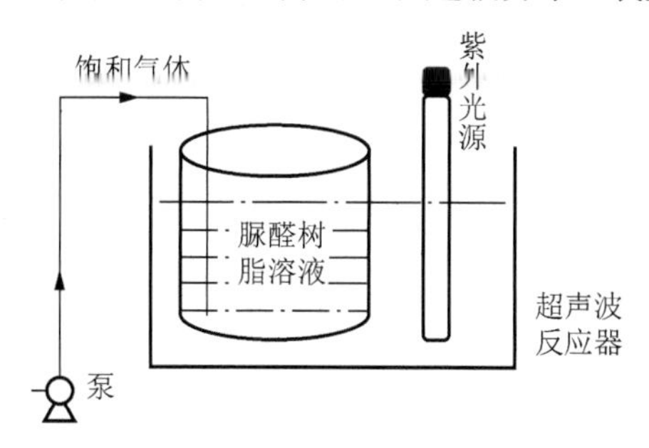

图 3-19　超声波/紫外光联合处理装置

将一定质量的纳米 TiO_2 在高速搅拌下添加到脲醛树脂溶液中，TiO_2 添加量分别占溶液中脲醛树脂固体质量分数的 0.05%、0.1%、0.2%、0.5%和 0.8%。将混合好的溶液放入配有紫外光源照射的超声处理器中，在频率为 40 kHz 下进行紫外/超声联合处理 60 min。经过紫外/超声联合处理，不仅可以使 TiO_2 在溶液中均匀分散、降低树脂黏度，还可以通过超声空化作用开启新的反应通道，利用光催化作用降解部分游离甲醛。

以真空-加压浸渍方式将混合不同质量分数的 TiO_2 脲醛树脂和未处理的脲醛树脂浸注到杨木试件中，按照树脂浓度 32%、加压时间 2.5 h、加压压力 0.89 MPa 的工艺条件生产杨木强化材。浸渍完成后，将试件放入真空度为−0.08 MPa 的真空罐中进行后真空处理，抽出多余的药液。

3.3.2　性能测试

1. 力学测试

按照 GB/T 1936.2—2009 测定处理材和未处理材的抗弯弹性模量；按照 GB/T 1936.1—2009 测定处理材和未处理材的抗弯强度；按照 GB/T 1935—2009 测定处理材和未处理材的顺纹抗压强度。

2. 傅里叶变换红外光谱测试

将纳米 TiO_2 粉末进行压片处理，制备参照试件。为减小木材试件各位置浸渍效果差异对测试结果的影响，在各杨木处理材试件距离各边缘相同位置上取样，制备成 10 mm×10 mm×3.5 mm 的小样，在制样过程中切忌污染试件表面，采用气相色谱-傅里叶红外联用仪扫描其红外谱图。

3. SEM/EDS 测试

为减小木材试件各位置浸渍效果差异对结果的影响，在杨木和杨木处理材试件距离各边缘相同位置上取样。制样时为防止直接切割导致刀片切痕破坏木材结构，采用劈裂方法获取断面；因采用能谱扫描（EDS）对试件所添加的元素定性分析，故在制样时切勿污染和手指直接接触试件测试面。将载有样品的样品台放入到电镜室内对杨木和杨木处理材的断面进行电镜扫描，调整放大倍数观察断面形貌，选定能谱扫描区域，对所添加的元素定性扫描分析。

3.3.3 VOC 与甲醛释放

1. VOC 释放

二氧化钛与空气中的挥发性有机化合物的气相光催化氧化反应，可以在温和条件下对低浓度挥发性有机污染物进行氧化降解，矿化产物为二氧化碳和水。利用纳米二氧化钛的光催化特性，将不同含量的二氧化钛与树脂溶液在超声/紫外联合作用下混合，并利用其浸渍杨木来制作低污染强化材，同时具有多孔结构的杨木也对二氧化钛起固定作用。图 3-20 总结了不同二氧化钛质量分数的强化材的总挥发性有机化合物 28 天测试时间内的浓度变化趋势，具体成分与浓度见附录 2 中附表 2-10 至附表 2-15。

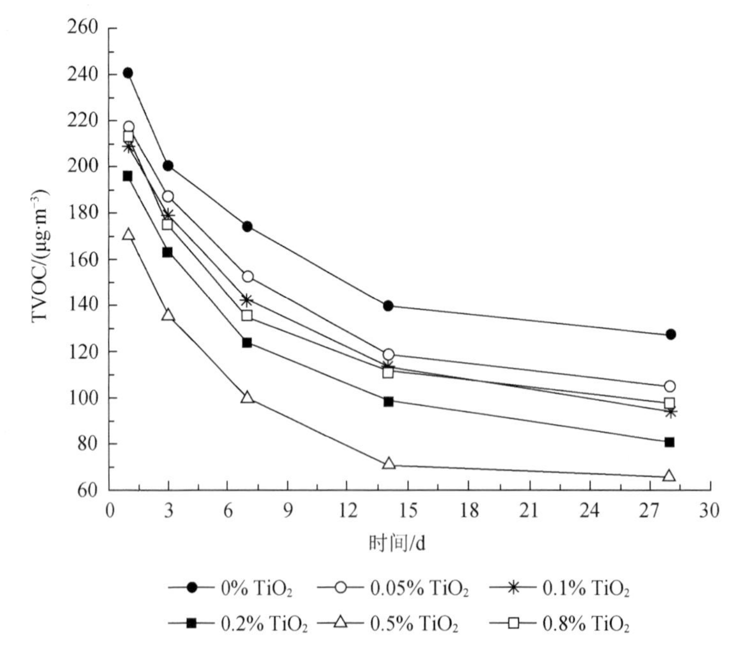

图 3-20 不同 TiO_2 含量杨木处理材 TVOC 释放量

如图 3-20 所示，添加 TiO_2 的杨木强化材释放的挥发性有机化合物浓度总量在前 14 天快速降低，随着测试时间的延长，TVOC 浓度衰减速率开始降低，进入释放稳定期。这一释放趋势与未添加 TiO_2 的杨木强化材 TVOC 释放趋势相同。与未添加 TiO_2 的杨木强化材相比，添加 TiO_2 后，处理材的 TVOC 释放量显著降低。在释放初期(第 1 天)的 239.93 $\mu g \cdot m^{-3}$ 最低衰减至 170.60 $\mu g \cdot m^{-3}$，降低了 28.90%；在测试时间 28 天时，TVOC 浓度由 127.46 $\mu g \cdot m^{-3}$ 下降至 65.54 $\mu g \cdot m^{-3}$，降低了 48.58%。由此可见，TiO_2 的添加对降低脲醛树脂浸渍处理的杨木挥发性有机化合物释放具有显著的作用，且在释放后期更为显著。这是因为对于具有几乎相同的质量增重率的杨木强化材，其释放的挥发性有机化合物浓度几乎是相近的，但由于添加不同质量的 TiO_2 在短时间的紫外光照射下对有机物的光催化氧化降解作用，导致在释放初期浓度有所降低。随着测试时间的延长，处理材在通风和通入清洁湿空气条件下的光催化时间也随之增加，挥发性有机物被 TiO_2 表面的强氧化性的氧离子和 ·OH 自由基氧化降解成中间产物或最终产物（二氧化碳和水），使得可被检测到的化合物（C_6～C_{16}）浓度降低。此外，在释放初期，板材内部的挥发性有机化合物浓度较高，与环境舱内的浓度梯度促使挥发性有机化合物快速地由板材内部向空气中释放，这时附着于板材表面的 TiO_2 上聚集了大量的有机物或中间产物，使得电子-空穴对无法与氧气和水发生作用产生强氧化性基团，导致 TiO_2 催化降解效率下降或失去活性。然而，随着通风时间的延长，板材释放挥发性有机物的速率降低，聚集在 TiO_2 的表面的化合物浓度降低，同时通入的清洁湿空气吹到板材表面可以使吸附的中间产物和有机物脱附和被氧化，使得 TiO_2 再生，从而增加催化速率。

TiO_2 添加量显著地影响杨木处理材 TVOC 的释放量，即随着 TiO_2 用量的增加，TVOC 的浓度随之降低，但当 TiO_2 添加量达到一定值时，TVOC 释放量反而增加。当 TiO_2 质量分数从 0.05%依次增加至 0.1%、0.2%、0.5%时，与对照试件第 1 天 TVOC 释放量相比，其 TVOC 浓度依次降低 9.50%、12.85%、18.81%和 28.90%；与对照组第 28 天 TVOC 释放量相比，其 TVOC 浓度依次降低 17.72%、25.67%、36.63%和 48.58%；当 TiO_2 添加量继续增加到 0.8%时，杨木处理材 TVOC 释放量高于 TiO_2 添加量 0.5%的试件 TVOC 释放量，其数值与 0.1%水平 TiO_2 添加量的试件 TVOC 释放量相接近。这是因为当 TiO_2 添加量过大时，其在与脲醛树脂溶液混合时，易聚集成团，极大地减小了 TiO_2 颗粒的比表面积，阻碍了其产生电子和空穴对，导致强氧化性的自由基减少，从而降低了光催化效率。

由附表 2-10 可知，醛类化合物和烷烃类化合物是未添加 TiO_2 处理材释放的挥发性有机物的主要组分，同时也检测了少量的萜烯类化合物、酮类化合物、醇类化合物和多环芳香烃，这与 3.2 节测试结果是一致的。由附表 2-11 至附表 2-15 可知，添加 TiO_2 杨木强化材释放的挥发性有机化合物主要成分依然是醛类化合物和烷烃类化合物，以添加量 0.5%的试件为例，醛类化合物和烷烃类化合物分别占挥发性有机物总量的 21.13%～25.09%和 31.12%～38.86%。因此，图 3-21 和图 3-23 分别总结了 TiO_2 添加量对杨木强化材醛类化合物和烷烃类化合物释放量的控制曲线。

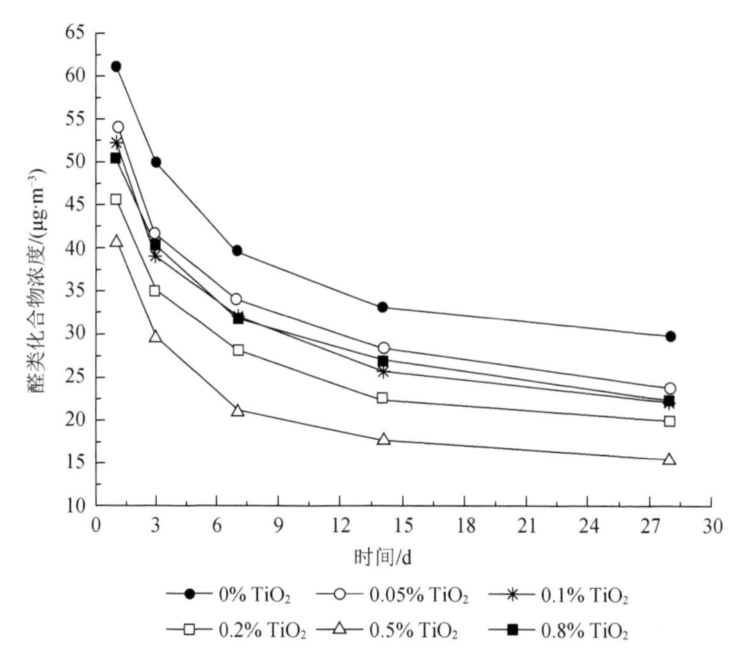

图 3-21　不同 TiO_2 含量杨木处理材醛类化合物释放量

由图 3-21 可知，TiO_2 的添加对降低醛类化合物释放具有显著作用，且在第 7 天后影响作用更为显著。产生这种现象的原因与影响 TVOC 释放趋势的原因相同，即紫外光照时间和 TiO_2 的失活与再生。TiO_2 的添加量也显著影响醛类化合物浓度，随着 TiO_2 的添加量由 0.05%增加到 0.5%，醛类化合物浓度显著降低，当 TiO_2 添加量达到 0.8%时，由于 TiO_2 在树脂溶液中分散性减弱而聚集成团，导致醛类化合物浓度又显著升高，与 TiO_2 添加量 0.05%和 0.1%水平的试件醛类释放量相接近。当添加的 TiO_2 质量分数为 0.5%时，醛类化合物的控制效果最显著，与对照试件相比第 28 天醛类的控制率达到 48.41%。锐钛矿型纳米二氧化钛光催化降解醛类化合物的机理是当紫外光照射到二氧化钛时，会激发其产生光生电子和空穴对，锐钛矿导带上的光生电子具有强还原性，可被氧气捕获，一方面阻止了光生电子和空穴的复合；另一方面生成的氧离子也是氧化物之一，价带上的空穴具有强氧化性，可以使表面吸附的羟基或水氧化为 · OH 自由基。· OH 自由基可以引发醛的氧化降解反应，直链醛与 · OH 自由基反应生成醛的过氧自由基，再与 · OH

自由基发生脱水反应生成相应的酸；酸与·OH自由基再次发生脱羧反应，生成二氧化碳和少一个碳的自由基，该自由基再经氧离子氧化成酸。此时形成少一个碳原子的酸，该酸重复上述反应，直至彻底矿化为水和二氧化碳，以丁醛的降解过程为例，反应式如图3-22所示。

$$C_3H_7CHO + \cdot OH \longrightarrow C_3H_7\overset{\cdot O}{\overset{|}{C}}HOH \xrightarrow[-H_2O]{\cdot OH} C_3H_7COOH$$

$$C_3H_7COOH + \cdot OH \longrightarrow \cdot C_3H_7 + CO_2 + H_2O$$

$$\cdot C_3H_7 + O_2 + OH^- \longrightarrow C_2H_5COOH + H_2O$$

$$C_2H_5COOH + \cdot OH \longrightarrow \cdot C_2H_5 + CO_2 + H_2O$$

$$\cdot C_2H_5 + O_2 + OH^- \longrightarrow CH_3COOH + H_2O$$

$$CH_3COOH + \cdot OH \longrightarrow \cdot CH_3 + CO_2 + H_2O$$

$$\cdot CH_3 + O_2 + OH^- \longrightarrow H_2O + HCOOH \longrightarrow CO_2 + H_2O$$

图3-22　·OH自由基引发的丁醛的氧化途径

通过比较TiO_2添加量对杨木强化材烷烃类化合物释放量的控制曲线(图3-23)发现，TiO_2的添加对降低烷烃类化合物的释放具有显著作用，且在第7天后作用更为显著。产生这种现象的原因与影响TVOC释放趋势的原因相同，即紫外光照时间和TiO_2的失活与再生。TiO_2的添加量也显著影响烷烃类化合物的浓度，即随着TiO_2添加量的增加，烷烃类化合物浓度显著降低，当TiO_2的添加量超过0.5%、达到0.8%时，TiO_2在树脂溶液中分散性减弱而聚集成团，导致烷烃类化合物浓度又显著升高，其数值介于TiO_2添加量0.1%和0.2%水平的试件的烷烃类化合物释放量之间。因此，当TiO_2添加量为0.5%时，烷烃类化合物的控制效果最显著，与对照试件相比，第28天烷烃类的控制率达到42.74%，该结果与TVOC和醛类化合物测试结果一致。

添加二氧化钛可以降低强化材烷烃类化合物的原因是锐钛矿导带和价带上的电子和空穴不仅可以通过将氧气和水氧化成氧离子和·OH自由基，具有强氧化性的活性氧离子和·OH自由基将烷烃氧化最终彻底矿化为二氧化碳和水，二氧化钛表面的空穴还可以直接进攻烷烃，使其氧化成烷烃正离子。与对照试件下相比，添加TiO_2的试件检测出几种释放量较大的醇类化合物，如己醇、2-辛醇等，说明醇类化合物是烷烃降解的中间产物。马佳彬在对二氧化钛光催化降解环己烷反应路径的研究中发现，环己烷经自由基氧化后生成环己酮和环己醇，随后环己酮开环氧化成羧酸，而环己醇开环生成乙醇，乙醇进一步被自由基氧化成乙酸，乙酸经图3-22的脱羧基反应最终生成水和二氧化碳。从而证实，醇类化合物除了脲醛树脂处理材本身释放外，还可能是烷烃氧化降解的中间产物。

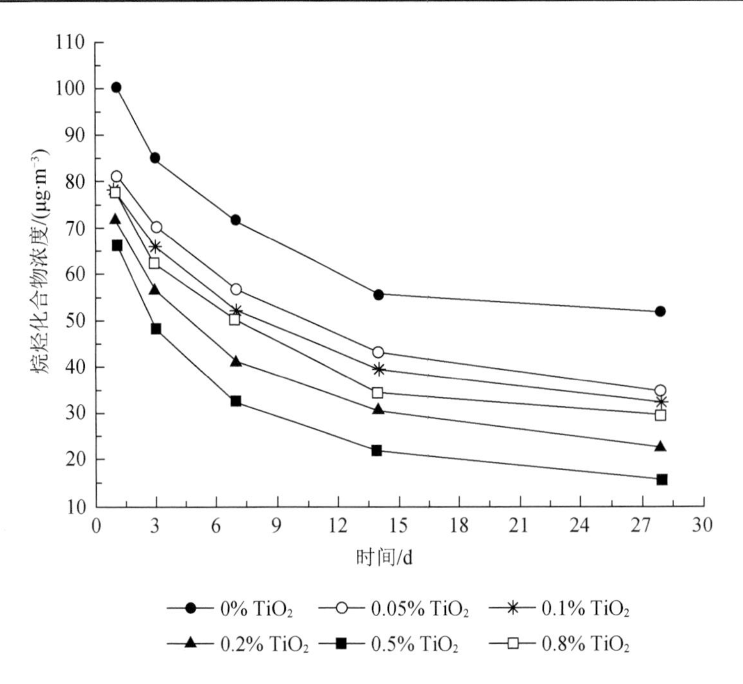

图 3-23　不同 TiO_2 含量杨木处理材烷烃类化合物释放量

2. 甲醛释放

采用 2.5 $m^2·m^{-3}$ 的装载率，将试件放置于小型环境舱内，模拟真实的室内环境下不同工艺处理材的甲醛释放情况，甲醛 28 d 测试结果如图 3-24 所示。

由图 3-24 可知，未添加 TiO_2 的脲醛树脂处理材甲醛释放量随着测试时间的延长而降低。在前 14 天，甲醛浓度从 0.515 $mg·m^{-3}$ 迅速衰减至 0.140 $mg·m^{-3}$，在 14 d 以后，甲醛释放基本稳定，第 21 天与第 28 天甲醛浓度差占释放量的 1.67%（小于 5%），平衡浓度为 0.139 $mg·m^{-3}$。当在树脂中添加 TiO_2 后，甲醛释放量在 28 d 测试时间内都明显低于未添加的 TiO_2 处理材（对照组），说明 TiO_2 对降低甲醛释放量是有效的。夏松华采用超声波技术，在树脂合成过程中加入纳米 TiO_2，利用改性脲醛树脂制作胶合板，研究发现树脂游离甲醛降低了 77.8%，胶合板甲醛释放量降低了 68.3%，TiO_2 对降低甲醛释放量的作用与本书一致；^{13}C 核磁共振分析显示，在超声波的作用下，二羟甲基脲、三羟甲基脲内部脱水生成与带有氨基相连的二次甲基醚键的环状 Uron—CH_2—Uron，该结构稳定，不易使甲醛游离出来。本节在树脂合成后加入 TiO_2，分析其降低甲醛释放的原因，一方面是由于在 TiO_2 与脲醛树脂溶液混合过程中，超声空化效应对游离甲醛的降解。在一定频率和强度作用下，液体分子承受交替的压缩、扩张循环，在扩张过程中液体的密度极大地降低，导致出现大量瞬间形成又瞬间崩溃的微小空化泡，空化泡的寿命约为 0.1μs。在压缩、崩溃过程中，聚集起来的声场能量在极小的空间能瞬间释放，瞬间产生约 4000 K 和 100 MPa 的局部高温高压环境，导致进入空化泡中的水蒸气发生分裂及链式反应，形成氢氧自由基和超临界水等强氧化剂，以此氧化降解游离甲醛。另一方面，无论是树脂溶液配制期间还是后期循环测试期间，TiO_2 在波长 380 nm 的紫外光照射下，价带上的电子激发到导带上，生成电子-空穴对。电子和空穴与其表面的分子氧和水分子发生作用，生成活性高、氧化性强的氧离子和 · OH 自由基，阻止电子和空穴的复合。这些活性氧离子和自由基都可引发甲醛的链状反应，最终将甲醛氧化分解为二氧化碳和水，具体反应机理见图 3-25。

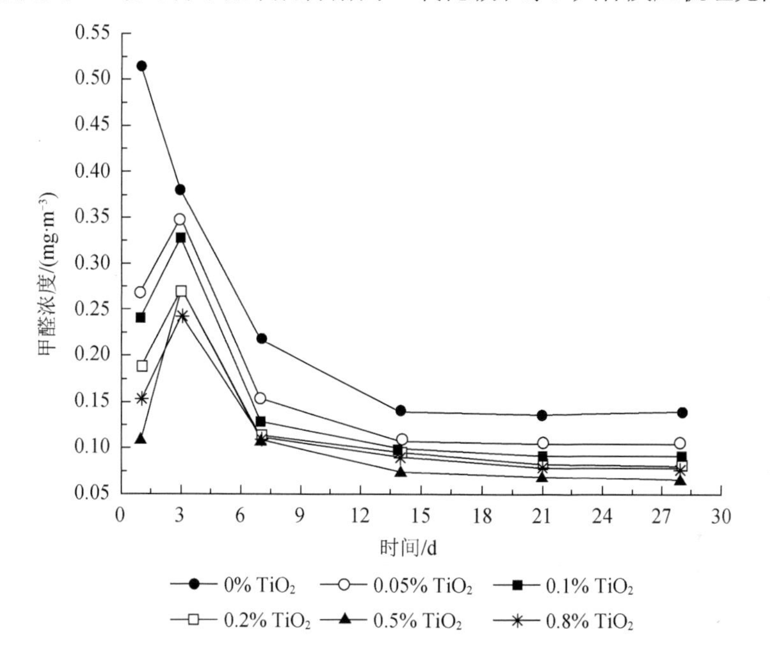

图 3-24　不同 TiO_2 含量杨木处理材甲醛释放量

$$TiO_2+h\nu \longrightarrow h^+_{VB}+e^-_{CB}$$

$$H_2O+h^+_{VB} \longrightarrow \cdot OH+H^+$$

$$O_2+e^-_{CB} \longrightarrow \cdot O_2^-$$

$$HCHO+\cdot OH \longrightarrow \cdot CHO+H_2O$$

$$\cdot CHO+\cdot OH \longrightarrow HCOOH$$

$$\cdot CHO+\cdot O_2 \longrightarrow HCO_3^- \xrightarrow{+H^+} HCOOOH \xrightarrow{+HCHO} CHOOH$$

$$HCOOH \xrightarrow{-H^+} HCOO \xrightarrow{h^+} H^+ + \cdot CO_2^-$$

$$\cdot CO_2^- \xrightarrow{[O][\cdot OH]h^+} CO_2$$

图 3-25　TiO_2 降解甲醛反应式

由图 3-24 可知，添加 TiO_2 的试件其甲醛释放量随着测试时间的延长呈先升高（1～3 d）而后快速降低（3～14 d）最后趋于稳定（14～28 d）的趋势。其释

放趋势与未添加 TiO_2 处理材不同，可能是因为在释放初期，由于板材内部甲醛浓度远远高于板材表面甲醛浓度，浓度梯度促使板材内部的甲醛向板材表面扩散，大量的甲醛和反应中间产物聚集在板材表面上附着的 TiO_2 表面，占据了催化剂表面上的吸附活性位，导致其活性变低或失去活性，故在释放前 3 天甲醛浓度明显升高。在板材第 3 天测试结束后，板材置于通入清洁湿空气的平衡室内，湿空气吹扫并同时采用紫外光源照射，可以使吸附的中间产物和甲醛脱附和被氧化，从而使得 TiO_2 再生。水蒸气是维持气相反应中有效的催化剂活性所必需的，但过量的水蒸气也会导致与其他反应物竞争吸附催化剂表面，从而抑制反应的进行，因此在试验过程中，平衡室内相对湿度恒定地保持在 50%左右。

TiO_2 添加量显著地影响杨木处理材的甲醛释放量，即随着 TiO_2 用量的增加，甲醛释放浓度随之降低，但当 TiO_2 添加量达到一定值时甲醛释放量反而增加。由图可知，当 TiO_2 的质量分数从 0.05%依次增加至 0.1%、0.2%、0.5%时，与对照试件第 1 天甲醛释放量（0.515 $mg·m^{-3}$）相比，其甲醛浓度依次降低 47.47%、53.22%、63.90%和 79.23%；与对照组第 28 天甲醛释放量（0.140 $mg·m^{-3}$）相比，其甲醛浓度依次降低 24.35%、34.13%、41.92%和 52.98%，其中 0.2%和 0.5%的试件平衡浓度为 0.081 $mg·m^{-3}$ 和 0.065 $mg·m^{-3}$，接近或低于 0.08 $mg·m^{-3}$（室内空气甲醛浓度限值）。当 TiO_2 添加量继续增加到 0.8%时，杨木处理材甲醛释放量高于 TiO_2 添加量 0.5%的试件甲醛释放量，其数值与 0.2%水平 TiO_2 添加量的试件甲醛释放量相接近，其平衡浓度为 0.079 $mg·m^{-3}$。这是因为当 TiO_2 添加量过大时，其在与脲醛树脂溶液混合时，易聚集成团，极大地减小了 TiO_2 颗粒的比表面积，阻碍了其产生电子和空穴对，导致强氧化性的自由基减少，从而降低了光催化效率。李文彩等用浸渍提拉方法将不同质量的 TiO_2 附着在载玻片上，利其催化降解空气中的甲醛，发现涂膜次数超过 3 次时，因催化剂存在聚团现象而导致光催化效果降低。为了进一步明确不同添加量的 TiO_2 在强化处理材中的分布形态，本节也通过红外光谱分析和电镜/能谱仪扫描来验证本部分结论。

综上所述，以超声/紫外联合处理方式制备 TiO_2 与脲醛树脂混合液，并对制作的强化材在通入清洁湿空气的平衡室内进行紫外光照射，可以显著地减小甲醛释放量。当 TiO_2 添加量为 0.5%时，其处理效果最佳，与对照组试件相比，在释放初期甲醛浓度降低 79.23%，在平衡期浓度降低 52.98%，且平衡浓度在装载率较高的情况下仍低于室内甲醛浓度限值。

3.3.4 力学性能

各配比的 TiO_2 与脲醛树脂混合液浸渍处理的杨木强化材质量增重率、MOE、MOR 和顺纹抗压强度见表 3-16。

表 3-16　不同 TiO_2 含量杨木处理材质量增重率、MOE、MOR 和顺纹抗压强度

TiO_2 添加量 /%	WPG /%	MOE		MOR		顺纹抗压强度	
		平均值 /MPa	变异系数 /%	平均值 /MPa	变异系数 /%	平均值 /MPa	变异系数 /%
素材	—	5309.85	3.92	71.17	4.27	21 314.99	4.53
0	38.94	7214.41	3.82	83.17	2.66	30 801.51	0.39
0.05	38.61	7316.81	4.03	85.04	4.19	31 962.17	2.88
0.1	37.44	7459.69	7.88	87.98	3.15	32 000.58	5.02
0.2	37.02	7316.93	4.76	86.46	7.35	31 537.40	5.00
0.5	37.68	7438.35	3.19	86.79	4.39	32 078.33	3.41
0.8	36.29	7339.75	6.11	84.64	4.77	30 965.45	2.33

由表 3-16 可知，在优化工艺下制作的未添加 TiO_2 的处理材（对照试件）树脂增重率为 38.94%，与本章 3.2.5 小节预测值 38.15%差异非常小，验证了优化工艺的预测结果。在优化工艺下制作的杨木强化材 MOE、MOR 和顺纹抗压强度比杨木素材分别提高了 35.87%、16.87%和 44.51%。在超声波和紫外联合作用下向脲醛树脂溶液中添加 TiO_2，添加不同含量 TiO_2 的处理材的质量增重率与对照试件的质量增重率非常接近，说明 TiO_2 的添加对树脂浸渍木材的效果影响不大。这是因为添加的 TiO_2 质量仅占树脂溶液中固体质量的 0.05%～0.8%，TiO_2 添加量很少，不足以对脲醛树脂的黏度产生影响。

向脲醛树脂混合 TiO_2 后，处理材的各项力学性能明显提高。夏松华等利用超声波和纳米 TiO_2 改性脲醛树脂制备胶合板，发现添加 TiO_2 后可显著提高胶合板的胶合强度。由此可推断 TiO_2 的添加对提高杨木处理材的强度也是有显著效果的。随着 TiO_2 添加量从 0.05%增加至 0.5%，处理材的 MOE、MOR 和顺纹抗压强度分别增加了 1.66%、3.24%、0.36%。随着 TiO_2 添加量继续增加至 0.8%，各项测试结果反而略有降低，TiO_2 添加量 0.8%的试件测试结果与 TiO_2 添加量 0.05%的试件测试结果相接近。由此可见，TiO_2 的添加因超声波的作用不影响树脂对木材的浸渍作用，且可以提高处理材的力学性能；随着添加量的增大，力学强度也随之提高（除添加量为 0.2%时强度有所降低外），但当添加的 TiO_2 质量分数超过 0.5%后，力学强度会略有降低。这是因为 TiO_2 沉积于木材细胞腔和细胞壁内表面，TiO_2 表面存在大量不饱和残键以及不同键合状态的羟基与脲醛树脂的羟基和木材表面的活性基团发生化学键合，增大分子间作用力，从而提高木材的强度；但 TiO_2 的添加量过大，在树脂溶液中 TiO_2 容易聚团，导致 TiO_2 的比表面积大大降低，从而使 TiO_2 的性能降低。

3.3.5　FTIR 分析

图 3-26 为不同 TiO_2 添加量的脲醛树脂处理杨木的红外光谱图。谱图纵坐标为透射率，表示红外光透过样品多少，在某一波数处，透射率越大，则样品对红外光的吸收率越低，表明特征官能团样品含量越少，强度越低。由图 3-26 可知，

随着 TiO_2 添加量的增加，波数 611 cm^{-1} 吸收峰强度随之提高。纳米二氧化钛的红外光谱特征基团吸收峰波数为 611 cm^{-1}。TiO_2 添加量为 0.1%和 0.5%的试件在波数 611 cm^{-1} 处强度高于未添加 TiO_2 的脲醛树脂处理杨木（对照试件），是 TiO_2 吸收峰和木材芳香环 C3 取代的吸收峰波数在 611 cm^{-1} 处叠加的效果，这也说明 TiO_2 有效地浸渍到木材中。在波数 3400～3200 cm^{-1} 处，添加 TiO_2 的试件吸收峰强度略高于对照试件，说明添加 TiO_2 后，纤维素羟基振动变强，TiO_2 的加入反而减小了脲醛树脂与纤维素上羟基发生反应的概率；波数 1734 cm^{-1} 附近酯化羰基的吸收峰强度随着 TiO_2 添加量的增大而增大，说明半纤维素聚木糖发生改变，分析原因可能是 TiO_2 表面存在的不饱和残键与木材半纤维素的官能团发生反应；波数 1596 cm^{-1} 和波数 1506 cm^{-1} 处吸收峰强度随着 TiO_2 的加入而木质素苯环骨架振动越明显，说明 TiO_2 的加入阻碍了脲醛树脂与木质素上官能团发生反应。波数 1654 cm^{-1} 的酰胺基吸收峰强度随着 TiO_2 添加量的增大而增强，说明在超声波和 TiO_2 表面高活性不饱和残键的作用下，脲醛树脂的羟甲基脲（—NH—CH_2OH）上的羟基更易与木材表面的官能团或羟甲基脲之间发生缩合反应，生成酰胺基，因此 TiO_2 的添加有利于提高脲醛树脂的内聚力和脲醛树脂与木材的胶合强度；随着 TiO_2 添加量增大，波数 1367 cm^{-1} 处亚甲基变形振动峰更为明显，也说明了脲醛树脂之间进一步进行了缩聚反应。与对照试件相比，添加 TiO_2 的试件在波数 1026 cm^{-1} 附近的醚键吸收峰强度明显提高，说明 TiO_2 的存在和超声波作用促进了羟甲基脲间发生缩合反应生成与氨基相连的二次甲基醚键（—NH—CH_2—O—CH_2—NH—）。夏松华等利用 ^{13}C 核磁共振方法分析超声波与纳米 TiO_2 改性脲醛树脂的结构，结果发现在超声波的作用下，二羟甲基脲、三羟甲基脲内部脱水生成与带有氨基相连的二次甲基醚键的环状 Uron 结果。

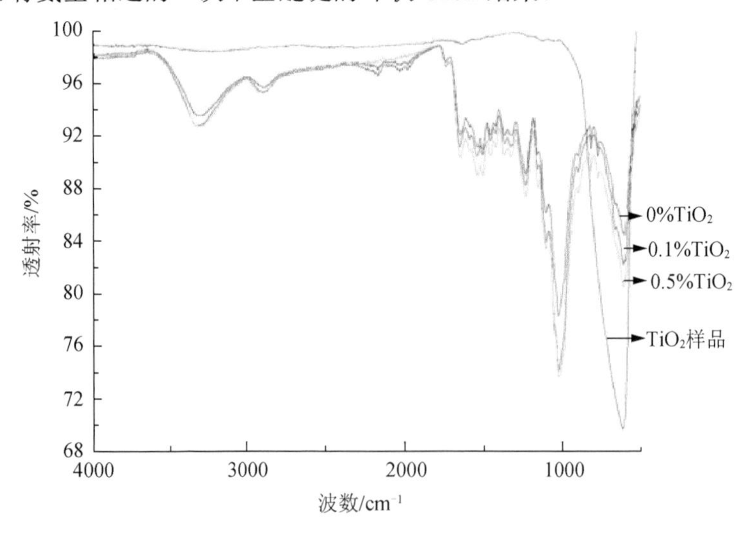

图 3-26 不同 TiO_2 含量杨木处理材 FTIR 光谱

3.3.6 SEM/EDS 分析

将不同质量纳米 TiO_2 在超声/紫外联合作用下分散到脲醛树脂溶液中，用于制作低污染的杨木强化材。纳米 TiO_2 在脲醛树脂中的分布状态及其浸渍木材效果，显著地影响强化材甲醛和挥发性有机化合物的释放，因此通过能谱仪对试件浸渍的 Ti 元素进行定性和半定量分析，如图 3-27 所示。由电镜扫描图可知，杨木处理材质量增重率在 38%左右时，添加不同质量的 TiO_2 脲醛树脂，均匀分布在木材导管内，发现 TiO_2 的添加不影响脲醛树脂向木材浸渍的渗透。随着 TiO_2 占脲醛树脂固体的质量分数从 0.1%增加至 0.5%，在 SEM 上未见明显的团状物质，证明 TiO_2 在此质量分数范围内可以均匀地分散在树脂溶液中；当 TiO_2 质量分数增加到 0.8%时出现大量团状物质[图 3-27（d）]，说明在此配比下，TiO_2 在树脂溶液中分散较差。由能谱图可以发现，在所选定的区域都检测出 Ti 元素，证明 TiO_2 有效地浸渍到杨木中，且随着 TiO_2 质量分数从 0.1%增加到 0.8%，Ti 元素占所扫描的 C、N、O 和 Ti 元素总含量的 0.11%～0.81%。虽然 TiO_2 质量分数 0.8%的试件其浸渍到木材的 Ti 元素质量分数高于其他试件，但在该试件能谱扫描范围内有大量团状物质，对 TiO_2 质量分数为 0.8%的样品内团状物质进行能谱分析，其 Ti 元素质量分数迅速提高到 12.89%，这证明团状物质由 TiO_2 和脲醛树脂聚集结团产生。由此可见，当纳米 TiO_2 质量分数为 0.8%时，虽然进入到木材中的 TiO_2 质量大于其他水平的试件，但大量的 TiO_2 聚集成团，影响了 TiO_2 的性能，因此该试件的环保性能未必优于其他低 TiO_2 含量的试件。

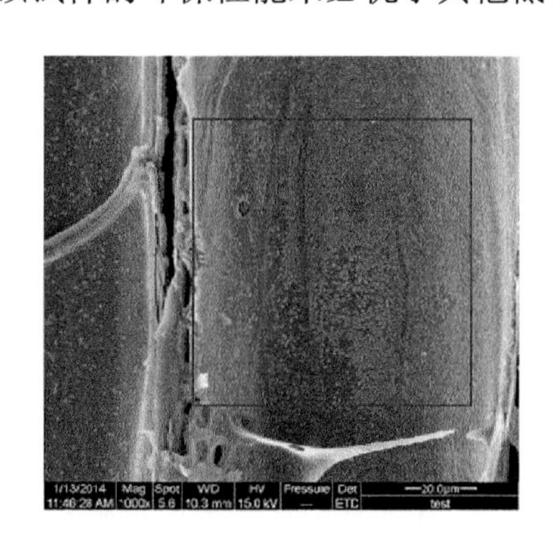

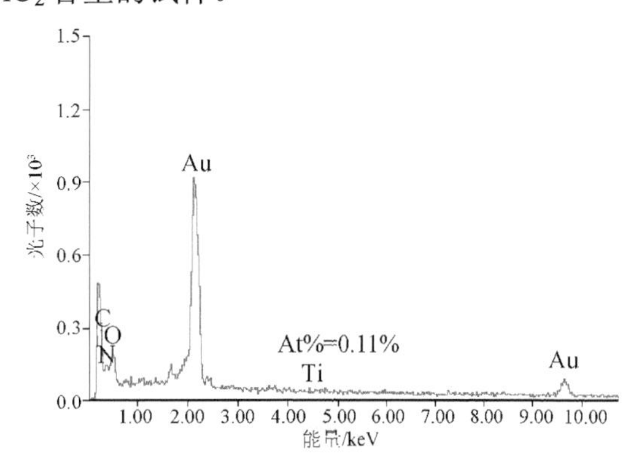

（a）

图 3-27 不同 TiO_2 含量脲醛树脂杨木处理材电镜/能谱仪（SEM/EDS）分析

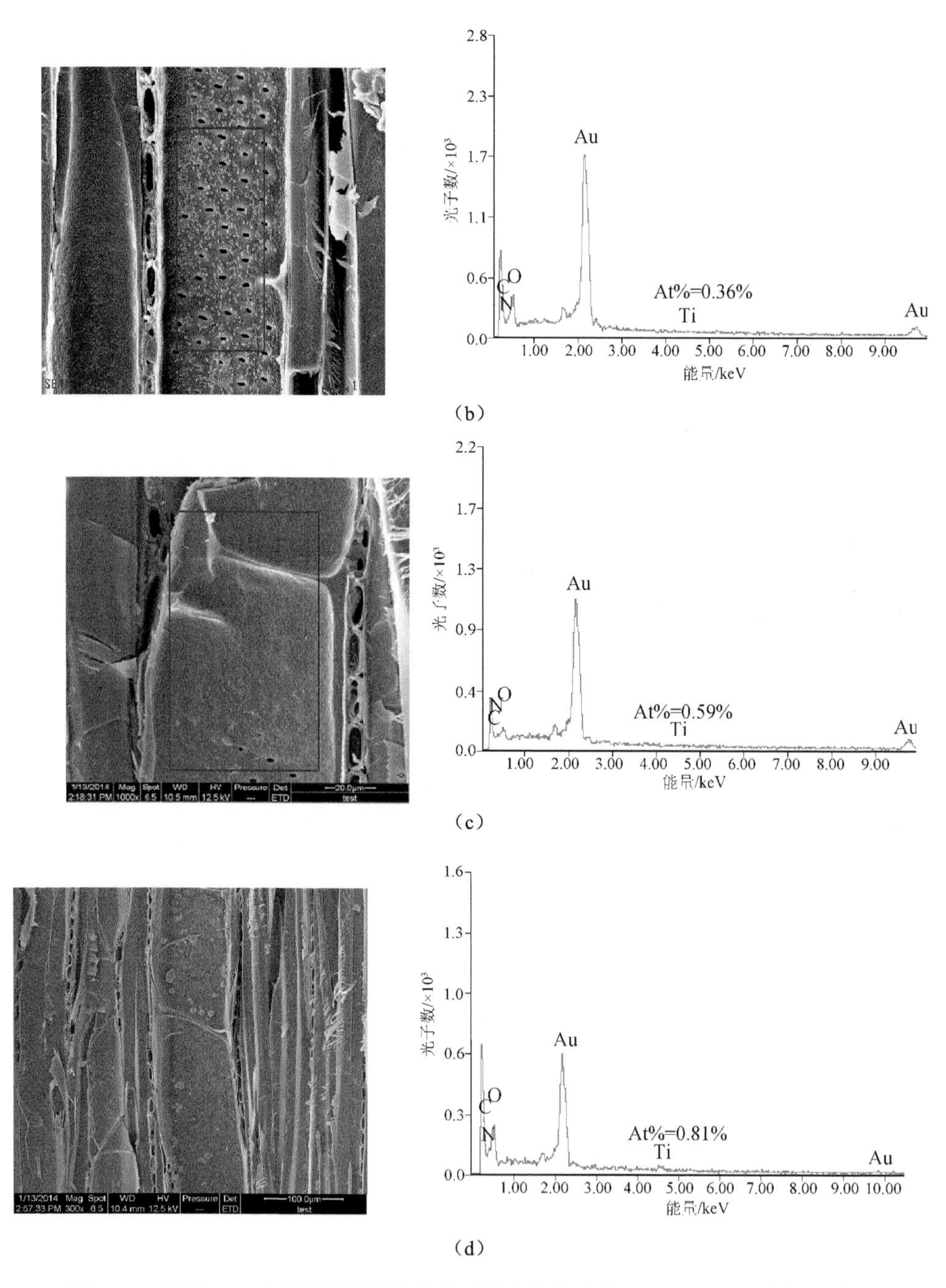

图 3-27　不同 TiO_2 含量脲醛树脂杨木处理材电镜/能谱仪（SEM/EDS）分析（续）

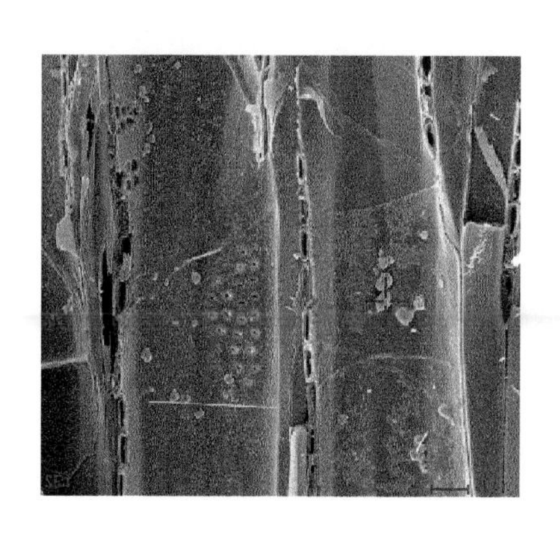

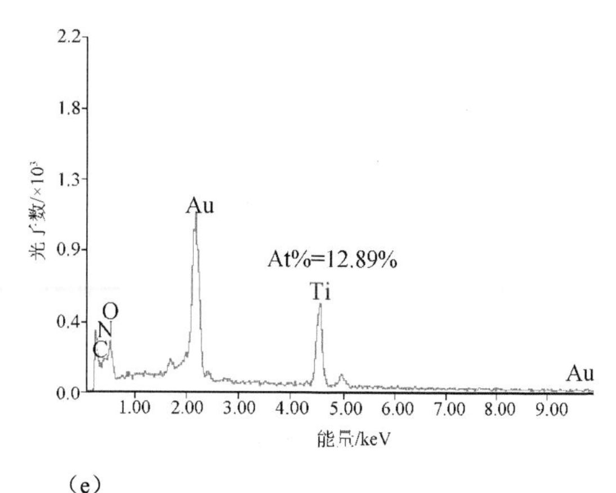

（e）

图 3-27　不同 TiO_2 含量脲醛树脂杨木处理材电镜/能谱仪（SEM/EDS）分析（续）

（a）0.1% TiO_2 含量 UF 处理材；（b）0.2% TiO_2 含量 UF 处理材；（c）0.5% TiO_2 含量 UF 处理材；（d）0.8% TiO_2 含量 UF 处理材；（e）0.8% TiO_2 含量 UF 处理材团状物扫描。此外，At%表示 Ti 元素占 C、N、O、Ti 总含量的质量分数

3.4　纳米 SiO_2 对杨木强化材有害气体释放的控制作用

近年来，随着纳米技术的发展，因纳米材料独特的晶体结构和电子结构，使其在新材料的制备中备受青睐。其中，纳米二氧化硅（粒径为 1～100 nm）因具有良好的量子尺寸效应、小尺寸效应、表面效应和宏观量子效应，在木材改性和胶黏剂改性中得到广泛关注。研究显示采用化学方法制备木材/二氧化硅在细胞水平上的新型复合材料，既能保持木材原有结构和木材特有的性质（装饰性、心理舒适性和可加工性等），又能使木材的性能得到改善（阻燃性、尺寸稳定性和力学强度）。将 SiO_2 填充在胶黏剂中，可使树脂黏度增加、胶接强度提高、游离甲醛含量降低。

本节中，在超声波作用下将纳米 SiO_2 和脲醛树脂溶液按一定配比共混，并将该混合液注入木材中，制作杨木强化材。测试添加 SiO_2 的处理材和未添加 SiO_2 的处理材 VOC 释放量、甲醛释放量和力学性能差异，分析不同 SiO_2 添加量对以上性能的影响。利用红外光谱和电镜/能谱仪技术从机理上分析产生影响的原因。

3.4.1　工艺设计

将一定质量的纳米 SiO_2 在高速搅拌下添加到脲醛树脂溶液中，SiO_2 添加量分别占溶液中脲醛树脂固体质量的 0.25%、0.5%、1.0%和 1.5%。将混合好的溶液放入超声处理器中，在频率为 40 kHz 下超声处理 60 min。经过超声处理，不仅可以

使 SiO_2 在溶液中均匀分散，还可以降低树脂黏度，并利用配置好的树脂浸渍制作杨木强化材。

3.4.2　VOC 与甲醛释放

1. SiO_2 添加量对杨木强化处理材 VOC 释放量的影响

利用超声波将不同质量的纳米二氧化硅与脲醛树脂溶液均匀混合，并利用其浸渍杨木材来制作低污染强化材，同时具有多孔结构的杨木也对二氧化硅起固定作用。图 3-28 总结了不同二氧化硅质量分数的强化材的总挥发性有机化合物在 28 天测试时间内的浓度变化趋势，具体成分与浓度见附表 2-16 至附表 2-20。

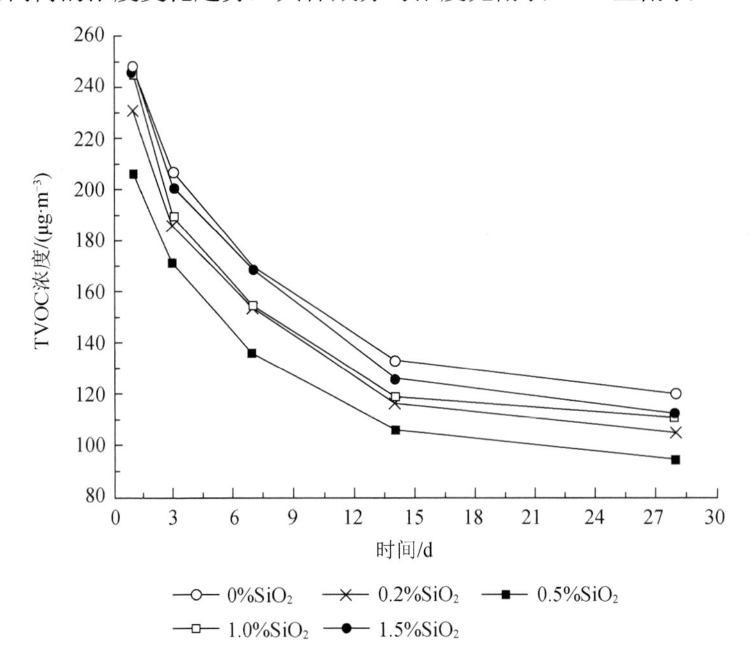

图 3-28　不同 SiO_2 含量杨木处理材 TVOC 释放量

如图 3-28 所示，与未添加 SiO_2 的杨木强化材相比，添加 SiO_2 后，处理材的 TVOC 释放量有所降低，但控制效果明显低于添加 TiO_2 的处理效果。在释放初期（第 1 天），与未添加 SiO_2 试件 TVOC 浓度 247.66 $\mu g \cdot m^{-3}$ 相比，SiO_2 添加量为 0.2%、0.5%、1.0%和 1.5%试件 TVOC 浓度分别降低了 6.94%、16.84%、1.03%和 1.11%；在测试时间 28 d 时，TVOC 浓度分别降低了 13.68%、21.42%、9.08%和 8.34%。由此可见，SiO_2 的添加对降低具有几乎相同的质量增重率的脲醛树脂浸渍处理的杨木挥发性有机化合物释放是有作用的，且添加量也显著地影响试件 TVOC 释放量。随着 SiO_2 用量的增加，TVOC 的浓度随之先降低而后回升，与未添加 SiO_2

试件释放水平接近，当 SiO_2 添加量达到 0.5%时，TVOC 释放控制效果最佳。在测试过程中，影响 VOC 测试结果的因素较多，除了试件的个体差异外，采样、热解吸、分析等过程微小的差异都会导致测试结果有较大的差异。重复性测试结果偏差在 5%～10%左右，因此，从平衡期浓度控制率看，虽然此处理方法对降低 VOC 释放有效果，但考虑实验偏差后，VOC 控制效果不理想。

由附表 2-16 至附表 2-20 可知，来自于木材抽提物的萜烯类化合物各组数据相接近，说明 SiO_2 的添加对控制这一组分没有作用。醛类化合物和烷烃类化合物作为杨木强化处理材的主要释放组分，图 3-29 和图 3-30 分别总结了 SiO_2 的添加对醛类化合物和烷烃类化合物在 28 天测试期内释放量的影响趋势。

由图 3-29 可知，在树脂中添加 SiO_2 对降低醛类释放是有效果的，且在添加量为 0.5%时控制效果最佳。与对照试件第 28 天醛类化合物浓度相比，SiO_2 添加量为 0.2%、0.5%、1.0%和 1.5%试件的醛类化合物浓度分别降低了 21.38%、34.79%、20.46%和 8.00%，即使考虑实验偏差，醛类化合物的释放受到 SiO_2 的影响作用也是较为显著的。由图 3-30 可知，各 SiO_2 添加水平试件释放的烷烃类化合物浓度差异不大，且各组数据有交叉，与对照试件相比，各试件的烷烃类化合物变化范围在 5.58%～14.22%。考虑个体差异和实验偏差，并不能说明添加 SiO_2 对控制杨木强化材烷烃类化合物释放有作用。

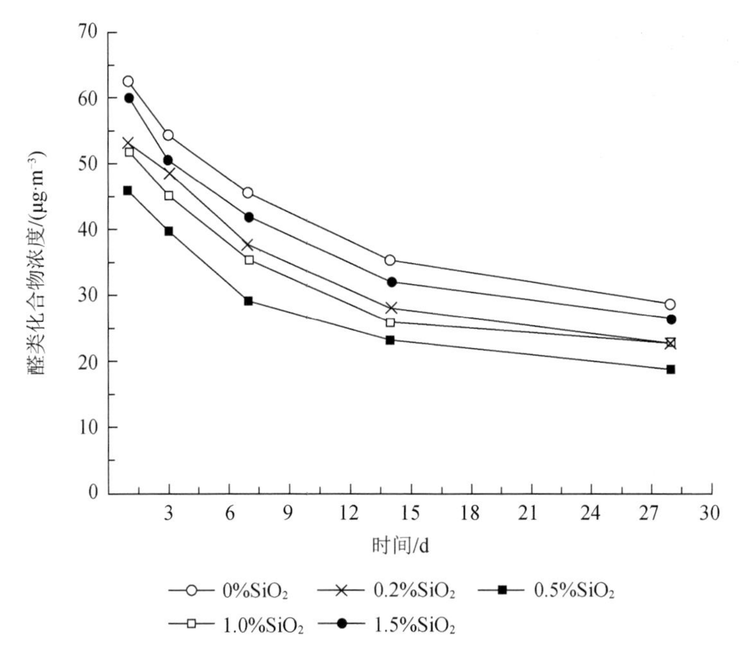

图 3-29　不同 SiO_2 含量杨木处理材醛类化合物释放量

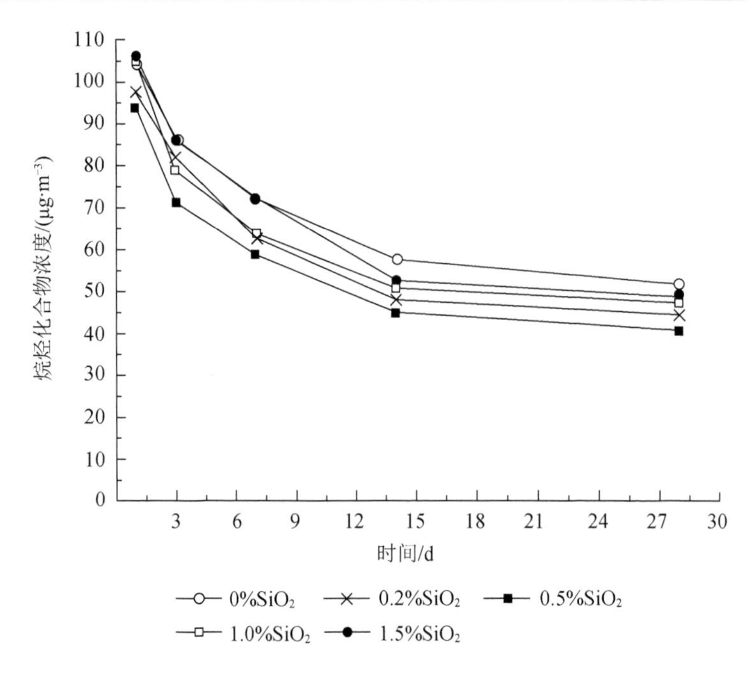

图 3-30　不同 SiO_2 含量杨木处理材烷烃类化合物释放量

由此可见，SiO_2 对试件的总挥发性有机化合物释放的控制效果主要取决于对醛类化合物释放的控制，但控制效果不明显。分析原因是一方面纳米由于吸附性强、比表面积大、表面能高和表面严重的配位不足，使其可与材料中的氧起键合作用，对醛类化合物起到物理吸附和化学吸附的效果；另一方面，在超声空化作用下表面形成的羟基可与脲醛树脂的羟基和木材纤维素的羟基脱水发生接枝共聚反应，使得树脂分子间作用力更强，结构稳定，不易释放出醛类化合物。醛类化合物主要来自木材不饱和酸的降解，但清华大学在关于人造板压制各阶段甲醛和 VOC 释放的研究中指出：脲醛树脂除了释放大量的甲醛以外，还会释放出少量的壬醛、十二醛和少量的酮类化合物。因此，对控制由脲醛树脂释放的醛类化合物是有效果的。对烷烃类化合物和萜烯类化合物没有明显的控制作用，说明该组分主要是来自木材抽提物或木材自身在高温加热时的降解，而非来自脲醛树脂，且纳米颗粒对这类物质不具有化学的吸附作用。柏正武在关于制备纤维素与二氧化硅复合颗粒的研究中指出纤维素的羟基可以和二氧化硅表面的羟基发生缩合反应，利用此机理制备出的复合颗粒具有较高的机械强度，可用于色谱填料，由此说明二氧化硅与木材中释放的烷烃类化合物和萜烯类化合物不会发生化学反应。当 SiO_2 添加量超出 0.5%后，醛类化合物的控制效果反而降低，是因为 SiO_2 粉末在脲醛树脂溶液中分散不均匀，导致聚团，极大地降低了纳米 SiO_2 的比表面积，导致反应效率降低。

2. SiO_2添加量对杨木强化处理材甲醛释放量的影响

利用紫外分光光度计测试脲醛树脂处理杨木（对照试件）和添加不同质量分数纳米SiO_2的脲醛树脂处理杨木材在 28 d 内甲醛的释放情况，测试结果如图 3-31 所示。

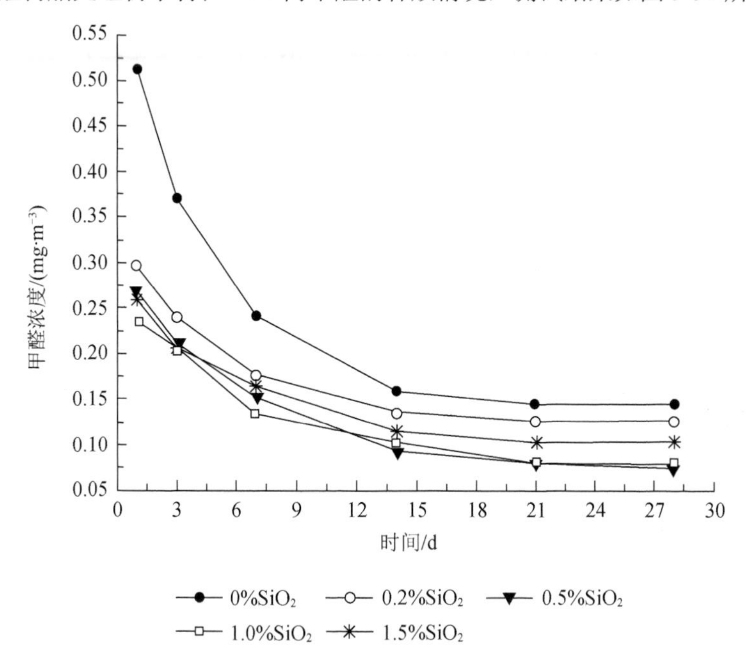

图 3-31 不同 SiO_2 含量杨木处理材甲醛释放量

由图 3-31 可知，对照该试件的甲醛释放量随测试时间的变化趋势与 SiO_2 试验组对照试件甲醛释放趋势相同，且各测试时间所得浓度相接近。在前 14 天，甲醛浓度从 0.513 $mg·m^{-3}$ 迅速衰减至 0.160 $mg·m^{-3}$，在 14 天以后，甲醛释放基本稳定，第 21 天与第 28 天甲醛浓度差占释放量的 1.44%（小于 5%），平衡浓度为 0.146 $mg·m^{-3}$。当在树脂中添加 SiO_2 后，甲醛释放量在 28 天测试时间内都明显低于对照组试件，说明 SiO_2 对降低甲醛释放量是有效的。这是因为纳米 SiO_2 具有较强的吸附能力，它不仅对甲醛产生物理吸附作用，而且其能与甲醛形成氢键或共价键，从而降低树脂中游离甲醛的含量，减少甲醛从板材向空气中释放。林巧桂将纳米 SiO_2 与脲醛树脂共混，检测树脂中游离甲醛含量，发现 SiO_2 的添加可以显著降低游离甲醛含量，并通过红外光谱分析，认为纳米 SiO_2 能与木材中的羟基和脲醛树脂的活性基团发生交联反应，形成稳定结构，从而减少甲醛的释放。结合以上研究成果分析，在 SiO_2 与脲醛树脂共混过程中，采用超声波技术，不仅

可以起到分散纳米 SiO_2 颗粒、降低混合物黏度的作用，还可以在超声过程中产生超声空化效应，生成氢氧自由基和超临界水等强氧化剂。因此推断比表面积大、吸附能力强的纳米 SiO_2 吸附自由基，与自由基形成氢键结合的羟基，与脲醛树脂和木材纤维素上的羟基发生缩合反应，以此形成稳定的化学结构，从而使甲醛不易游离、释放到空气中。

添加 SiO_2 的杨木强化材甲醛释放量随着测试时间的变化趋势与未添加 SiO_2 的杨木强化材甲醛释放趋势相同，即随着测试时间的延长在 1～14 天内快速降低，是甲醛释放活跃期，14 天以后甲醛衰减速率缓慢，直至最后趋于稳定的，此阶段为甲醛释放量稳定期。SiO_2 添加量显著地影响杨木强化材甲醛的释放，即随着 SiO_2 用量的增加，甲醛释放浓度随之降低，但当 SiO_2 添加量达到一定值时甲醛释放量反而增加。由图可知，当 SiO_2 质量分数从 0.2%分别增加到 0.5%、1.0%和 1.5%，与对照试件第 1 天甲醛释放量（0.513 $mg·m^{-3}$）相比，其甲醛浓度分别降低 42.38%、47.76%、54.22%和 49.46%；与对照试样第 28 天甲醛释放量（0.146 $mg·m^{-3}$）相比，其甲醛浓度依次降低 13.84%、48.37%、46.11%和 28.79%，其中 0.5%和 1.0%的试件平衡浓度为 0.075 $mg·m^{-3}$ 和 0.079$mg·m^{-3}$，低于 0.08 $mg·m^{-3}$（室内空气甲醛浓度限值）。由此可见，当 SiO_2 添加量继续增加到 1.5%时，杨木处理材甲醛释放量高于 SiO_2 添加量 1.0%的试件甲醛释放量，其数值介于 0.2%和 0.5%水平 SiO_2 添加量的试件甲醛释放量相接近，其平衡浓度为 0.104 $mg·m^{-3}$。这一研究结果与杨佳娣等关于 SiO_2 添加量对脲醛树脂甲醛含量的影响研究结果一致。分析原因是当 SiO_2 添加量过大时，其在与脲醛树脂溶液混合时，易聚集成团，极大地减小了 SiO_2 颗粒的比表面积，降低了其物理吸附性能和化学吸附性能，从而导致甲醛释放效率降低。为了进一步明确不同添加量的 SiO_2 在强化处理材中的分布形态及其减少甲醛释放的原理，本节也通过红外光谱分析和电镜/能谱仪扫描来验证本部分结论。

综上所述，采用超声技术将纳米 SiO_2 与脲醛树脂溶液混合，并对制作的强化材进行 28 天甲醛释放测试。结果显示，SiO_2 的添加可以显著地减小甲醛释放量。当 SiO_2 添加量为 0.5%和 1.0%时，平衡浓度相接近，均达到室内甲醛浓度限值，但添加量为 1.0%试件的初期甲醛释放量低于 0.5%试件。综合力学性能、生产成本和其他技术分析方式，才能合理确定其最佳处理效果。

3.4.3 力学性能

各配比的 SiO_2 与脲醛树脂混合液浸渍处理的杨木强化材质量增重率、MOE、MOR 和顺纹抗压强度见表 3-17。

表 3-17　不同 SiO_2 含量杨木处理材质量增重率、MOE、MOR 和顺纹抗压强度

SiO_2 添加量/%	WPG/%	MOE		MOR		顺纹抗压强度	
		平均值/MPa	变异系数/%	平均值/MPa	变异系数/%	平均值/MPa	变异系数/%
素材	—	5309.85	3.92	71.17	4.27	21 314.99	4.53
0	38.94	7214.41	3.82	83.17	2.66	30 801.51	0.39
0.2	38.50	8035.64	7.99	87.68	6.99	36 495.52	2.95
0.5	37.88	8278.96	1.90	92.09	2.93	39 948.54	3.42
1.0	37.48	8152.02	2.12	91.03	4.95	38 054.03	4.56
1.5	38.67	8027.68	3.76	86.81	3.86	36 316.05	5.14

由表 3-17 可知，在优化工艺下制作的未添加 SiO_2 的处理材和添加不同含量 SiO_2 的处理材，其质量增重率非常接近，说明 SiO_2 的添加对树脂浸渍木材的效果影响不大。研究表明，SiO_2 的添加会使树脂黏度提高，从而影响浸渍效果。为了保证 SiO_2 均匀地分散在树脂溶液中和降低因 SiO_2 的添加对树脂黏度的影响，本节采用超声波技术进行分散 SiO_2，同时超声波过程中产生的冲击流可以起到“剪切”液体分子的作用，从而降低树脂黏度。通过向木材中注入脲醛树脂，可以提高木材的力学强度，经向脲醛树脂添加 SiO_2 后，其各项力学性能明显提高。时尽书等将脲醛树脂与纳米 SiO_2 复合改善木材性能，发现添加 SiO_2 后可显著提高木材的尺寸稳定性、阻燃性和木材硬度。由此可推断，SiO_2 的添加对提高木材强度也是有显著效果的。随着 SiO_2 添加量从 0.2%增加至 0.5%，与未添加 SiO_2 处理材相比，MOE、MOR 和顺纹抗压强度分别增加了 11.38%、5.4%、18.49%（0.2%试件）和 14.76%、10.73%、29.70%（0.5%）。随着 SiO_2 添加量继续增加至 1.0%和 1.5%，各项测试结果反而略有降低，SiO_2 添加量 1.5%的试件测试结果与 SiO_2 添加量 0.2%的试件测试结果相接近。由此可见，SiO_2 的添加因超声波的作用不影响树脂对木材的浸渍作用，且可以显著提高处理材的力学性能，其提高幅度远远大于 TiO_2 的添加所起的作用；随着 SiO_2 添加量的增大，力学强度也随之提高，但当添加的 SiO_2 质量分数超过 0.5%后，力学强度会略有降低。这是因为 SiO_2 的加入，可以和脲醛树脂的羟基和木材表面的活性基团形成氢键结合，从而提高木材的强度，但 SiO_2 的添加量过大，在树脂溶液中 SiO_2 容易聚团，导致 SiO_2 的比表面积大大降低，从而使 SiO_2 的性能降低。

3.4.4　FTIR 分析

图 3-32 为纳米 SiO_2 样品和不同 SiO_2 添加量的脲醛树脂处理杨木红外光谱图。纳米 SiO_2 样品的红外光谱特征吸收峰出现在波数 1093 cm^{-1} 和 806 cm^{-1} 附近。1093 cm^{-1} 宽而强的吸收带是 Si—O—Si 反对称伸缩振动，808 cm^{-1} 附近的吸收峰为 Si—O 键对称伸缩振动，谱图中波数 602 cm^{-1} 处出现的峰为有机物杂质峰。SiO_2

样品吸收峰与陈和生等研究结果一致。由图 3-32 可知，添加 SiO_2 的试件在波数 3330 cm^{-1} 处吸收峰强度略低于对照试件，说明添加 SiO_2 后，纤维素上的羟基数量减少，有利于提高木材的尺寸稳定性。同时，波数 1103 cm^{-1} 处羟基缔合吸收带强度因 SiO_2 的加入明显降低，也说明添加 SiO_2 可以起到减少羟基的作用。

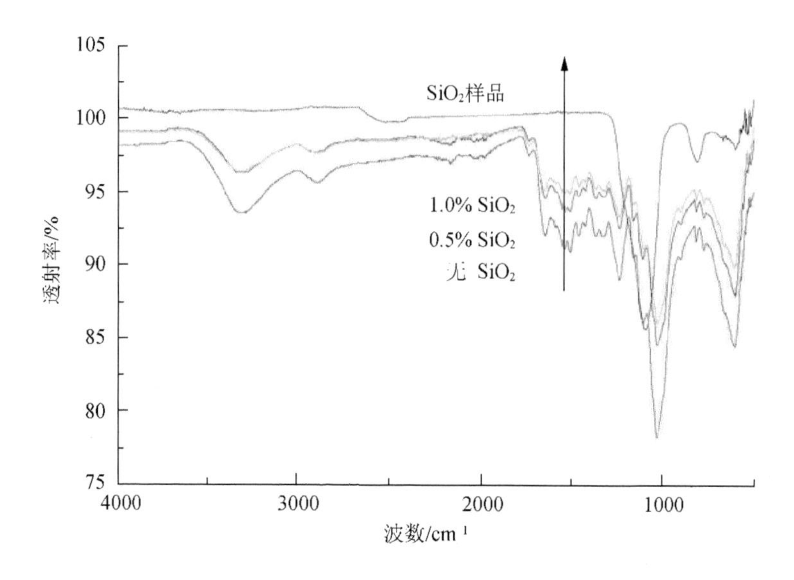

图 3-32 不同 SiO_2 含量杨木处理材 FTIR 光谱

比较 SiO_2 添加量为 0.5%和 1%的试件红外光谱图，尤其是波数 3330 cm^{-1} 和波数 1103 cm^{-1} 吸收峰强度，可以发现 SiO_2 添加量超过 0.5%后 SiO_2 的加入对进一步改善处理材的尺寸稳定性作用不显著。分析原因可能是随着纳米 SiO_2 添加量的增加，SiO_2 在与树脂溶液混合过程中不易分散、易聚集成团，导致其性能降低。波数 1734 cm^{-1} 附近酯化羰基的吸收峰强度随着 SiO_2 的添加而减小，推断 SiO_2 的添加减小了脲醛树脂与木材半纤维素官能团发生反应的概率，而增大了与纤维素上羟基的反应概率。波数 1596 cm^{-1} 和波数 1506 cm^{-1} 处木质素苯环骨架振动随着 SiO_2 的加入吸收峰强度降低，说明 SiO_2 的加入促进了脲醛树脂与木质素上官能团发生反应。这与 3.3 节中 TiO_2 的加入引起羟基吸收峰和木质素苯环骨架振动增强以及酯化羰基的吸收峰强度增大的结果正相反（TiO_2 主要作用于半纤维素），说明 TiO_2 和 SiO_2 对木材表面的活性基团是优先选择性地发生反应或形成共价键。波数 1654 cm^{-1} 的酰胺基吸收峰强度随着 SiO_2 添加量增大而减弱，说明 SiO_2 能与脲醛树脂和木材表面的活性基团发生交联反应（图 3-33），而非羟甲基脲之间的发生缩合生成酰胺基反应。与对照试件相比，添加 SiO_2 的试件在波数 1026 cm^{-1} 附近的纤维素的醚键吸收峰强度明显减弱，也说明纤维素羟基减少。

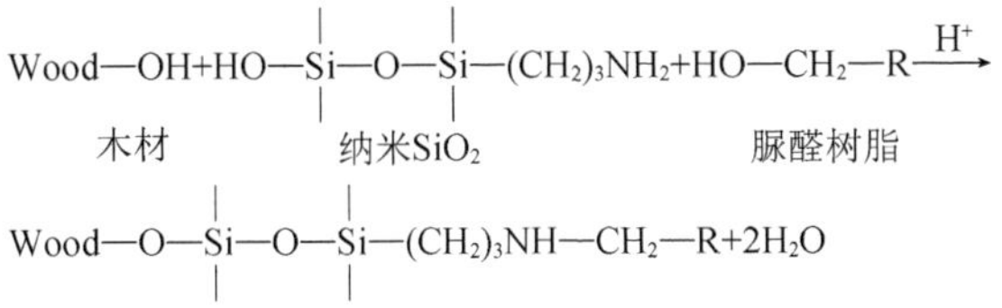

$$\text{Wood—OH+HO—}\underset{|}{\overset{|}{\text{Si}}}\text{—O—}\underset{|}{\overset{|}{\text{Si}}}\text{—(CH}_2)_3\text{NH}_2\text{+HO—CH}_2\text{—R}\xrightarrow{H^+}$$

木材　　纳米SiO_2　　脲醛树脂

$$\text{Wood—O—}\underset{|}{\overset{|}{\text{Si}}}\text{—O—}\underset{|}{\overset{|}{\text{Si}}}\text{—(CH}_2)_3\text{NH—CH}_2\text{—R+2H}_2\text{O}$$

图 3-33　纳米 SiO_2 与脲醛树脂和木材表面的活性基团反应式

在添加 SiO_2 的脲醛树脂处理杨木红外光谱上，未发现明显的 SiO_2 特征吸收峰，这可能是由于 SiO_2 的添加量较少，SiO_2 样品在 1093 cm^{-1} 处特征吸收峰被木材 1103 cm^{-1} 和 1026 cm^{-1} 所覆盖，除了通过对官能团吸收峰的变化分析以外，无法通过试件 SiO_2 特征吸收峰强度分析 SiO_2 在木材中的浸渍效果。因此，需采用 SEM/EDS 对试件所浸渍的 Si 元素进行定性和半定量测试，分析 SiO_2 在脲醛树脂溶液中的分散效果和对木材的浸渍效果。

3.4.5　SEM/EDS 分析

通过电镜对不同纳米 SiO_2 含量的脲醛树脂处理材的断面形貌进行扫描，分析不同含量纳米 SiO_2 与脲醛树脂共混物在杨木结构中分布状态，利用能谱仪测定选定区域内 Si 元素占所扫描的 C、N、O、Si 4 种元素总量的质量分数，测试结果如图 3-34 所示。

图 3-34（a）为纳米 SiO_2 添加量 0.5%的试件电镜扫描图和能谱分析结果，从电镜扫描图上可清晰观察到纹孔，且树脂均匀分散在导管内壁，说明导管内壁有树脂填充，可以提高木材强度，但在此增重率下，导管未填充满，可以节省生产成本；从能谱仪对 Si 元素定性和半定量分析结果显示，纳米 SiO_2 与脲醛树脂在超声波分散作用下均匀混合，并有效地浸渍到木材中，Si 元素占 4 种元素总量的 0.98%。

图 3-34（b）为纳米 SiO_2 添加量 1.0%的试件电镜扫描图和能谱分析结果，通过扫描图可知树脂也均匀地分散在导管内壁，可清晰观察到纹孔，少量纹孔有树脂填充，但图像下方有团状物质出现。对观测到的图像区域进行扫描，Si 元素质量分数随着纳米 SiO_2 添加量的增加而升高至 1.71%。

图 3-34（c）显示了 SiO_2 添加量为 1.5%的试件在电镜下，树脂在木材导管的分布情况和能谱仪对选定区域 Si 元素扫描结果，可以发现导管内壁不仅有脲醛树脂附着，也有明显的团状物质存在，最大粒径为 10 μm，经能谱测定 Si 元素的质量分数为 1.75%。综上所述，在所选定的区域都检测出 Si 元素，证明 SiO_2 有效地与脲醛树脂溶液共混并浸渍到杨木中，且随着 SiO_2 的质量分数从 0.5%增加到 1.5%，Si 元素占所扫描的 C、N、O 和 Ti 元素总含量的 0.98%～1.75%。当 SiO_2 质量分数达到 1.0%时，SiO_2 易在溶液共混时聚集成团，极大地减小了其比表面积，降低了其性能。SiO_2 质量分数 1.0%和 1.5%试件的 Si 元素能谱扫描结果相接近，说明 SiO_2 与脲醛树脂聚集成的团状颗粒直径较大的因无法在外压力作用下渗透

到导管里而被“截留”在外，粒径小的团状物虽然可以浸渍到木材中，但因纳米 SiO_2 无法有效地发挥其性能而不能起到提高处理材力学性能和降低甲醛及 VOC 释放的作用。

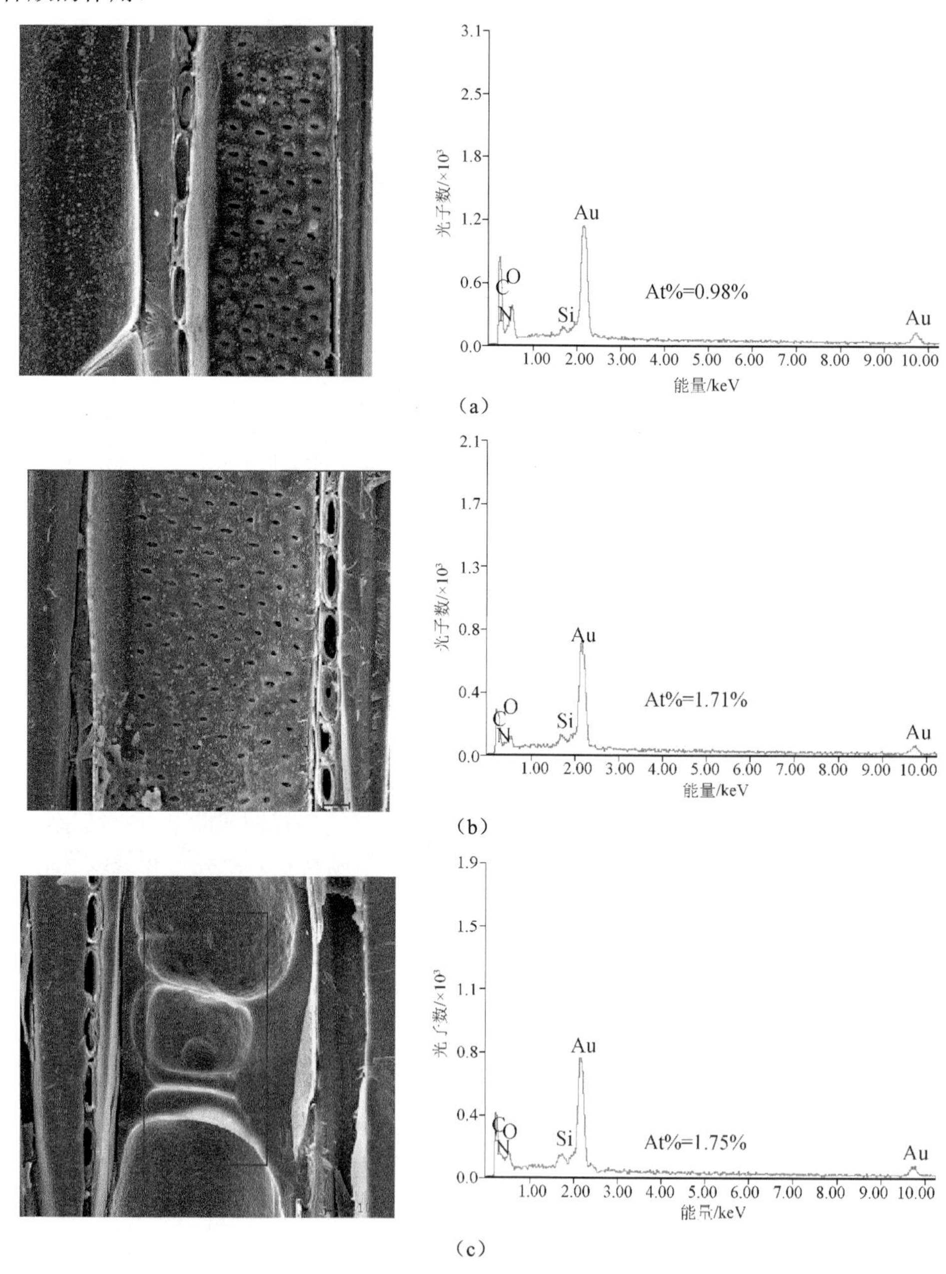

图 3-34　不同 SiO_2 含量脲醛树脂杨木处理材电镜/能谱仪分析

（a）0.5% TiO_2 含量 UF 处理材；（b）1.0% SiO_2 含量 UF 处理材；（c）1.5% SiO_2 含量 UF 处理材

3.5　尿素对杨木强化材有害气体释放的控制作用

杨木强化材释放的大量甲醛来自于浸渍用的脲醛树脂。脲醛树脂是利用工业尿素与甲醛在碱—酸—碱条件下缩合生成带有羟甲基脲等官能团的高分子物质，因此，工业生产通常采用降低甲醛和尿素物质的量比、分批投料等方式减少游离甲醛的释放，然而过度降低物质的量比就会导致树脂胶接强度的降低。本书研究利用 TiO_2 和 SiO_2 降低杨木强化材甲醛的释放量，但随之产生的失活和结团等问题极大地降低其对甲醛处理的效率。因此，本节利用脲醛树脂合成原理，向脲醛树脂中添加尿素，研究尿素的添加对降低甲醛释放的效率和对材料力学性能的影响。

3.5.1　工艺设计

根据脲醛树脂合成原理，检测脲醛树脂游离甲醛含量，按脲醛树脂溶液中甲醛与尿素的物质的量比（分别为 1.05、1.10、1.15、1.2 和 1.3）计算出添加的尿素质量，将尿素在高速搅拌下添加到脲醛树脂溶液中，在木材浸渍后，在 60℃下恒温加热 2 h，使添加的尿素与木材中的游离甲醛重新聚合成羟甲基脲，起到固定游离甲醛的作用，以实现降低杨木强化处理材甲醛释放的目的。

3.5.2　甲醛释放

图 3-35 为不同含量尿素的添加对杨木强化材后期甲醛释放量的影响。由图可知，对照试件的甲醛释放量随测试时间的变化趋势与 TiO_2 和 SiO_2 测试组对照试件甲醛释放趋势相同，且各测试时间所得浓度相接近。其第 1 天甲醛释放量与 TiO_2 和 SiO_2 测试组对照试件相比分别降低了 0.02 $mg·m^{-3}$ 和 0.01 $mg·m^{-3}$，其第 28 天甲醛释放量为 0.147 $mg·m^{-3}$，与 TiO_2 和 SiO_2 测试组对照试件相比分别升高了 0.008 $mg·m^{-3}$ 和 0.001 $mg·m^{-3}$。由此可见，三次在最优真空-加压浸渍工艺下制作的杨木强化材甲醛释放测试结果平行性较好。

添加尿素的杨木强化材甲醛释放量随着测试时间的变化趋势与未添加尿素的杨木强化材甲醛释放趋势相同，即随着测试时间的延长，在 1～14 天内甲醛浓度快速降低，是甲醛释放活跃期，14 天以后甲醛释放衰减速率缓慢，直至最后趋于稳定，此阶段为甲醛释放量稳定期。当在树脂中添加尿素后，甲醛释放量在前 14 天测试时间内都明显低于对照组试件，与对照组甲醛初始浓度（0.503 $mg·m^{-3}$）相比，随着甲醛与尿素物质的量比从 1.3 降低至 1.05，其甲醛浓度分别降低 49.31%、

52.79%、58.15%和 56.77%。由此可见，添加尿素对降低杨木强化处理材甲醛释放量是有显著效果的，其对甲醛控制效果优于 SiO_2 对甲醛释放的控制效果，且随着尿素添加量的增加，杨木强化材甲醛释放量随之降低。当测试时间进入第 14 天后，各组试件甲醛释放的衰减速率明显降低，其浓度曲线几乎趋近水平，且释放量与未添加尿素处理材差异不大，第 28 天甲醛浓度与对照试件（0.147 $mg\cdot m^{-3}$）相比，其甲醛浓度依次降低 5.58%、7.01%、5.98%和 7.29%，4 组试件平衡浓度都高于 0.08 $mg\cdot m^{-3}$（室内空气甲醛浓度限值）。由此可见，尿素的添加对降低杨木处理材后期甲醛释放量作用不显著，分析原因是尿素与甲醛发生加成反应生成羟甲基脲的反应过程不稳定，易发生可逆反应，使得甲醛又重新游离出来。

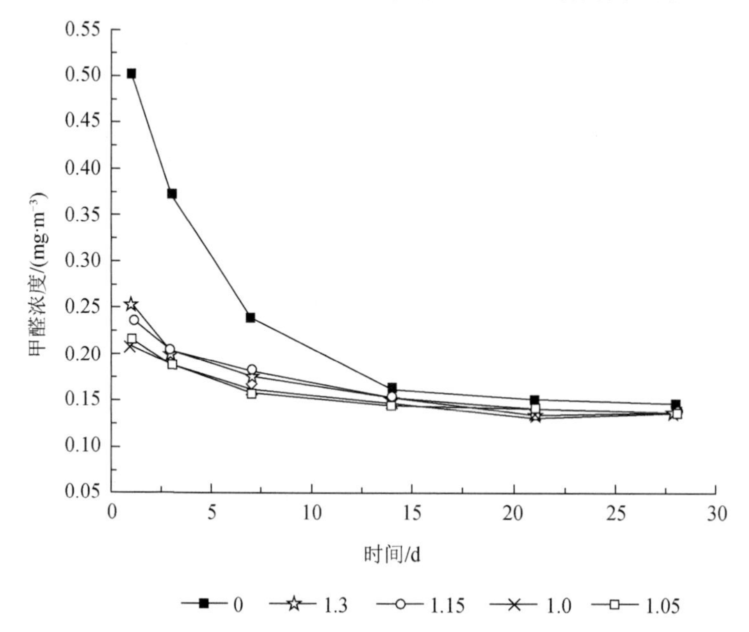

图 3-35　甲醛与尿素物质的量比对杨木处理材甲醛释放量的影响

综上所述，尿素的添加可以显著地减小强化材释放初期的甲醛释放量，但随着测试时间的延长，因尿素与游离甲醛重新反应过程不稳定而使甲醛再次游离出来，导致释放后期甲醛浓度升高，几乎与未处理的脲醛树脂强化材甲醛释放量一致。

3.5.3　力学性能

表 3-18 总结了不同甲醛和尿素物质的量比下，向脲醛树脂中混合尿素后浸渍处理杨木强化材的质量增重率、MOE、MOR 和顺纹抗压强度。

表 3-18　不同尿素配比杨木处理材质量增重率、MOE、MOR 和顺纹抗压强度

SiO_2添加量/%	WPG/%	MOE		MOR		顺纹抗压强度	
		平均值/MPa	变异系数/%	平均值/MPa	变异系数/%	平均值/MPa	变异系数/%
0	38.94	7214.41	3.82	83.17	2.66	30 801.51	0.39
1.3	38.38	7227.14	4.41	84.94	6.15	32 417.39	6.62
1.15	37.02	7310.16	1.86	91.56	4.74	33 745.28	2.94
1.1	37.47	7481.87	3.97	95.12	2.51	35 431.70	4.28
1.05	38.64	7419.01	6.23	95.71	1.34	34 689.61	3.77

由表 3-18 可知，脲醛树脂处理材的增重率和添加尿素后的脲醛树脂处理材的质量增重率变化很小，说明尿素的加入不影响树脂向杨木的浸渍效果。这是因为短期内常温下添加的尿素与脲醛树脂的羟甲基发生反应，脲醛树脂黏度不变，相对分子质量不变，因此不影响树脂溶液向木材渗透过程。添加尿素后，木材的各项性能有所提高，但幅度不大，且随着尿素添加量的增大，MOE、MOR 和顺纹抗压强度也随之升高。当甲醛与尿素物质的量比值达到 1.1 后，其 MOR 略有增加，MOE 和顺纹抗压强度略有降低，但变化非常微弱。钱俊等将氨水涂布在杉木表面通过热压法改性杉木表面，发现涂布氨水的试件 MOE 和 MOR 都得到提高，这与本节所得结果一致。分析原因是在浸渍后的木材高温干燥时，加入的尿素与反应不充分的脲醛树脂的羟基和游离甲醛发生缩聚反应，使树脂聚合力升高，强度增大。

综上所述，尿素的添加可以显著地减小强化材释放初期的甲醛释放量，但随着测试时间的延长，因尿素与游离甲醛重新反应过程不稳定而使甲醛再次游离出来，导致释放后期甲醛浓度升高，几乎与未处理的脲醛树脂强化材甲醛释放量一致。添加尿素后，木材的各项性能有所提高，但幅度不大，且随着尿素添加量的增大，MOE、MOR 和顺纹抗压强度也随之升高。

3.6　本 章 小 结

以脲醛树脂处理人工林杨木为研究对象，通过对影响 VOC 释放工艺因子、兼顾力学性能和环保性能最优工艺参数、纳米材料处理脲醛树脂和 VOC 及甲醛光催化降解等研究，得出以下主要结论：

（1）通过改变真空-加压浸渍处理杨木的工艺参数，即加压压力、加压时间和低相对分子质量的脲醛树脂浓度，生产不同浸渍效果的杨木强化材。发现在本测试范围内，随着加压压力（0.75～1.05 MPa）、加压时间（1～5.5 h）和树脂浓度（16%～40%）的增加，WPG 几乎呈线性增长。

（2）无论是在密闭环境还是在通风环境中，测试杨木强化材的挥发性有机化合物成分，醛类化合物和烷烃类化合物是脲醛树脂处理材释放的挥发性有机化合物的主要组分，同时也检测到少量的萜烯类化合物和酮类化合物，且化合物种类不随着工艺参数和 WPG 的改变而发生改变。

（3）工艺参数对杨木强化材挥发性有机化合物的释放量有显著的影响，影响程度与树脂浸渍木材的效果密切相关。随着 WPG 的增加，TVOC、醛类化合物、烷烃类化合物和甲醛释放量显著增加，但当 WPG 继续增加达到一定值时，其释放量反而下降。影响 VOC 和甲醛释放量的 WPG 拐点在 37.64%～44.41%内。无论是密闭状态下还是通风状态下，WPG 对杨木强化处理材的 TVOC 释放量的影响趋势不变。密闭方法测试有利于板材 TVOC 释放快速达到稳定状态，缩短测试周期，而环境舱法测试虽然测试周期长，但更能真实地反映材料在使用过程中挥发性有机化合释放特性和释放水平。

（4）加压时间和加压压力对强化材挥发性有机化合物的影响是通过树脂浸渍木材的程度而产生影响的，而树脂浓度对强化材挥发性有机化合物的影响是由树脂浓度和质量增重率共同作用的结果。因此，生产杨木强化材时应根据树脂性质控制树脂水溶液的浓度范围。

（5）按照 BBD 试验设计，生产杨木强化材，测试其力学性能、质量增重率、甲醛释放量和第 28 天 TVOC 释放量。利用软件 Design Expert 对 MOE 测试结果进行多元回归拟合，得到 MOE 和质量增重率的线性拟合方程以及甲醛释放量和第 28 天 TVOC 释放量的多元回归方程，且显著性和拟合度较好。以力学性能指标 MOE、质量增重率、甲醛释放量和第 28 天 TVOC 释放量为响应值对工艺参数进行优化，综合考虑力学性能、生产成本和环保性能，确定杨木强化材最优生产工艺参数为树脂浓度 32%，加压时间 2.5 h，加压压力 0.89 MPa。经验证发现 WPG、TVOC 和甲醛测试值和预测值相接近，由此表明了 BBD 优化杨木强化处理材工艺参数的可行性和准确性。

（6）以超声/紫外联合处理方式制备 TiO_2 与脲醛树脂混合液，在最优工艺参数下将此混合液浸渍到杨木中制作杨木强化材，并测试其 VOC 和甲醛释放以及力学性能。TiO_2 的添加可以有效地降低处理材 VOC 和甲醛的释放，且 TiO_2 添加量显著地影响强化材 VOC 的去除率。随着 TiO_2 用量的增加，VOC 和甲醛的浓度随之降低，但当 TiO_2 添加量达到一定值时，TVOC 释放量反而增加。当 TiO_2 添加量为 0.5%时，对杨木处理材的 TVOC、醛类化合物、烷烃类化合物和甲醛去除效果最佳，与未添加 TiO_2 的试件相比，第 28 天各项的去除率分别为 48.58%、48.41%、42.74%和 52.98%。在装载率较高的情况下，各项浓度仍低于室内 VOC 和甲醛浓度限值。与此同时，TiO_2 的添加因超声波的作用不影响树脂对木材的浸渍作用，且可以显著提高处理材的力学性能；随着添加量的增大，力学强度也随之提高，但当添加的 TiO_2 质量分数超过 0.5%后，力学强度会略有降低。

（7）通过红外测试分析 TiO_2 添加量影响处理材环保性能和力学性能的机理，结果显示：与素材 FTIR 图相比，脲醛树脂处理材 FTIR 图在波数 1734 cm^{-1} 处木质素上醛基（$\overset{\displaystyle O}{\overset{\|}{-C-H}}$）的特征基团频率强度降低，在波数 1654 cm^{-1} 处出现酰胺基—C（=O）—NH_2 的特征吸收峰，说明是由脲醛树脂的引入而产生的，且脲醛树脂能与木材纤维素、木质素上的一些官能团发生反应，从而提高木材强度和木材尺寸稳定性；与 TiO_2 添加量 0.1%的试件 FTIR 图相比，TiO_2 添加量 0.5%的试件在波数 611 cm^{-1} 处 TiO_2 特征吸收峰强度提高，说明 TiO_2 已有效地浸渍到木材中。波数 1734 cm^{-1} 附近酯化羰基的吸收峰强度，说明半纤维素聚木糖发生改变，波数 1654 cm^{-1} 的酰胺基吸收峰强度增强，说明在超声波和 TiO_2 表面高活性不饱和残键的作用下，脲醛树脂的羟甲基脲（—NH—CH_2OH）上的羟基更易与木材表面的官能团或羟甲基脲之间发生缩合反应，生成酰胺基，因此 TiO_2 的添加有利于提高脲醛树脂的内聚力和脲醛树脂与木材的胶合强度。

（8）采用电镜/能谱仪对 TiO_2 添加量影响处理材环保性能和力学性能的机理分析，结果显示：与素材图像相比，脲醛树脂处理材图像中部分纹孔被树脂堵塞，且树脂均匀分散在导管内壁，说明导管内壁有树脂填充，可以提高木材强度，但在实验所得的增重率下，导管填充未满，可以节省生产成本；TiO_2 的添加不影响脲醛树脂向木材浸渍的渗透性，且随着 TiO_2 占脲醛树脂固体的质量分数从 0.1%增加至 0.5%，在电镜扫描图上未见明显的团状物质，证明 TiO_2 质量分数在此范围内可以均匀地分散在树脂溶液中；当 TiO_2 质量分数增加到 0.8%时，图中存在大量团状物质，经能谱分析证实团状物质由 TiO_2 和脲醛树脂聚集而成，说明在此配比下，TiO_2 在树脂溶液中分散较差。由能谱图可以发现，在所选定的区域都检测出 Ti 元素，证明 TiO_2 有效地浸渍到杨木中。

（9）制备 SiO_2 与脲醛树脂混合液以及尿素与脲醛树脂混合液，在最优工艺参数下将此混合液浸渍到杨木中制作杨木强化材，并测试其 VOC 和甲醛释放以及力学性能。纳米 SiO_2 的添加可以显著地减小醛类化合物和甲醛释放量。SiO_2 添加量为 0.5%效果最佳，均达到室内 VOC 和甲醛浓度限值。尿素的添加可以显著地减小强化材释放初期的甲醛释放量，但随着测试时间的延长，因尿素与游离甲醛重新反应过程不稳定而使甲醛再次游离出来，导致释放后期甲醛浓度升高，几乎与未处理的脲醛树脂强化材甲醛释放量一致。SiO_2 的添加因超声波的作用不影响树脂对木材的浸渍作用，且可以显著提高处理材的力学性能，其提高幅度远远大于 TiO_2 的添加所起的作用；随着添加量的增大，力学强度也随之提高，但当添加

的 SiO_2 质量分数超过 0.5%后，力学强度会略有降低。添加尿素后，木材的各项性能有所提高，但幅度不大，且随着尿素添加量的增大，MOE、MOR 和顺纹抗压强度也随之升高。综合各项指标，SiO_2 质量分数为 0.5%时，处理材的各项性能最佳。

（10）添加 SiO_2 试件的 FTIR 分析结果显示：添加 SiO_2 的试件在波数 3330 cm^{-1} 处吸收峰强度略低于对照试件，说明添加 SiO_2 后，纤维素上的羟基数量减少，有利于提高木材的尺寸稳定性。同时，波数 1103 cm^{-1} 处羟基缔合吸收带因 SiO_2 的加入强度明显降低，也说明添加 SiO_2 可以起到减少羟基的作用。比较 SiO_2 添加量 0.5%和 1%的试件红外光谱图，尤其是波数 3330 cm^{-1} 和波数 1103 cm^{-1} 吸收峰强度，可以发现 SiO_2 添加量超过 0.5%后 SiO_2 的加入对进一步改善处理材的尺寸稳定性作用不显著。分析原因可能是随着纳米 SiO_2 添加量的增加，在 SiO_2 与树脂溶液混合过程中不易分散、易聚集成团，导致其性能降低。

（11）添加 SiO_2 试件的 SEM/EDS 分析结果显示：添加纳米 SiO_2 的脲醛树脂处理材试件，从电镜扫描图上可清晰观察到纹孔，且树脂均匀分散在导管内壁，说明导管内壁有树脂填充，可以提高木材强度。从能谱仪对 Si 元素定性和半定量分析结果显示：低含量的纳米 SiO_2 与脲醛树脂在超声波分散作用下均匀混合，并有效地浸渍到木材中；随着 SiO_2 添加量的升高，能谱扫描到的 Si 元素质量分数也随之升高，但到 SiO_2 添加量达到 1.0%和 1.5%时，从电镜扫描图上可明显观察到 SiO_2 与树脂聚集形成的团状颗粒。

（12）尿素的添加可以显著地减小强化材释放初期的甲醛释放量，但对后期释放几乎无控制作用，因此，利用氨水溶液降低板材甲醛释放量对后期应用是没有意义的。

参 考 文 献

柏正武，徐小琴，金芬芬，等. 2013. 纤维素-二氧化硅复合颗粒的制备与表征[J]. 武汉工程大学学报，35（2）：11-15

蔡邦宏，赵西平，高滋. 2003. 半导体多相光催化在大气污染治理中的应用[J]. 嘉兴大学学报，21（3）：39-43

柴宇博. 2007. 人工林木材密实化处理技术及性能评价[D]. 中国林业科学研究院硕士学位论文

陈和生，孙振亚，邵景昌. 2011. 八种不同来源二氧化硅的红外光谱特征研究[J]. 硅酸盐通报，30（4）：934-937

陈静，陈红，马军宝，等. 2013. 纳米蒙脱土改性脲醛树脂制备胶合板研究[J]. 森林工程，29（6）：156-158

陈水辉，任艳群，彭峰. 2004. 环境治理中光催化剂的失活与再生[J]. 环境污染与防治，26（2）：133-135

储艳兰，张凯. 2013. 纳米二氧化硅的研究现状与进展[J]. 赤峰学院学报（自然科学版），29（3）：122-123

杜官本，李君，杨忠. 2000. 苯酚-尿素-甲醛共缩聚树脂合成与分析[J]. 林业科学，36（5）：73-77

杜官本．1995．胶合板用脲醛树脂矿物填料的应用[J]．中国胶粘剂，4（1）：39-42
方桂珍，李淑君，刘健威．1999．低分子量酚醛树脂改性大青杨木材的研究[J]．木材工业，13（5）：17-19
方桂珍，刘一星．1996．低分子量 MF 树脂固定杨木压缩木回弹技术的初步研究[J]．木材工业，10（4）：18-21
葛飞．杨天军，杨柳春．2004．悬浆体系光催化降解苯酚[J]．湘潭大学自然科学学报，24（1）：60-63
龚明星，程瑞香，宋羿彤，等．2013．木材无机改性的方法[J]．森林工程，29（1）：65-68
关鑫．2012．基于漆酶介体体系活化木纤维制备木质纤维板的研究[D]．东北林业大学博士学位论文
国家质量监督检验检疫总局．GB/T 1936．1－2009．木材抗弯强度试验方法[S]．北京：中国标准出版社
国家质量监督检验检疫总局．GB/T 1936．2－2009．木材抗弯弹性模量测定方法[S]．北京：中国标准出版社
贺启环，叶招莲．2002．超声波-紫外光氧化处理有机废水技术综述[J]．兵工学报，23（3）：387-391
胡晓峰，黄占华．2012．羧甲基纤维素/蜜胺树脂相变纳米储能材料的制备与表征[J]．森林工程，28（4）：61-64
黄山．2012．纤维干燥排气 VOCs 成分及释放特性的研究[D]．南京林业大学硕士学位论文
类成帅，沈隽，王高超．2014．阻燃杨木胶合板挥发性有机化合物释放研究[J]．森林工程，30（2）：43-47
李功虎，马胡兰，安纬珠．2000．TiO_2 气相光催化氧化降解三氯乙烯的产物分布及失活机理研究[J]．分子催化，14 （1）：33-36
李来丙．2001．氧化淀粉改性脲醛树脂胶的研制[J]．化学与粘合，（6）：256-258
李淑君，金钟跃，方桂珍．2000．低分子量酚醛树脂与阻燃剂复配改性大青杨木材的研究[J]．木材工业，14（6）：15-17
李文彩，鹿院卫，常梦媛，等．2006．室内污染物甲醛的光催化去除实验[J]．城市环境与城市生态，19（3）：28-30
李西忠．1998．无机硅化物接枝脲醛树脂木材胶粘剂[J]．林产工业，25（2）：32-33
梁梦璐，肖博元，沈熙为，等．2013．不同容积环境舱检测人造板 TVOC 释放的对比[J]．森林工程，29（6）：66-68
林巧桂，杨桂娣，刘景宏．2005．纳米二氧化硅改性脲醛树脂的应用及机理研究[J]．福建林学院学报，25（2）：97-102
刘焕荣．2007．浸渍法生产竹木复合强化单板层积材工艺研究[D]．中国林业科学研究院硕士学位论文
刘君良，江泽慧，孙家杰．2002．酚醛树脂处理杨树木材物理力学性能测试[J]．林业科学，38（4）：177-180
刘君良，李坚，刘一星．2000．PF 预聚物处理固定木材压缩变形的机理[J]．东北林业大学学报，28（4）：14-20
刘亚兰．2005．人工林落叶松木材的表面改质[J]．东北林业大学学报，（2）：89-90
龙玲，王金林．2007．4 种木材常温下醛和萜烯挥发物的释放[J]．木材工业，21（3）：14-17
鹿院卫，马重芳，夏裹栋，等．2004．室内污染物甲醛的光催化氧化降解研究[J]．太阳能学报，25（4）：542-546
罗建举，向仕龙．1993．脲醛树脂改性木材的研究[J]．木材工业，7（2）：19-22
马佳彬，李新勇，曲振平，等．2007．纳米二氧化钛的改性及光催化氧化烷烃的研究[J]．环境污染与防治，29（1）：44-47

莫引优，符韵林，乔梦吉，等. 2011. 二氧化硅改良马尾松木材表面性质的效果[J]. 东北林业大学学报，39（4）：89-92

钱俊，叶良明，金永明，等. 2000. 速生杉木表层改性研究——氨水涂布热压法[J]. 建筑人造板，2：31-32

全山虎，庞凤艳. 2012. 温度对落叶松小径木异型材弦向干缩系数的影响[J]. 森林工程，28（6）：11-14

尚静，朱永法，徐自力，等. 2003. 用 TiO_2，ZnO 及 Fe_2O_3 纳米粒子光催化氧化庚烷的反应[J]. 催化学报，24（5）：369-373

沈隽，李爽，类成帅. 2012. 小型环境舱法检测中纤板挥发性有机化合物的研究[J]. 木材工业，26（3）：15-18

时尽书，李建章，周文瑞，等. 2004. 纳米材料：木材改性的希望[J]. 中国林业产业，（7）：48-50

时尽书，李建章，周文瑞，等. 2006. 脲醛树脂与纳米二氧化硅复合改善木材性能的研究[J]. 北京林业大学学报，28（2）：123-128

佟达，宋魁彦，张燕. 2012. 人工林胡桃楸木材纤维长度径向变异规律研究[J]. 森林工程，28（4）：5-8

万才超，刘玉，焦月，等. 2014. 热压工艺参数对三聚氰胺饰面刨花板甲醛释放量的影响[J]. 森林工程，30（2）：71-74

王静，蒋峻峰，董春雷. 2013. 意杨酚醛树脂单板层积材吸水特性与静曲弹性模量的关系[J]. 森林工程，29（4）：137-140

王军，王瑞明，尹子康，等. 1996. 杨木改性处理——处理工艺及处理材的性能[J]. 吉林林业科技，（2）：1-4

王文高，李东升，巩育军，等. 2000. 21 世纪最有前途的材料——纳米材料的结构与化学特性[J]. 延安大学学报，19（4）：56-60

王西成，程之强，莫小洪，等. 1998. 木材/二氧化硅原位复合材料的界面研究[J]. 材料工程，5：16-18

夏松华，李黎，李建章. 2009. 超声波与纳米 TiO_2 改性脲醛树脂的研究[J]. 北京林业大学学报，31（4）：123-129

肖小明，李洪青，邹华生. 2003. 超声波降解有污染物的研究与发展[J]. 环境科学与技术，26（12）：84-86

熊建银，张寅平，王新柯，等. 2008. 多孔建材中 VOC 扩散系数的两尺度模型[J]. 工程热物理学报，29（12）：2091-2093

徐国财，张立德. 2002. 纳米复合材料[M]. 北京：化学工业出版社：3

杨桂娣，林巧佳，刘景宏. 2004. 纳米二氧化硅对脲醛树脂胶性能的影响[J]. 福建林学院学报，24（2）：114-117

杨建军，李旭东，李庆霖，等. 2001. 甲醛光催化氧化的反应机理[J]. 物理化学学报，17（3）：278-281

曾海东，张寅平，王庆苑，等. 2004. 用密闭小室测定建材 VOC 散发特性[J]. 清华大学学报，44（6）：778-781

张帆，李黎，张立，等. 2012. 五种家具常用木材弹性常数及力学性能参数的测定[J]. 林业机械与木工设备，40（1）：16-19

张建臣，郭坤敏，马兰，等. 2006. TiO_2/ AC 复合光催化剂对苯和丁醛的气相光催化降解机理[J]. 催化学报，27（10）：853-856

赵洺，姜利. 2012. 负载纳米 TiO_2 光催化材料涂料的试验研究[J]. 森林工程，28（3）：62-64

周婷婷，林少华，孙荣. 2012. Fe^{3+}改性 TiO_2/玻璃纤维催化剂制备优化研究[J]. 森林工程，28（3）：54-56+61

周永东．2009．低分子酚醛树脂强化毛白杨木材干燥特性及其机理研究[D]．中国林业科学研究院博士学位论文

ASTM D 6007－02. 2002.Standard test method for determining formaldehyde concentration in air from wood products using a small scale chamber

Ausschuss zur gesundheitlichen Bewertung von Bauprodukten (AgBB). 2010. Health-related evaluation procedure for volatile organic compounds emissions (VOC and SVOC) from building products[C]. Committee for Health-related Evaluation of Building Products

Baumann M, Lorenz L, Batterman S, et al. 2000. Aldehyde emissions from particleboard and medium fiberboard products[J]. Forest Products Journal, 50(9): 75-82

Deka M, Saikia C N. 2000.Chemical modification of wood with thermosetting resin: Effect on dimensional stability and strength property[J]. Bioresource Technology, 73(2): 179-181

Einaga H, Fu T S, Ibusuki T. 2002. Heterogeneous photocatalytic oxidation of benzene, toluene, cyclohexene and cyclohexane in humidif ied air: comparison of decomposition behavior on photoirradiated TiO_2 catalyst[J]. Applied Catalysis B : Environment , 38 (3) : 215-225

Furuno T, Imamura Y, Kajita H. 2004.The modification of wood by treatment with low molecular weight Phenol-formaldehyde resin: A properties enhancement with neutralized phenolic-resin and resin Penetration into wood cell walls[J]. Wood Science and Technology, 37(5): 349-361

Gerardin P. 1995.Reaction of wood with isocyanides generated in situ from aoylazidea[J]. Holzforschung, 49(8): 79-81

Gpapp E , Barta E , Preklet, et al. 2005. Changes in DRIFT spectra of wood irradiated by UV laser as a function of energy[J]. Journal of Photochemistry and Photobiology A: Chemistry, 173: 137-142

He Z K, Zhang Y P, Wei W J. 2012. Formaldehyde and VOC emissions at different manufacturing stages of wood-based panels[J]. Building and Environment, 47: 197-204

Hodgsen A T, Beal D, Mcllvaine J E R. 2002. Sources of formaldehyde, other aldehydes and terpenes in a new manufactured house[J]. Indoor Air, 12(4): 235-242

International Organization for Standardzation ISO 16000-6—2001. 2011. Indoor air－Part 6: Determination of volatile organic compounds in indoor and test chamber air by active sampling on Tenax TA sorbent, thermal desorption and gas chromatography using MS or MS－FID.

ISO 16000-9—2006. 2006. Indoor air－Part 9: Determination of the emission of volatile organic compounds from building products and furnishing－Emission test chamber method.

Pandey K K. 2005. A note on the influence of extractives on the photo-discoloration and photo-degradation of wood[J]. Polymer Degradation and Stability, 87: 375-379

Sun S J, Shen J. 2010.Study on reducing the volatile organic compounds emissions from different processing particleboards[J]. Advanced Materials Research, 113-114: 1104

Weschler C J, Shields H C. 1999.Indoor ozone/terpene reactions as a source of indoor particles[J]. Atmospheric Environment, 33(15): 2301-2312

Yang X, Chen Q, Zhang J S, et al. 2001. Numerical simulation of VOC emissions from dry materials[J]. Building and Environment, 36(10): 1099-1107

Zhang Y P, Xu Y. 2003. Characteristics and correlations of VOC emissions from building materials[J]. International Journal of Heat and Mass Transfer, 46(25): 4877-4883

第 4 章　阻燃杨木胶合板有害气体检测与控制技术研究

随着优质大径级原木日渐短缺，人造板作为替代产品用途日益广泛。旋切单板经胶合热压形成胶合板，它能够保留木材的天然纹理，性能接近于木材，并且比木材具有更小的各向异性、尺寸稳定、加工方便、对径级要求更低、价格适中，被大量用于建筑结构材料及室内装饰装修、家具制造等行业，备受人们青睐。胶合板在满足人们需要的同时也带来了一系列的问题，如胶合板属木质易燃材料，又广泛用于室内，不可避免地带来火灾安全隐患，给人们的生命财产造成巨大危害。胶合板在 GB50222—95《建筑内部装修设计防火规范》中被明确列为可燃材料，国标中要求，在某些公共场所（如医院、学校），胶合板不经阻燃处理，达不到阻燃要求的不准使用。研究表明由未经阻燃处理的木质材料引起的火灾占住宅火灾总数的 70%。胶合板通过阻燃处理，能大大降低板材易燃性带来的火灾安全隐患，国内外对此进行了广泛研究，取得了一系列成果。

阻燃胶合板虽然能降低板材的易燃性，但在使用过程中会持续散发出甲醛和 VOC，导致室内空气污染，对人体健康造成伤害。国内对于阻燃胶合板甲醛和 VOC 释放的研究开展很少，本章将介绍几种市售阻燃杨木胶合板的 VOC 释放特性，研究不同阻燃剂、不同工艺参数压制的阻燃胶合板的甲醛和 VOC 释放，分析阻燃胶合板甲醛和 VOC 释放水平及规律，并进一步优化生产工艺条件，降低产品甲醛和 VOC 的释放量，提升阻燃胶合板产品的质量和档次。

4.1　市场上阻燃杨木胶合板 VOC 释放水平的研究

阻燃胶合板使用过程中所带来的环保问题已引起相关研究机构的重视。北京林业大学宋斐等对环保阻燃胶合板进行了研究，发现经过 BL 环保阻燃剂处理后的胶合板其甲醛释放量显著降低。由此可见，阻燃剂的选择和生产工艺参数影响着阻燃胶合板的甲醛和 VOC 释放。因此，本节选取市场上四种常见品牌阻燃杨木胶合板，对其释放稳定后 VOC 进行采集检测，了解阻燃胶合板 VOC 释放水平与主要释放物，有助于从源头上控制阻燃胶合板有害气体的释放。

4.1.1　品牌选择与性能测试

1. 品牌选择

阻燃杨木胶合板购于四个厂家，分别为北京亨安银信商贸有限公司（品牌 1）、江门市亿特阻燃科技有限公司（品牌 2）、北京安瑞森阻燃装饰材料有限公司（品牌 3）、沭阳森启亚阻燃材料有限公司（品牌 4）。四种品牌阻燃胶合板均以脲醛树脂为胶黏剂，符合国家防火材料质量标准 GB 8624-B 级，具体生产工艺条件见表 4-1。所有板材取样时，都为工厂当日生产的合格产品，幅面尺寸为 310 mm×310 mm×9 mm、310 mm×310 mm×12 mm、310 mm×310 mm×15 mm、310 mm×310 mm×18 mm。取样封装带回后立即封边、包裹、储存、待测。

表 4-1　市售阻燃杨木胶合板生产工艺条件

品牌	阻燃剂类型	热压温度/℃	热压时间/（$s\cdot mm^{-1}$）	热压压力/MPa
品牌 1	磷-氮系	105～110	55～60	1.3～1.6
品牌 2	磷-氮系	105～110	55～60	1.3～1.6
品牌 3	磷-氮-硼系	105～110	55～60	1.3～1.6
品牌 4	磷-氮-硼系	105～110	55～60	1.3～1.6

2. VOC 采集与测试

VOC 采集与检测中所用仪器设备及参数设置、样品准备、预处理与第 2 章 2.3.1 节中小型环境舱采集测试 VOC 方法相同。

4.1.2　市售板材的环保性能分析

以不同品牌四种厚度板材在第 28 天释放挥发性有机化合物的主要成分及其质量浓度为考察指标，对各个品牌进行测试，主要组分及浓度见表 4-2。

表 4-2　市售阻燃胶合板 VOC 释放质量浓度

阻燃胶合板		组分及浓度/（$\mu g\cdot m^{-3}$）					TVOC	
品牌	厚度/mm	芳香类	烃类	醛酮类	酯类	其他	浓度/（$\mu g\cdot m^{-3}$）	相对偏差/%
1	9	11.79	28.4	13.54	4.47	4.52	62.72	1.67
	12	37.22	18.74	2.37	6.17	5.42	69.91	3.03
	15	15.31	25.00	14.44	9.89	8.52	73.16	4.09
	18	37.83	18.33	4.18	3.79	3.54	67.67	2.90
2	9	26.17	5.43	10.47	1.37	6.70	50.14	2.41
	12	33.78	7.97	6.27	3.23	6.06	57.31	2.48
	15	42.22	16.18	16.57	0	9.87	84.84	3.85
	18	43.63	13.04	7.77	1.45	8.20	74.09	4.90
3	9	63.59	31.64	6.64	3.35	28.71	133.93	2.12
	12	57.37	26.18	7.64	5.45	25.91	122.01	2.25
	15	47.17	36.09	6.97	2.58	10.09	102.90	2.56
	18	76.90	47.67	5.24	4.97	10.53	145.31	2.82
4	9	34.57	40.00	4.29	3.63	20.76	103.25	3.02
	12	35.33	48.09	2.50	2.61	25.11	113.64	3.53
	15	99.64	50.55	14.82	5.38	25.27	195.66	2.78
	18	137.93	68.47	6.03	7.25	29.24	248.92	2.90

由表 4-2 可知，四种品牌阻燃杨木胶合板 TVOC 释放量为 50.14～248.92 $\mu g \cdot m^{-3}$，共检出 51～72 种挥发性有机化合物；芳香类化合物和烃类化合物质量浓度之和占总挥发性有机化合物质量浓度的 55.10%～85.72%，种类之和占 46.15%～86.11%，为阻燃杨木胶合板释放的挥发性有机物的主要组分，同时还检出少量醛类、酮类、酯类等其他挥发性有机化合物。各个板材 TVOC 释放量和检出物不完全相同，最高检出物为 36 种；VOC 主要检出物为对二甲苯、邻二甲苯、乙苯、苯乙烯、亚甲基茚、2,6,11-三甲基十二烷、十四烷、苯甲醛、2-亚丙烯基环丁烯，这与我国室内空气污染中 TVOC 主要检出成分相一致；不同品牌同种厚度阻燃胶合板 TVOC 释放浓度最大相差 2.68 倍，这可能是其生产工艺、添加剂不同所致。

四种市售阻燃杨木胶合板 TVOC 释放量最大值为 248.92 $\mu g \cdot m^{-3}$，低于我国室内空气质量标准（GB/T 18883）中总挥发性有机物浓度限值（600 $\mu g \cdot m^{-3}$）；室内空气中常见污染物甲苯（最大释放速率为 11.52 $\mu g \cdot m^{-2} \cdot h^{-1}$）、二甲苯（最大释放速率为 21.08 $\mu g \cdot m^{-2} \cdot h^{-1}$）、乙苯（最大释放速率为 17.39 $\mu g \cdot m^{-2} \cdot h^{-1}$）、苯乙烯（最大释放速率为 23.89 $\mu g \cdot m^{-2} \cdot h^{-1}$）释放速率均低于日本建筑材料测试中心出台的《建筑材料 VOCs 释放速率标准》中规定值甲苯（38 $\mu g \cdot m^{-2} \cdot h^{-1}$）、二甲苯（120 $\mu g \cdot m^{-2} \cdot h^{-1}$）、乙苯（550 $\mu g \cdot m^{-2} \cdot h^{-1}$）及苯乙烯（32 $\mu g \cdot m^{-2} \cdot h^{-1}$），环保性符合要求。

4.1.3 工艺差异对 VOC 释放的影响

芳香类化合物和烷烃类化合物是阻燃胶合板 VOC 释放的主要组分，因此，通过比较相同厚度的 4 个品牌阻燃胶合板的芳香类化合物和烃类化合物释放量差异，分析工艺参数和阻燃剂种类对板材 VOC 释放的影响作用，如图 4-1 至图 4-4 所示。

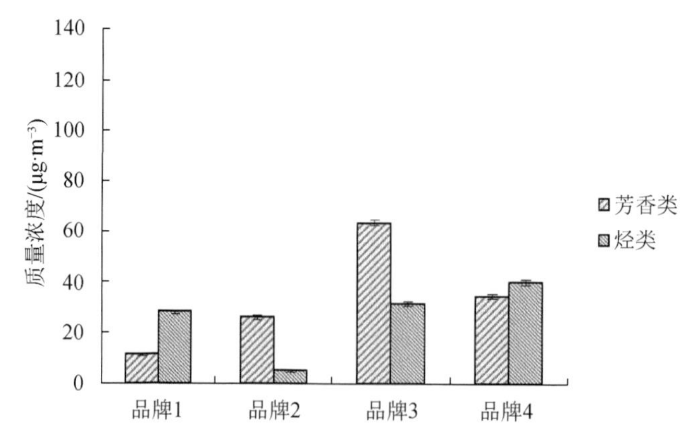

图 4-1 9 mm 厚板材释放芳香类和烃类化合物质量浓度及平均偏差

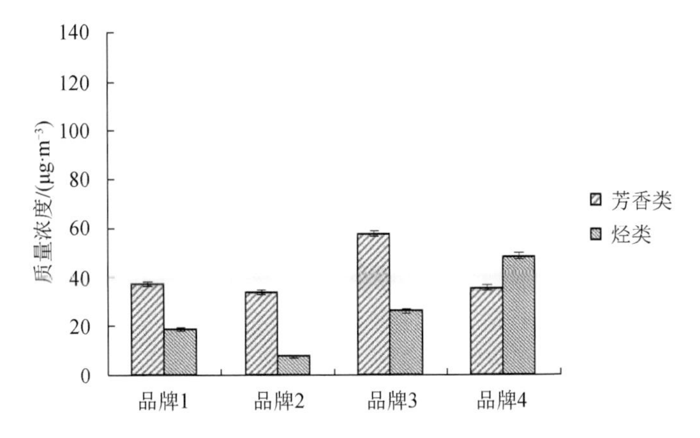

图 4-2　12 mm 厚板材释放芳香类和烃类化合物质量浓度及平均偏差

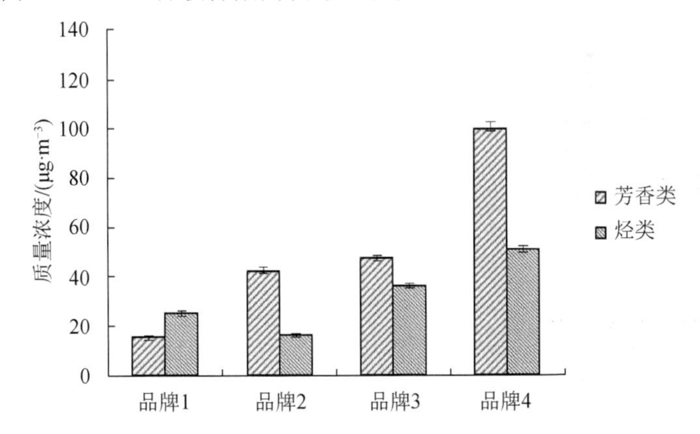

图 4-3　15 mm 厚板材释放芳香类和烃类化合物质量浓度及平均偏差

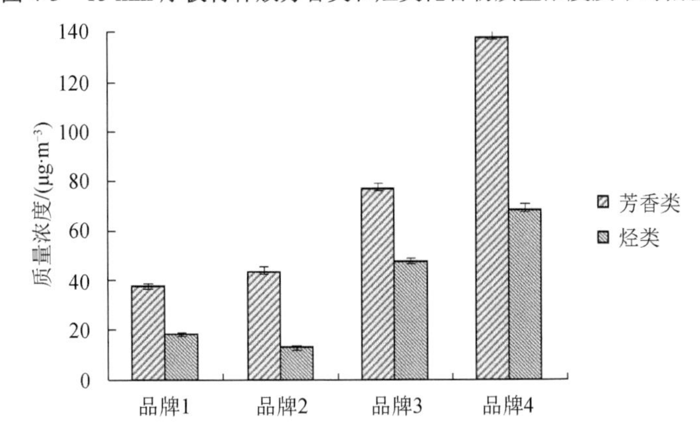

图 4-4　18 mm 厚板材释放芳香类和烃类化合物质量浓度及平均偏差

由图 4-1 至图 4-4 可知，同种厚度板材，品牌 3、品牌 4 所释放芳香类化合物和烃类化合物质量浓度大于品牌 1 和品牌 2，芳香类化合物质量浓度最大相差 4.39

倍，烃类化合物质量浓度最大相差6.37倍。这可能是由于阻燃处理所用药剂不同所致。品牌3与品牌4阻燃剂中含有硼酸，这类阻燃剂在高温下能迅速吸收热量，降低木材的温度，延缓木材起火燃烧的时间；同时形成熔融状物覆盖在木材表面上，将可燃物与氧气隔开，从而阻止了木材的着火和火焰传播。硼酸等阻燃剂的酸性热解产物催化木材的脱水、降解反应，进而生成不饱和产物，后者在酸催化下再进一步缩合、聚合、芳构化，起到阻燃作用，这一过程促使产生更多芳香类等挥发性有机化合物。

4.1.4　板材厚度对VOC释放的影响

不仅工艺参数和阻燃剂种类影响阻燃胶合板VOC的释放，板材厚度同样对此产生显著的影响，如图4-5所示。

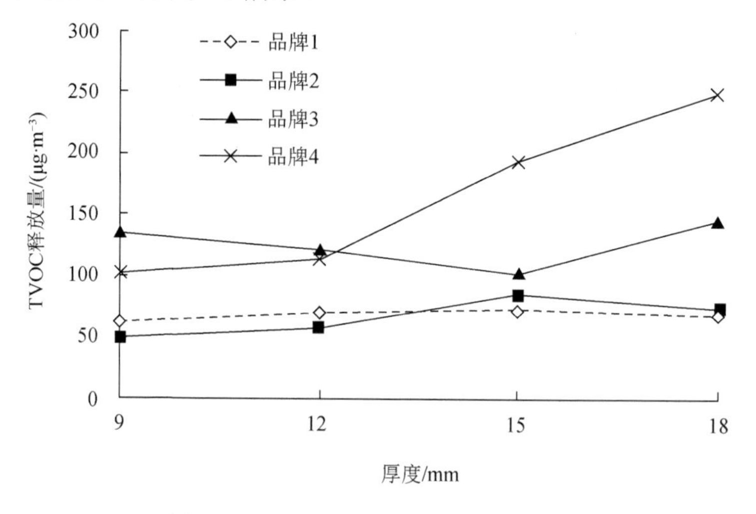

图4-5　TVOC释放速率随厚度变化趋势

由图4-5可知，除品牌3的TVOC释放速率随厚度增加呈现先降低而后增加趋势外，总体上TVOC释放速率随厚度增加而增大。这是因为随着厚度增加，一方面木材和胶黏剂用量增加，TVOC释放总量相应增加；另一方面板坯增厚时，热容量增大，如果单位时间内从热压板进入板坯的热量不变，板材芯层得到的热量将减少，板材温度升高变缓慢，导致在水分和热量作用下木材内部某些成分分解产生的VOC释放减少，同时板材厚度增加导致板材内部水蒸气压力降低，减少了热压时板材内部气体排出量，增加了阻燃胶合板TVOC的后期释放。

4.2　工艺参数对阻燃杨木胶合板有害气体释放的影响

新型FRW木材阻燃剂是一种磷-氮-硼复合有机阻燃剂，主要成分为羟甲基化磷酸胍基脲和硼酸，配方质量比为 3∶1。无机木材阻燃剂的成分为磷酸氢镁和纳米二氧化锆，配方质量比为 4∶1。本节分别以新型 FRW 木材阻燃剂和无机木材阻燃剂处理杨木单板，在不同的工艺参数下压制阻燃杨木胶合板，探讨工艺参数对板材甲醛和 VOC 释放的影响作用，为生产环保型阻燃胶合板提供理论依据。

4.2.1　试件制作与性能测试

1. 工艺设计

以杨木单板（含水率 7.6%～9.6%）为原料，脲醛树脂（甲醛与尿素物质的量比为 1.05，固体质量分数为 52%，pH 7.2）为胶黏剂，氯化铵溶液为固化剂（质量分数为 20%），以上述两种阻燃剂分别处理杨木单板。按照表 4-3 考察单板载药量（因素 *A*，单板所用阻燃剂质量与单板绝干质量之比）、施胶量（因素 *B*，为双面涂胶）、热压温度（因素 *C*）三个因素对杨木胶合板甲醛和 VOC 释放的影响。按照表 4-4 工艺参数压制两种不同阻燃剂阻燃处理的五层杨木胶合板。

表 4-3　因素水平编码表

水平	*A* 单板载药量/%	*B* 施胶量/（$g·m^{-2}$）	*C* 热压温度/℃
−2	4.5	210	95
−1	8	250	105
0	11.5	290	115
1	15	330	125
2	18.5	370	135

表 4-4　单因素压板试验设计表

组号	*A* 单板载药量/%	*B* 施胶量/（$g·m^{-2}$）	*C* 热压温度/℃
1	18.5	290	115
2	15	290	115
3	11.5	290	115
4	8	290	115
5	4.5	290	115
6	11.5	370	115
7	11.5	330	115
8	11.5	290	115
9	11.5	250	115
10	11.5	210	115
11	11.5	290	135
12	11.5	290	125
13	11.5	290	115
14	11.5	290	105
15	11.5	290	95
16	无	290	115

2. 阻燃杨木胶合板的制作

FRW 阻燃胶合板压板过程：热压压力 1.2 MPa，时间 8.5 min，其他工艺参数按照单因素压板试验设计表 4-4 要求进行，压板 16 组，其中第 16 组不添加阻燃剂，每组 4 块，每块幅面尺寸 170 mm×170 mm，具体过程如下：

1）选取杨木单板

从哈尔滨某木材厂挑选同批次材质较好的杨木单板，压制五层胶合板。每次压制 1 组，每组 4 块，从单板上选取材质均匀，含水率（6.4%～8.7%）稳定，表面无节疤等缺陷部分，裁剪成尺寸规格为 170 mm×170 mm×1.7 mm 的小单板。

2）阻燃浸渍处理

采用常压单板浸渍法处理杨木单板，将杨木单板在浓度为 20%的阻燃剂溶液中分别浸泡 25 s、40 s、15 min、120 min 取出，得到载药量为 4.5%、8%、11.50%、15%的杨木单板；在阻燃剂浓度为 25%的溶液中浸渍 120 min 取出，得到载药量为 18.5%的杨木单板。浸渍过程中单板之间用隔条隔开，避免相邻单板之间相互接触，以使阻燃剂溶液能充分接触单板表面。浸渍完毕后，置于 85℃的干燥箱中烘至含水率 6%～8%。单板载药量 L 按式（4-1）计算：

$$L=\frac{\text{浸渍后单板质量}-\text{浸渍前单板质量}}{\text{浸渍前单板质量}}\times 100\% \tag{4-1}$$

3）涂胶

加入质量分别占胶黏剂质量 20%的面粉和 1%的固化剂溶液进行调胶处理，之后进行手工涂胶。

4）组坯和陈化

按照相邻两个单板纹理垂直的方法放置，五层单板叠加在一起。组坯后在自然条件下陈放 20 min，让表面的胶黏剂能渗透到木材内部，并达到一定的黏度。

5）热压

热压压力为 1.2MPa，热压时间为 8.5min，其他工艺参数按照表 4-4 中设定值进行。

6）裁边和封存

将压制好的胶合板裁成 160mm×160mm 的尺寸，用铝箔胶带封边，再用锡箔纸把板材包裹严后，用聚四氟乙烯塑料袋包裹好，并在塑料袋上贴好标签纸，置于-30℃的冰箱中保存，备用。压制好的板材如图 4-6 所示。

无机杨木阻燃胶合板压制的工艺设计与压制新型 FRW 阻燃杨木胶合板一致，不同之处在于阻燃处理方式，即配胶时直接将无机阻燃剂添加到胶黏剂中，搅拌均匀，与胶黏剂一起手工涂布于杨木单板。压板的工艺流程为单板剪切—干燥—涂胶和阻燃剂—组坯—陈化—热压—裁边—封存。

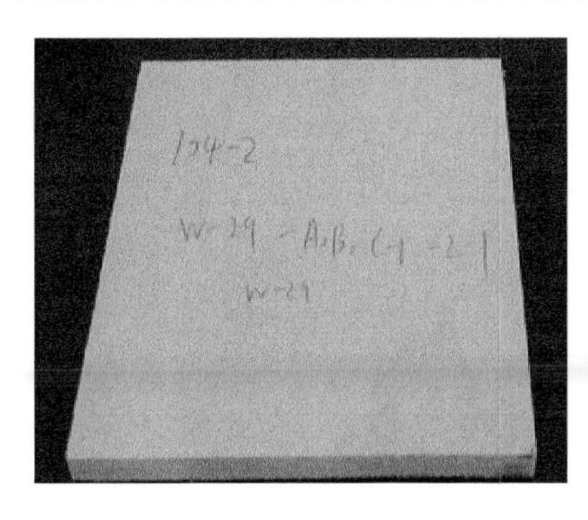
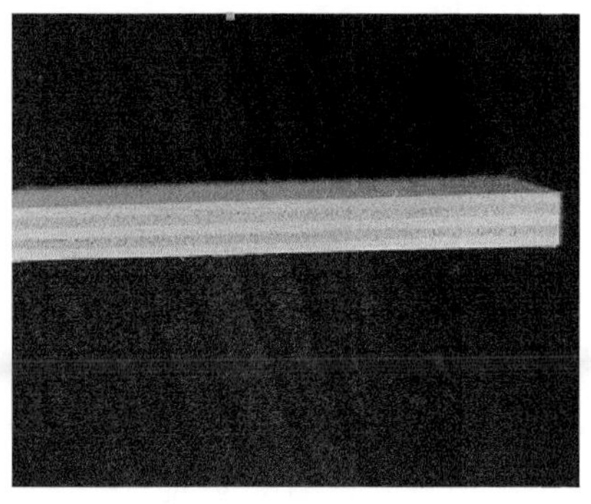

图 4-6　阻燃杨木胶合板

3. 性能测试

1）甲醛采集与检测

采样方法和设备按照 GB 18580—2001《室内装饰装修材料人造板及其制品中甲醛释放限量》中气候箱法测定饰面人造板甲醛释放量的要求，将待测试件（尺寸 100 mm×75 mm）置于温度（23±0.5）℃、氮气相对湿度（45±3）%、气体交换率为 1 次·h^{-1}、板材表面风速为 0.1～0.3m·s^{-1}的 15 L 小型环境舱内。在此条件下运行 28 天，在第 28 天采集环境舱内气体，采集气体具体过程如下：

6 个吸收瓶各加入 25 mL 蒸馏水，两两串联，吸收瓶一端连接小型环境舱的空气出口，另一端连接智能真空泵。开动抽气泵，抽气速度控制在 1 L·min^{-1}，每次抽取 30 L。将每瓶吸收液各取 10 mL 移至 50 mL 锥形瓶中，再加入 10 mL 乙酰丙酮溶液和 10 mL 乙酸铵溶液（图 4-7）。用 10 mL 蒸馏水、10 mL 乙酰丙酮溶液和 10 mL 乙酸铵溶液做空白试样。将容量瓶放至 40℃的水浴加热 15 min，然后将溶液静置暗处至室温。

图 4-7　甲醛吸收液

利用紫外-可见分光光度计 UV-2450 在 412 nm 处测定吸光度。吸收液的吸光度测定值与空白吸光度测定值之差乘以校正曲线的斜率，再乘以吸收液的体积，即为每个吸收瓶中甲醛含量。两个吸收瓶的甲醛含量相加，即得甲醛的总量。甲醛总量除以抽取空气的体积，即得环境舱内甲醛浓度值。每个试件重复测试两次，两次测量的平均值计为板材释放甲醛浓度值。

2）VOC 采集与检测

VOC 采集检测中所用仪器设备及参数设置、样品准备、预处理与第 2 章 2.3.1 节中小型环境舱采集测试 VOC 方法相同。

4.2.2　FRW 阻燃杨木胶合板甲醛和 VOC 释放特性

甲醛测试按 GB 18580—2001《室内装饰装修材料人造板及其制品中甲醛释放限量》中规定的第 28 天测定值为稳定状态时的甲醛释放量测定值，在第 1 天不测甲醛。

以新型FRW阻燃杨木胶合板第1天释放VOC质量浓度作为考察指标，选取VOC各组分中质量浓度较大者进行列表，将 VOC 分类为芳烃类、烷烃类、醛酮类、醇类、酯类、萜烯类和其他挥发性有机化合物，具体数据见表 4-5。

表 4-5　FRW 阻燃杨木胶合板第 1 天释放 VOC 组分和含量

浓度单位：μg·m^{-3}

组别编号	芳烃	烷烃	醛酮	醇类	酯类	萜烯	其他	TVOC
1	23.71	35.11	48.60	20.06	11.61	3.56	1.59	144.23
2	42.67	36.21	50.72	17.38	14.86	4.46	10.32	176.61
3	37.39	26.56	45.76	22.94	13.51	7.29	3.61	157.06
4	26.19	33.48	49.35	19.93	8.34	7.37	7.00	151.65
5	21.73	32.37	44.71	24.00	13.62	0.00	6.96	143.38
6	42.82	31.19	61.37	23.52	7.22	5.19	11.57	182.86
7	39.36	35.06	49.92	19.61	13.24	5.64	8.29	171.11
8	37.41	27.03	46.11	27.66	13.13	3.41	3.71	158.43
9	32.62	31.61	44.86	18.06	9.09	4.11	5.99	146.32
10	27.92	21.34	44.66	15.64	8.69	6.42	5.84	130.51
11	28.71	33.61	49.77	22.66	10.62	3.24	2.00	150.61
12	37.34	36.06	40.12	18.45	13.02	9.54	2.38	156.89
13	39.43	28.77	46.68	23.55	13.10	4.12	3.25	158.89
14	27.60	24.61	46.25	17.86	11.75	4.86	8.34	141.26
15	26.39	21.63	40.75	22.24	14.36	0.00	3.83	129.19
16	21.39	21.93	30.75	25.24	10.37	0.39	2.85	112.19

由表 4-5 可知，新型 FRW 阻燃杨木胶合板第 1 天 TVOC 释放量为 129.19～182.86 $\mu g \cdot m^{-3}$；在单板载药量为 11.5%，施胶量为 290 $g \cdot m^{-2}$，热压温度为 95℃时 TVOC 释放量最小，在单板载药量为 11.5%，施胶量为 370 $g \cdot m^{-2}$，热压温度为 115℃时 TVOC 释放量最大。VOC 各类组分中醛酮类释放量最大，其次是芳烃类和烷烃类化合物，上述三类化合物占释放总量的 68.71%～74.48%，是板材第 1 天 TVOC 释放的主要物质。板材释放的主要化合物见表 4-6。

表 4-6　FRW 阻燃杨木胶合板第 1 天 VOC 释放主要单体

种类	数量	化合物名称
芳烃	6	乙苯、二甲苯、苯乙烯、乙酰苯、萘、2-甲基萘
烷烃	6	壬烷、癸烷、十一烷、十二烷、3-甲基十二烷、庚基环己烷
醛酮	9	正己醛、苯甲醛、辛醛、2-辛烯醛、壬醛、2-壬烯醛、癸醛、苯亚甲基苯甲醛、6-甲基-5-庚基乙酮
醇类	1	2-乙基-1-正己醇
酯类	3	乙酸-2-乙基己基酯、邻苯二甲酸二甲酯、邻苯二甲酸-2-乙基己基酯
萜烯	3	2,6,6-三甲基双环[3.1.1]庚-2-烯、α-蒎烯、右旋柠檬烯
其他	2	2-戊基呋喃、苯酚

常见检出物为 30 种，醛酮类数量最多，其中又以正己醛和壬醛释放量最大。醛酮类化合物主要来自热压时木材成分中不饱和脂肪酸的氧化分解，也有研究表明，木材的主要成分纤维素、半纤维素及木质素在 100℃左右就能发生木材的热分解作用，并且在 100℃以下长时间加热，发生缓慢的降解，生成酸、醇、醛类等挥发性有机化合物。

芳烃类和烷烃类化合物释放稳定，数量较多，这主要与所用脲醛树脂胶黏剂有关：一方面胶黏剂带有水分，热压时胶黏剂在水分和热量作用下促进了木材中木质素的裂解，产生芳香类和烃类；另一方面，脲醛树脂在 140℃时自身可释放 VOC。另外，新型 FRW 阻燃剂中含有硼酸，王清文的研究表明，含硼酸的阻燃剂的酸性热解产物催化木材的脱水、降解反应，进而生成不饱和产物，后者在酸催化下再进一步缩合、聚合、芳构化，起到阻燃作用，这一过程促使产生更多芳香类挥发性有机化物。

萜烯类化合物主要来自木材抽提物中的挥发性成分，主要以单萜类（$C_{10}H_{16}$）和倍半萜类（$C_{15}H_{24}$）的形式出现。邻苯二甲酸-2-乙基己基酯是邻苯二甲酸酯类的衍生物，常添加到胶黏剂中用作增塑剂使用，属于胶黏剂成分，同时胶黏剂中也添加了醇类，如甲醇存在于用于合成脲醛树脂的甲醛溶液中，这可能是板材释放醇类的主要原因。

以新型 FRW 阻燃杨木胶合板第 28 天释放甲醛和 VOC 质量浓度为考察指标，选取 VOC 各组分中质量浓度较大者进行列表，将 VOC 分类为芳烃、烷烃、醛酮、萜烯和其他类化合物进行分析，具体数据见表 4-7。

表 4-7　FRW 阻燃杨木胶合板第 28 天释放甲醛和 VOC 组分和含量

VOC 浓度单位：$\mu g \cdot m^{-3}$；甲醛浓度单位：$mg \cdot m^{-3}$

组别	芳烃	烷烃	醛酮	萜烯	其他	TVOC	甲醛
1	18.59	7.60	2.53	3.79	3.37	35.87	0.067
2	19.97	7.90	3.06	3.77	2.68	37.39	0.048
3	16.74	8.16	2.01	3.28	2.19	32.38	0.069
4	15.00	7.86	1.78	3.70	3.34	31.69	0.090
5	13.12	5.77	1.47	2.37	3.29	26.02	0.106
6	17.96	7.70	1.79	2.80	2.10	30.62	0.107
7	17.09	8.45	3.52	3.72	2.88	36.54	0.091
8	16.23	8.19	2.07	3.37	1.37	32.09	0.072
9	14.56	8.05	2.61	2.12	2.04	29.38	0.063
10	14.00	6.94	1.55	2.57	2.80	27.86	0.051
11	17.89	10.91	2.71	3.38	0.15	34.37	0.062
12	17.73	6.50	2.90	3.88	1.64	32.65	0.058
13	17.30	6.74	2.68	3.16	1.96	31.84	0.071
14	18.00	6.52	3.33	3.21	1.89	32.94	0.092
15	19.87	7.16	2.84	2.72	1.79	34.38	0.096
16	10.92	8.42	2.33	3.40	1.64	26.71	0.178

新型 FRW 阻燃杨木胶合板第 28 天甲醛释放量为 0.048～0.107 $mg \cdot m^{-3}$。在单板载药量为 15%、施胶量为 290 $g \cdot m^{-2}$、热压温度为 115℃时甲醛释放量最小，与不添加阻燃剂的板材相比，甲醛释放量减少 73.0%；在单板载药量为 11.5%、施胶量为 370 $g \cdot m^{-2}$、热压温度为 115℃时甲醛释放量最大。

新型 FRW 阻燃杨木胶合板第 28 天 TVOC 释放量在 26.02～37.39 $\mu g \cdot m^{-3}$。在单板载药量为 4.5%、施胶量为 290 $g \cdot m^{-2}$、热压温度为 115℃时 TVOC 释放量最小；在单板载药量为 15%、施胶量为 290 $g \cdot m^{-2}$、热压温度为 115℃时 TVOC 释放量最大，与不添加阻燃剂的板材相比，TVOC 释放量增加 39.99%。

新型 FRW 阻燃杨木胶合板第 28 天释放的 VOC 各类组分中芳烃类化合物释放量最大，其次是烷烃类化合物；芳烃类化合物释放量占总挥发性有机化合物的 46.77%～57.78%，所占比例均高于未经阻燃处理的板材（占总挥发性有机化合物的 40.88%），说明新型 FRW 阻燃处理增加了芳香类化合物的释放。芳烃类和烷烃类化合物是板材 VOC 释放稳定后的主要释放物，板材释放的主要化合物见表 4-8。

表 4-8　FRW 阻燃杨木胶合板第 28 天 VOC 释放主要单体

种类	数量	化合物名称
芳烃	5	乙苯、二甲苯、乙酰苯、萘、2-甲基萘
烷烃	5	壬烷、癸烷、十一烷、十二烷、3-甲基十二烷
醛酮	4	正己醛、苯甲醛、壬醛、癸醛
醇类	1	2-乙基-1-正己醇
酯类	2	邻苯二甲酸二甲酯、邻苯二甲酸-2-乙基己基酯
萜烯	3	2,6,6-三甲基双环[3.1.1]庚-2-烯、蒎烯、右旋柠檬烯
其他	1	2-戊基呋喃

新型 FRW 阻燃杨木胶合板第 28 天释放的 VOC 常见检出物为 21 种，与第 1 天相比种类减少了 30.0%，其中醛酮类化合物种类减少最多，减少 55.56%。TVOC 释放量由第 1 天到第 28 天减少 73.29%～83.25%，醛酮类释放量减少 92.42%～97.08%。VOC 释放的各组分中第 1 天以醛酮类化合物最多，而第 28 天醛酮类化合物很少，芳烃类化合物居多，说明醛酮类化合物主要在前期产生与释放，后期释放很少，释放速率稳定；而芳烃类化合物和烷烃类化合物虽然从第 1 天到第 28 天分别减少 21.59%～58.06%和 61.61%～83.25%，但释放量始终较大，可长时间持续释放。在板材后期 VOC 释放中，醇类、萜烯类和酯类化合物释放量较小。

4.2.3　工艺参数对 FRW 阻燃杨木胶合板甲醛和 VOC 释放的影响

FRW 阻燃杨木胶合板甲醛释放量随工艺参数变化趋势如图 4-8 所示。

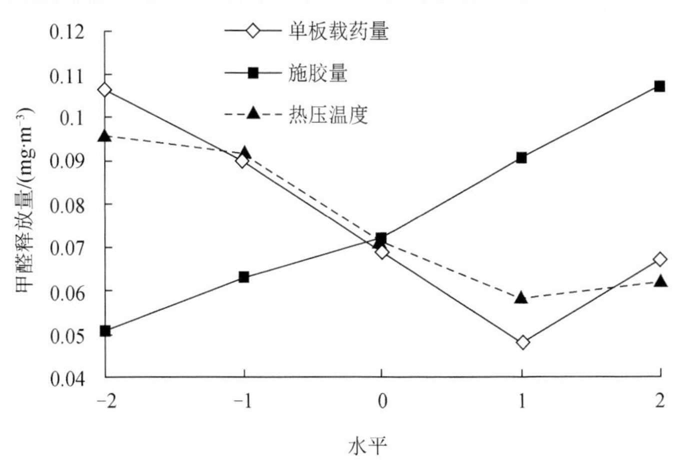

图 4-8　单板载药量、施胶量、热压温度对甲醛释放量的影响

由图 4-8 可知，随着单板载药量增加，甲醛释放量先减少后增加。当单板载药量为 4.5%时，甲醛释放量为 0.106 mg·m^{-3}，达到《民用建筑工程室内环境污染控

制规范》（GB50325—2010）中Ⅱ类民用建筑中甲醛含量不超过 0.12 $mg \cdot m^{-3}$ 要求；当单板载药量为 11.5%时，达到上述标准中Ⅰ类民用建筑中甲醛浓度不超过 0.08 $mg \cdot m^{-3}$ 的要求。新型 FRW 阻燃剂中含有羟甲基化磷酸胍基脲，其中的氨基在较高温度和湿度作用下能与甲醛反应，使胶黏剂固化过程中剩余的甲醛减少，故随着阻燃剂用量增加，甲醛释放量显著减少；当固化剂用量过多时，由于阻燃剂为酸性，一方面促使胶黏剂固化过程大大加快，树脂的交联反应剧烈，形成的大分子大小不一，大分子不稳定后期会裂解产生甲醛释放，另一方面在酸性条件下，木材中的某些成分会裂解产生部分甲醛导致后期甲醛释放量稍有增加。与未经阻燃处理的杨木胶合板相比，当载药量为 11.5%时，甲醛释放量减少 61.24%。

甲醛释放量随着施胶量的增加而增加，当施胶量从 210 $g \cdot m^{-2}$ 增加到 370 $g \cdot m^{-2}$ 时，甲醛释放量由 0.051 $mg \cdot m^{-3}$ 增加到 0.107 $mg \cdot m^{-3}$，甲醛释放量增加了 109.80%。由于制胶反应是可逆反应，胶液中不可避免地含有甲醛（甲醛为脲醛树脂的合成原料），当施胶量增加时，甲醛会相应增加，胶黏剂固化反应后未参加反应的甲醛也会增加，导致板材甲醛释放量增加。

随着热压温度升高，甲醛释放量先减少后增加。热压温度升高，固化反应中树脂交联度提高，固化反应更完全，剩余甲醛含量减少；同时热压温度升高，板材内部升温快，气压高，有利于热压过程中甲醛随水蒸气从板材内部向外迁移，板材前期甲醛释放量增加，使得后期甲醛释放量减少。当温度过高时，胶黏剂固化快，固化剧烈，生成的树脂分子大小不一，不稳定，在后期使用过程中会发生裂解脱去小分子甲醛，从而使甲醛释放量增加。

工艺参数对 FRW 阻燃杨木胶合板 TVOC 释放的影响趋势如图 4-9 和图 4-10 所示。

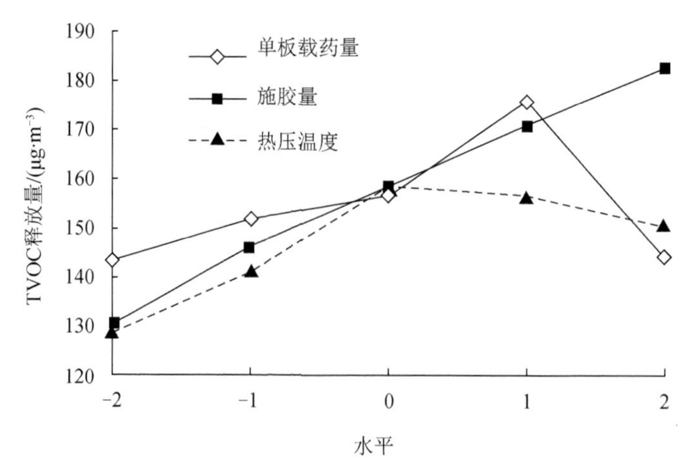

图 4-9　工艺参数对板材第 1 天 TVOC 释放量的影响

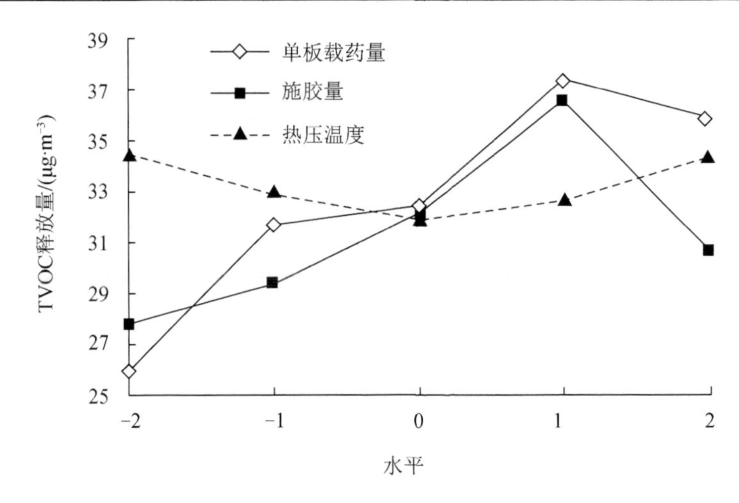

图 4-10　工艺参数对板材第 28 天 TVOC 释放量的影响

由图 4-9 和图 4-10 可知，新型 FRW 阻燃杨木胶合板第 1 天和第 28 天释放的 TVOC 随着单板载药量的增加呈现先增加后减少的趋势。单板载药量增加，木材的酸性增强，促进了热压过程中板材在水分、热量、压力作用下自身某些成分的分解；同时含硼酸的阻燃剂的酸性热解产物也能催化木材发生脱水、降解反应，进而生成不饱和产物，后者在酸催化下再进一步缩合、聚合、芳构化，这一过程促使产生更多芳香类等挥发性有机化合物，增加了 TVOC 释放量。单板载药量过大，在酸性较强的环境下，胶黏剂固化反应时间大大缩短，木材在水分、热量与胶黏剂交互作用的时间减少，板材产生的 TVOC 减少导致释放量减少。

在第 1 天，随之施胶量增加，板材 TVOC 释放量增加。施胶量增加，板材含水率上升，加之胶黏剂的固化反应时放热反应，胶量的增多在固化过程中会产生更多的热量，致使板材产生更多的 VOC，TVOC 释放量增加。第 28 天，板材随着施胶量增加，呈现先增加后减少的趋势，后期减少是因为胶量增加，板材和胶黏剂之间形成了较为厚实的胶层，对后期板材 VOC 释放起到了一定的封闭作用。

板材第 1 天 TVOC 释放量随着热压温度升高呈现先增加后减少的趋势。热压温度升高，一方面促使热压过程中产生更多 VOC，另一方面导致热压过程中随着水蒸气溢出的 VOC 增加。当温度升高到一定值后，温度在一定范围内增加，板材产生的 VOC 增量不足以弥补热压时水蒸气所带走 VOC 的减量，导致后期 TVOC 释放量减少。第 28 天随着温度升高，TVOC 释放量先减小后增加。两者规律不同是因为前期和后期主要释放物不一致。

4.2.4　无机阻燃杨木胶合板甲醛和 VOC 释放特性

以无机阻燃杨木胶合板第 1 天释放 VOC 质量浓度作为考察指标，选取 VOC 各组分中质量浓度较大者进行列表，将 VOC 分类为芳烃类、烷烃类、醛酮类、醇类、酯类、萜烯类和其他挥发性有机化合物，具体数据见表 4-9。

表 4-9　无机阻燃杨木胶合板第 1 天释放 VOC 组分和含量

浓度单位：$\mu g \cdot m^{-3}$

编号	芳烃	烷烃	醛酮	醇类	酯类	萜烯	其他	TVOC
1	30.66	17.80	38.32	18.19	4.02	3.52	3.24	115.74
2	25.95	16.26	33.96	11.49	4.95	4.16	8.95	105.72
3	21.71	16.71	35.75	11.01	5.43	2.68	3.90	97.18
4	29.89	13.07	37.38	11.55	7.63	3.51	5.51	108.52
5	30.95	18.35	37.22	11.71	5.82	6.81	7.39	118.24
6	18.78	13.66	30.89	10.87	8.64	11.29	0.00	94.12
7	25.76	17.14	34.54	13.30	8.59	2.39	4.95	106.65
8	25.33	15.91	36.36	11.34	5.81	2.78	4.72	102.25
9	22.42	13.26	30.26	14.44	5.68	2.97	6.83	95.85
10	19.34	14.59	29.39	11.14	11.06	3.92	0.00	89.43
11	19.78	15.79	29.84	10.67	8.69	3.08	0.46	88.29
12	19.05	11.91	43.92	9.77	8.80	4.34	0.00	97.77
13	23.48	12.44	35.42	19.36	3.92	2.54	4.52	101.66
14	23.64	14.19	29.35	11.39	6.82	4.33	7.72	97.44
15	23.94	14.73	31.22	11.01	3.12	2.38	4.28	90.66
16	36.39	16.55	38.76	11.81	6.60	5.05	5.58	120.72

测试结果表明，无机阻燃杨木胶合板第 1 天 TVOC 释放量为 88.29～118.24 $\mu g \cdot m^{-3}$；在单板载药量为 11.5%、施胶量为 290 $g \cdot m^{-2}$、热压温度为 135℃时 TVOC 释放量最小，在单板载药量为 4.5%、施胶量为 290 $g \cdot m^{-2}$、热压温度为 115℃时 TVOC 释放量最大。VOC 各类组分中醛酮类释放量最大，其次是芳烃类和烷烃类化合物，上述三类化合物占释放总量的 67.29%～77.09%，是测试板材第 1 天 TVOC 释放的主要物质。板材释放的主要化合物见表 4-10。

表 4-10　无机阻燃杨木胶合板第 1 天 VOC 释放主要单体

种类	数量	化合物名称
芳烃	5	乙苯、二甲苯、乙酰苯、1-亚甲基茚、2-甲基萘
烷烃	5	壬烷、癸烷、十一烷、十二烷、4-甲基十三烷
醛酮	9	正己醛、苯甲醛、辛醛、2-辛烯醛、壬醛、2-壬烯醛、癸醛、苯亚甲基苯甲醛、6-甲基-5-庚基乙酮
醇类	1	2-乙基-1-正己醇
酯类	2	3-甲基庚醇乙酸酯、邻苯二甲酸-2-乙基己基酯
萜烯	2	2,6,6-三甲基双环[3.1.1]庚-2-烯、右旋柠檬烯

常见检出物为 24 种，在被检出的物质中，醛酮类化合物检出量最多，占总被检出物的 37.5%，其中正己醛和壬醛释放量最大，醛酮类化合物主要来自热压时木材成分中不饱和脂肪酸的氧化分解。芳烃类和烷烃类化合物释放稳定，数量较多，这主要与所用脲醛树脂胶黏剂有关：一方面胶黏剂带有水分，热压时胶黏剂在水分和热量作用下促进了木材中某些成分如木质素的裂解，产生芳香类化合物和烃类化合物；另一方面，有研究表明，脲醛树脂在 140℃时自身可释放 VOC。

与新型 FRW 阻燃杨木胶合板第 1 天 VOC 释放相比，无机阻燃杨木胶合板第 1 天 VOC 释放种类减少 5 种，苯乙烯、庚基环己烷、乙酸-2-乙基己基酯、2-戊基呋喃和苯酚未被检出，另外新型 FRW 阻燃杨木胶合板第 1 天释放 VOC 中含有 3-甲基-十二烷、萘，而无机阻燃板材则释放 4-甲基十三烷和 1-亚甲基茚。

以无机阻燃杨木胶合板第 28 天释放甲醛和 VOC 质量浓度为考察指标，选取 VOC 各组分中质量浓度较大者进行列表，将 VOC 分类为芳烃、烷烃、醛酮、萜烯和其他类化合物进行分析，测试结果见表 4-11。

表 4-11　无机阻燃杨木胶合板第 28 天释放甲醛和 VOC 组分和含量

VOC 浓度单位：$\mu g \cdot m^{-3}$；甲醛浓度单位：$mg \cdot m^{-3}$

组别	芳烃	烷烃	醛酮	萜烯	其他	TVOC	甲醛
1	10.17	6.45	4.55	2.64	0.96	24.79	0.076
2	8.66	4.63	2.94	3.21	0.77	20.21	0.066
3	10.07	5.99	3.71	3.52	0.00	20.79	0.081
4	10.20	5.36	2.52	1.71	0.00	22.27	0.121
5	10.37	6.44	2.86	3.11	0.63	23.41	0.142
6	13.26	8.37	3.24	2.52	1.61	28.99	0.127
7	11.72	7.01	3.78	2.38	1.05	25.92	0.104
8	10.19	5.41	3.97	2.01	0.00	21.57	0.082
9	7.25	4.37	3.92	2.65	0.00	18.19	0.071
10	7.92	4.42	3.13	2.49	0.75	18.69	0.052
11	10.89	5.40	2.62	1.97	1.60	22.48	0.070
12	10.11	5.11	4.07	1.67	0.53	21.49	0.062
13	6.69	7.95	3.09	3.42	0.61	21.15	0.080
14	9.86	5.65	4.15	2.77	0.00	22.43	0.096
15	12.17	8.19	3.67	2.13	0.00	26.16	0.130
16	10.04	11.93	4.63	5.13	0.91	31.73	0.178

测试结果表明，无机阻燃杨木胶合板第 28 天甲醛释放量为 0.052～0.142 $mg \cdot m^{-3}$。在单板载药量为 11.5%、施胶量为 210 $g \cdot m^{-2}$、热压温度为 115℃时甲醛释放量最小，在单板载药量为 4.5%、施胶量为 290 $g \cdot m^{-2}$、热压温度为 115℃时甲醛释放量最大，与不添加阻燃剂的板材相比，甲醛释放量减少 20.2%。

无机阻燃杨木胶合板第 28 天 TVOC 释放量为 18.19～28.99 $\mu g \cdot m^{-3}$。在单板载药量为 11.5%、施胶量为 250 $g \cdot m^{-2}$、热压温度为 115℃时 TVOC 释放量最小，

在单板载药量为 11.5%、施胶量为 370 g·m^{-2}、热压温度为 115℃时 TVOC 释放量最大，与不添加阻燃剂的板材相比，TVOC 释放量减少。

无机阻燃杨木胶合板第 28 天释放的 VOC 各类组分中芳烃类化合物释放量最大，其次是烷烃类化合物；芳烃类化合物释放量占总挥发性有机化合物的 31.63%～48.44%。芳烃类和烷烃类化合物是测试板材 VOC 释放稳定后的主要释放物，板材释放的主要化合物见表 4-12。

表 4-12 无机阻燃杨木胶合板第 28 天 VOC 释放主要单体

种类	数量	化合物名称
芳烃	5	乙苯、二甲苯、乙酰苯、1-亚甲基茚、2-甲基萘
烷烃	4	壬烷、十一烷、十二烷、4-甲基十三烷
醛酮	4	苯甲醛、辛醛、壬醛、癸醛
醇类	1	2-乙基-1-正己醇
酯类	2	3-甲基庚醇乙酸酯、邻苯二甲酸-2-乙基己基酯
萜烯	2	2,6,6-三甲基双环[3.1.1]庚-2-烯、右旋柠檬烯

无机阻燃杨木胶合板第 28 天释放的 VOC 常见检出物为 18 种，与第 1 天相比种类减少了 6 种，其中醛酮类化合物种类减少最多，减少了 5 种。TVOC 释放量由第 1 天到第 28 天减少 69.20%～81.02%，醛酮类化合物释放量减少 85.86%～93.26%。

VOC 释放的各组分中第 1 天以醛酮类化合物最多，而第 28 天醛酮类化合物释放很少，芳烃类化合物释放居多，说明醛酮类化合物主要在前期产生与释放，后期释放很少但很稳定；而芳烃类化合物和烷烃类化合物虽然从第 1 天到第 28 天分别减少 29.39%～71.51%和 38.73%～71.53%，但释放量始终较大，可长时间持续释放。在板材后期 VOC 释放中，醇类、萜烯类和酯类化合物释放量较小。

4.2.5 工艺参数对无机阻燃杨木胶合板甲醛和 VOC 释放的影响

工艺参数对无机阻燃杨木胶合板甲醛释放的影响趋势如图 4-11 所示。

由图 4-11 可知，随着单板载药量增加甲醛释放量先减少后增加。当单板载药量为 11.5%时，甲醛释放量为 0.081 mg·m^{-3}，达到《民用建筑工程室内环境污染控制规范》（GB50325—2010）中Ⅱ类民用建筑中甲醛含量不超过 0.12 mg·m^{-3} 的要求；当单板载药量为 15%时，达到上述标准中Ⅰ类民用建筑中甲醛浓度不超过 0.08 mg·m^{-3} 的要求。无机阻燃剂中含有纳米二氧化锆，其粒径为 20～40 nm，具有较大的比表面积，对甲醛有一定的物理吸附作用，可以减少板材甲醛释放量。阻燃剂中含有磷酸氢镁，显碱性，当阻燃剂用量过大时，胶黏剂 pH 升高，固化不完全，胶黏剂中残余甲醛量增多，板材甲醛释放量增加。与未经阻燃处理的杨木胶合板相比，当载药量为 11.5%时，甲醛释放量减少 54.49%。

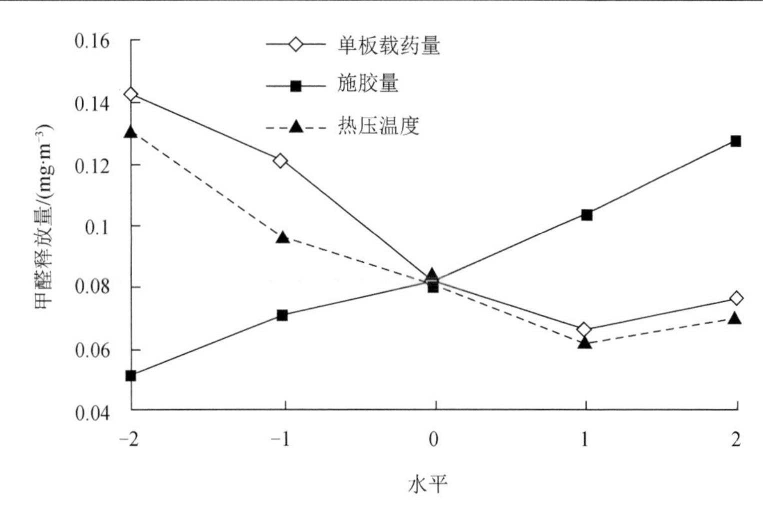

图 4-11 单板载药量、施胶量、热压温度对甲醛释放量的影响

甲醛释放量随着施胶量的增加而增加，当施胶量从 210 $g·m^{-2}$ 增加到 370 $g·m^{-2}$ 时，甲醛释放量由 0.052 $mg·m^{-3}$ 增加到 0.127 $mg·m^{-3}$，甲醛释放量增加了 144.23%。当施胶量增加时，甲醛会相应增加，胶黏剂固化反应后未参加反应的甲醛也会增加，导致板材甲醛释放量增加。随着热压温度升高，甲醛释放量先减少后增加。

工艺参数对 FRW 阻燃杨木胶合板 TVOC 释放的影响趋势如图 4-12 和图 4-13 所示。

由图 4-12 和图 4-13 可知，无机阻燃杨木胶合板第 1 天和第 28 天释放的 TVOC 随着单板载药量的增加呈现先减少后增加的趋势。单板载药量增加，无机阻燃剂中含有的纳米二氧化锆对 VOC 有一定的物理吸附作用，可以减少板材 TVOC 释放量。阻燃剂中含有磷酸氢镁，显碱性，当阻燃剂用量过大时，胶黏剂 pH 升高，固化不完全，形成的胶膜不够均匀稳定，从而导致板材 TVOC 释放量增加。

在第 1 天，施胶量增加，板材 TVOC 释放量先增加后减少。施胶量增加，板材含水率上升，加之胶黏剂的固化反应为放热反应，胶量的增多在固化过程中会产生更多的热量，致使板材产生更多的 VOC，TVOC 释放量增加；板材随着施胶量增加，呈现先增加后减少的趋势，后期减少是因为胶量增加，一方面板材水分增加，热压时水蒸气带走的 VOC 增多，另一方面，胶量增加，板材和胶黏剂之间形成了较为厚实的胶层，对板材 VOC 释放起到了一定的封闭作用。第 28 天随着施胶量增加，TVOC 释放量呈增加趋势。

板材第 1 天 TVOC 释放量随着热压温度升高呈现先增加后减少的趋势。热压温度升高，一方面促使热压过程中产生更多 VOC，另一方面导致热压过程中随着水蒸气溢出的 VOC 增加。当温度升高到一定值后，温度在一定范围内在增加，板材产生的 VOC 增量不足以弥补热压时水蒸气所带走 VOC 的减量，导致后期 TVOC 释放量减少。第 28 天随着温度升高，TVOC 释放量先减小后增加。两者规律不同是因为前期和后期主要释放物不一致。

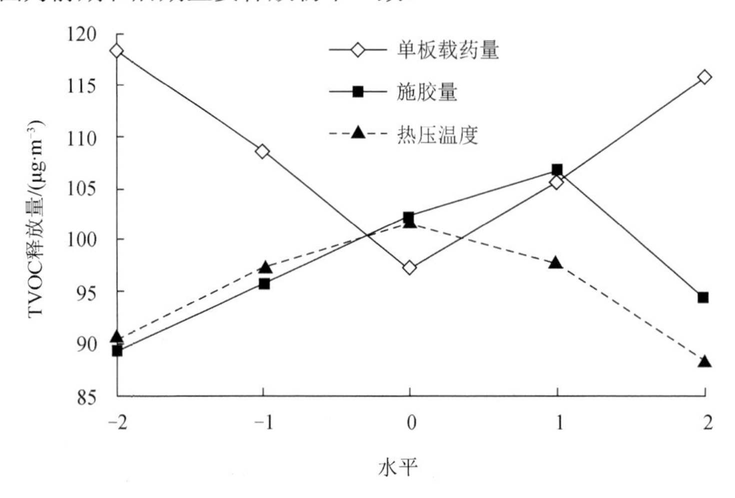

图 4-12　工艺因素对板材第 1 天 TVOC 释放量的影响

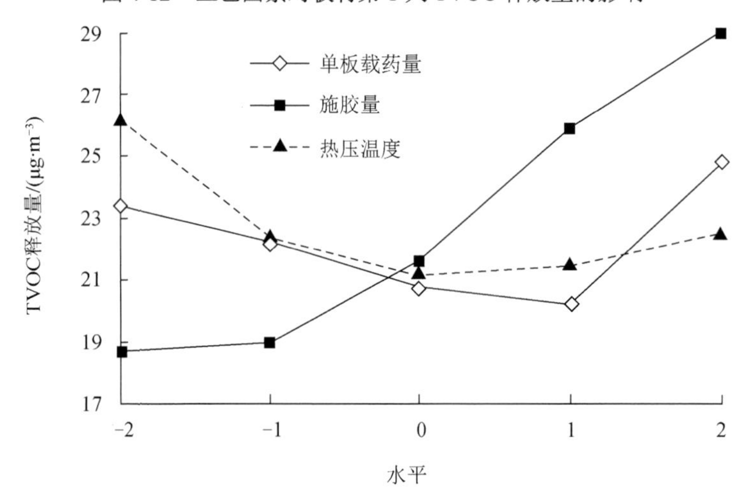

图 4-13　工艺因素对板材第 28 天 TVOC 释放量的影响

4.3　低污染阻燃杨木胶合板优化工艺研究

响应面法是一种试验条件寻优的方法，适宜于解决非线性数据处理的相关问题。它囊括了试验设计、建模、检验模型的合适性、寻求最佳组合条件等众多试验和统计技术；通过对方程的回归拟合、响应曲面的分析、等高线的绘制，可方便地求出相应于各因素水平的响应值。在各因素水平的响应值的基础上，可以找出预测的响应最优值以及相应的试验条件。响应面优化法考虑了试验随机误差；同时，响应面法将复杂的未知的函数关系在小区域内用简单的一次或二次多项式模型来拟合，计算比较简便，是降低开发成本、优化加工条件、提高产品质量、解决生产过程中的实际问题的一种有效方法。

本节采用响应面法对工艺条件进一步优化，借助 Design Expert 软件，进行多元回归拟合并建立模型，找出预测的响应最优值（即甲醛、TVOC 释放量最少）以及相应的工艺条件。

4.3.1　工艺设计与性能测试

1. 工艺设计

本部分采用中心组合设计，对工艺条件进行优化。CCD 有时也称为星点设计。其设计表是在两水平析因设计的基础上加上极值点和中心点构成的，通常试验表是以代码的形式编排的，试验时再转化为实际操作值。

选取单板载药量、施胶量和热压温度三个因素，根据中心组合设计要求，设定 5 个水平，进行 20 组试验压制 5 层杨木胶合板，水平见表 4-13，压制阻燃杨木胶合板的具体工艺参数按表 4-14 进行。

表 4-13　中心组合设计水平编码表

水平	*A* 单板载药量/%	*B* 施胶量/（$g \cdot m^{-2}$）	*C* 热压温度/℃
−1.682	5.61	220.73	98.18
−1	8.00	250.00	105.00
0	11.5	290.00	115.00
1	15.00	330.00	125.00
1.682	17.39	357.27	131.82

表 4-14　中心组合设计表

编号	*A* 单板载药量	*B* 施胶量	*C* 热压温度
1	1	1	1
2	1	1	−1
3	1	−1	1
4	1	−1	−1
5	−1	1	1
6	−1	1	−1
7	−1	−1	1
8	−1	−1	−1
9	1.682	0	0
10	−1.682	0	0

续表

编号	*A* 单板载药量	*B* 施胶量	*C* 热压温度
11	0	1.682	0
12	0	−1.682	0
13	0	0	1.682
14	0	0	−1.682
15	0	0	0
16	0	0	0
17	0	0	0
18	0	0	0
19	0	0	0
20	0	0	0

2. 性能测试

阻燃性能检测：氧指数指标是评定阻燃性能的主要指标之一，我国阻燃人造板行业氧指数尚无统一标准，本次检测参照 GB/T 2406.1—2008《塑料用氧指数法测定燃烧行为　第 1 部分：导则》进行测定。

胶合性能检测：参照 GB/T 9846.3—2004《胶合板　第 3 部分：普通胶合板通用技术条件》和 GB 18101—2013《难燃胶合板》检测，胶合强度大于或等于 0.7MPa 即为合格。

4.3.2　低污染 FRW 阻燃杨木胶合板优化工艺研究

按照表 4-13 中心组合设计因素水平编码表和表 4-14 中心组合设计表对板材进行编号，采用小型环境舱法采集气体，对板材进行 28 天检测，以新型 FRW 阻燃杨木胶合板第 28 天释放甲醛和 VOC 质量浓度作为考察指标，并选取 VOC 各组分中质量浓度较大者进行列表，将 VOC 分类为芳烃类、烷烃类、醛酮类、萜烯类和其他挥发性有机化合物，具体测试结果见表 4-15。

表 4-15　FRW 阻燃杨木胶合板第 28 天甲醛和 VOC 释放水平表

VOC 浓度单位：$\mu g \cdot m^{-3}$；甲醛浓度单位：$mg \cdot m^{-3}$

编号	芳烃	烷烃	醛酮	萜烯	其他	TVOC	甲醛
1	18.36	9.88	2.66	4.01	5.16	40.07	0.059
2	19.22	9.82	2.69	2.83	3.71	38.27	0.088
3	14.11	12.68	2.37	2.66	6.10	37.93	0.045
4	16.68	13.07	2.56	2.40	2.54	37.26	0.051
5	13.03	8.95	2.65	2.86	3.42	33.91	0.072
6	15.08	11.70	3.24	3.39	1.11	31.52	0.108
7	13.13	9.61	2.66	3.31	2.59	31.30	0.053

续表

编号	芳烃	烷烃	醛酮	萜烯	其他	TVOC	甲醛
8	14.29	7.69	1.59	3.82	3.64	31.03	0.075
9	20.97	7.90	3.06	3.77	0.53	36.24	0.065
10	13.12	5.77	1.47	2.37	4.71	27.44	0.096
11	16.23	15.70	3.79	2.80	2.28	40.80	0.102
12	14.00	15.94	2.55	2.57	2.91	37.97	0.055
13	15.30	11.74	2.68	3.16	2.82	35.70	0.060
14	17.87	8.16	2.84	2.72	2.34	33.92	0.092
15	17.43	7.69	2.08	2.75	0.63	30.58	0.069
16	16.74	8.16	2.01	3.28	0.07	30.26	0.072
17	17.09	7.19	2.07	3.37	0.88	30.60	0.071
18	17.89	5.91	2.71	3.38	0.28	30.18	0.070
19	16.58	7.70	2.38	3.29	0.57	30.51	0.069
20	16.19	4.61	2.38	3.66	3.50	30.34	0.068

测试结果表明，新型 FRW 阻燃处理板材第 28 天 TVOC 释放量为 27.44～40.80 $\mu g \cdot m^{-3}$，芳烃和烷烃类化合物是板材释放量最大的两类化合物；甲醛第 28 天释放量为 0.051～0.108 $mg \cdot m^{-3}$。VOC 主要检出物有乙苯、对二甲苯、乙酰苯、萘、2-甲基萘、十一烷、十二烷、庚基环己烷、4-甲基十四烷、己醛、苯甲醛、壬醛、癸醛、右旋柠檬烯、2,6,6-三甲基双环[3.1.1]庚-2-烯和 2-乙基-1-正己醇。

利用 Design Expert 软件，按照中心组合设计，分别以甲醛释放量和第 28 天 TVOC 释放量为响应值，建立工艺参数和各响应值之间的模型，分析模型显著性和各响应因子对响应值的显著性，得出合理的工艺参数优化方案。

1. FRW 阻燃杨木胶合板甲醛释放模型及响应面优化分析

利用软件 Design Expert 对甲醛释放测试结果进行多元回归拟合得到甲醛释放量的实际方程如下：

$$\begin{aligned}\text{甲醛} = & -0.076 - 0.015\times\text{单板载药量} + 1.33\times10^{-3}\times\text{施胶量} + 1.16\times10^{-3} \\ & \times\text{热压温度} - 8.93\times10^{-7}\times\text{单板载药量}\times\text{施胶量} + 8.21\times10^{-5} \\ & \times\text{单板载药量}\times\text{热压温度} - 1.16\times10^{-5}\times\text{施胶量}\times\text{热压温度} \\ & + 1.36\times10^{-4}\times\text{单板载药量}^2 + 6.00\times10^{-7}\times\text{施胶量}^2 + 7.55\times10^{-7} \\ & \times\text{热压温度}^2\text{。}\end{aligned}$$

该模型的决定系数 $R^2=0.9561$，拟合度>90.68%，说明预测值与实际值具有高度相关性，模型能够反映响应值的变化，可以用于生产工艺的优化。模型显著性检验见表 4-16。由表 4-16 可以看出，单个响应因子对响应值影响显著。

表 4-16　新型 FRW 阻燃杨木胶合板甲醛释放模型回归系数显著性检验

方差来源	平方和	自由度	均方	F 值	P 值	显著性
回归模型	5.297×10^{-3}	9	5.885×10^{-4}	16.28	<0.0001	**
A-单板载药量	1.005×10^{-3}	1	1.005×10^{-3}	27.80	0.0004	**
B-施胶量	2.427×10^{-3}	1	2.427×10^{-3}	67.15	<0.0001	**
C-热压温度	1.578×10^{-3}	1	1.578×10^{-3}	43.68	<0.0001	*
AB	1.250×10^{-7}	1	1.250×10^{-7}	3.459×10^{-3}	0.9543	
AC	6.613×10^{-5}	1	6.613×10^{-5}	1.83	0.2059	
BC	1.711×10^{-4}		1.711×10^{-4}	4.74	0.0546	
A^2	4.002×10^{-5}	1	4.002×10^{-5}	1.11	0.3174	
B^2	1.326×10^{-5}	1	1.326×10^{-5}	0.37	0.5581	*
C^2	8.216×10^{-8}	1	8.216×10^{-8}	2.273×10^{-3}	0.9629	
残差	3.614×10^{-4}	10	3.614×10^{-5}			
失拟项	3.506×10^{-4}	5	7.011×10^{-5}	3.23	0.0864	不显著
净误差	1.083×10^{-5}	5	2.167×10^{-6}			
总和	5.658×10^{-3}	19				

**（P<0.0001）表示极为显著；*（P<0.05）表示显著。

此模型的响应曲面反映了当单板载药量、施胶量、热压温度三个因素中任意一个变量处于 0 水平时其他两个因素交互作用对阻燃胶合板甲醛释放量的影响情况，见图 4-14。

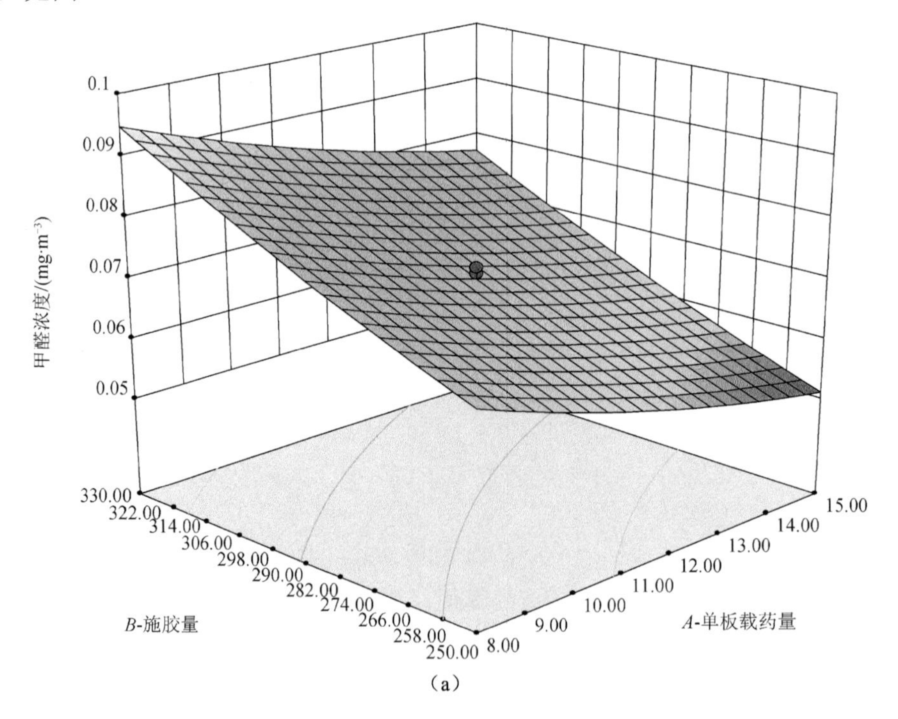

（a）

图 4-14　工艺参数对甲醛释放量影响交互作用图

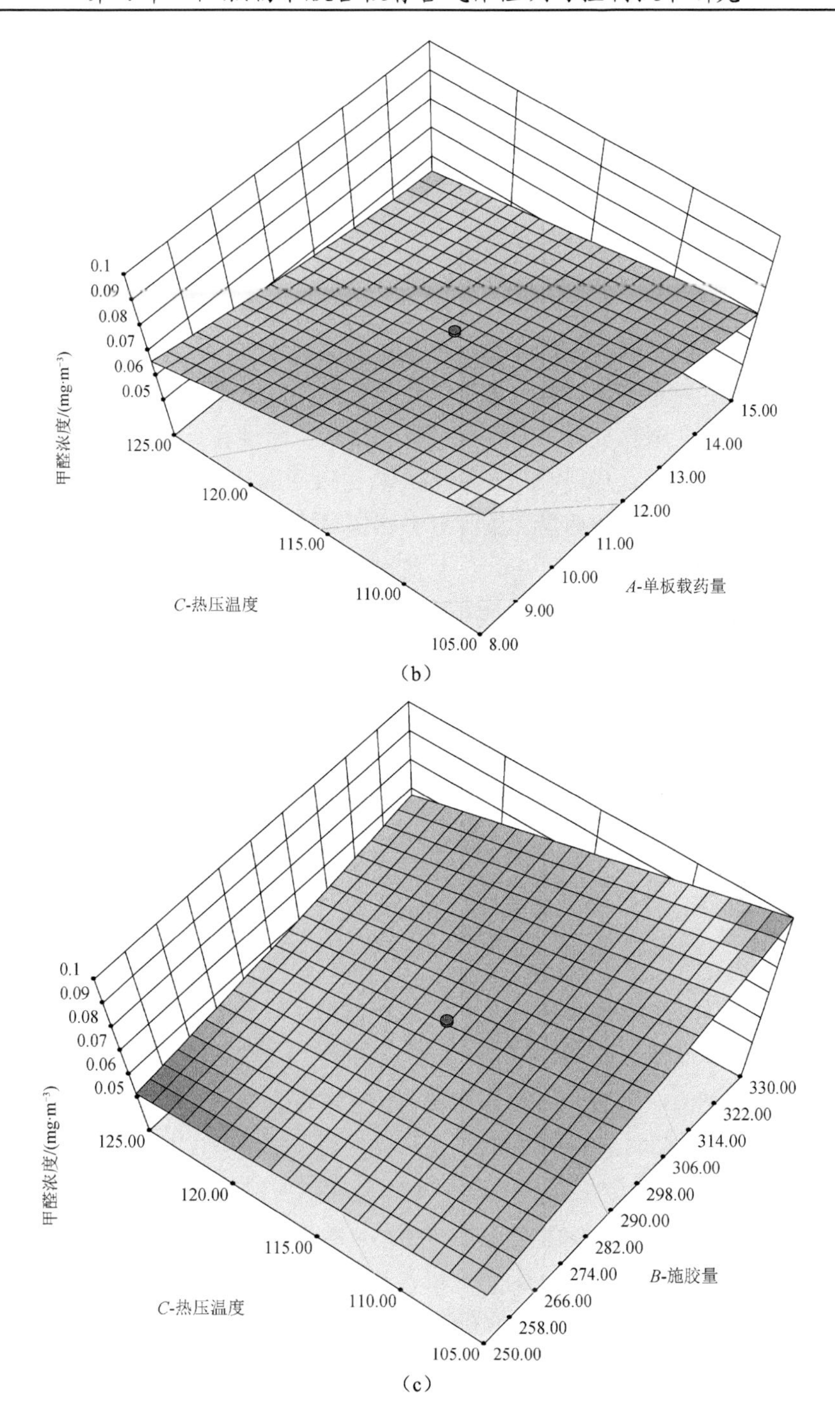

图4-14 工艺参数对甲醛释放量影响交互作用图（续）

（a）施胶量与单板载药量；（b）热压温度与单板载药量；（c）热压温度与施胶量

由图 4-14（a）的等高线可以看出，甲醛释放量等高线沿施胶量轴分布比沿单板载药量轴密集，说明当单板载药量达到 8%以上时，施胶量对甲醛释放量的影响较单板载药量更为显著，由三维图可以看出，在单板载药量较高和施胶量较低时，测试结果达到优化区域，甲醛释放量低。由图 4-14（b）的等高线可以看出，等高线沿单板载药量和热压温度分布较为稀疏均匀，近似直线，说明单板载药量和热压温度对甲醛释放量影响显著性相近，交互影响不显著，由三维图可以看出，在单板载药量较高和热压温度较高的区域内甲醛释放量低。由图 4-14（c）中的高线可以看出，等高线沿施胶量轴分布比沿热压温度轴密集，说明施胶量对甲醛释放量影响比温度更为显著，在施胶量较低和热压温度较高的区域内甲醛释放量低。在此工艺条件下，施胶量对甲醛释放量影响比热压温度和单板载药量显著。

根据建立的模型，利用 Design Expert 软件以甲醛释放量（最小值为最优值）为主要响应值，对单板载药量、施胶量和热压温度进行优化，得出当单板载药量为 14.96%、施胶量为 250.00 $g·m^{-2}$、热压温度为 125.00℃时，甲醛释放量最低，为 0.048 $mg·m^{-3}$，此时 TVOC 释放量为 45.21 $μg·m^{-3}$，胶合强度为 0.74 MPa，氧指数为 45.7%。

根据优化结果，对优化工艺进行验证，即在单板载药量为 15%，施胶量为 250 $g·m^{-2}$，热压温度为 125℃时压制胶合板，在第 28 天测试，甲醛释放量为 0.044 $mg·m^{-3}$，TVOC 释放量为 49.52 $μg·m^{-3}$，胶合强度为 0.78 MPa，氧指数为 46.4%。甲醛释放量实际值与理论值相差 9.1%，由此表明了中心组合试验设计优化阻燃胶合板工艺参数的可行性和准确性。

2. FRW 阻燃杨木胶合板 TVOC 释放模型及响应面优化分析

利用软件 Design Expert 对 TVOC 释放测试结果进行多元回归拟合得到 TVOC 释放量的实际方程如下：

$$
\begin{aligned}
\text{TVOC}=&399.03+0.16\times\text{单板载药量}-1.21\times\text{施胶量}-3.57\times\text{热压温度}\\
&+4.46\times10^{-5}\times\text{单板载药量}\times\text{施胶量}-6.79\times10^{-4}\times\text{单板载药量}\\
&\times\text{热压温度}+1.02\times10^{-3}\times\text{施胶量}\times\text{热压温度}+0.033\,\text{单板载药量}^{2}\\
&+1.92\times10^{-3}\times\text{施胶量}^{2}+0.015\times\text{热压温度}^{2}。
\end{aligned}
$$

该模型的决定系数 $R^2=0.9922$，拟合度＞95%，说明预测值与实际值有高度相关性，模型能够反映响应值的变化，可以用于生产工艺的优化。模型显著性检验见表 4-17。由表 4-17 可以看出，单个响应因子对响应值影响显著。

表 4-17　TVOC 释放模型回归系数显著性检验

方差来源	方和	自由度	均方	*F* 值	*P* 值	显著性
回归模型	290.62	9	32.29	141.05	<0.0001	**
A-单板载药量	120.52	1	120.52	526.43	<0.0001	**
B-施胶量	8.88	1	8.88	38.77	<0.0001	**
C-热压温度	4.83	1	4.83	21.11	0.0010	**
AB	3.125×10^{-4}	1	3.125×10^{-4}	1.365×10^{-3}	0.9713	*
AC	4.513×10^{-3}	1	4.513×10^{-3}	0.020	0.8911	*
BC	1.32	1	1.32	5.77	0.0372	
A^2	2.34	1	2.34	10.23	0.0095	**
B^2	135.88	1	135.88	593.54	<0.0001	*
C^2	30.43	1	30.43	132.92	<0.0001	*
残差	2.29	10	0.23			
失拟项	2.13	5	0.43	1.37	0.0604	不显著
净误差	0.16	5	0.031			
总和	292.91	19				

**（*P*<0.0001）表示极为显著；*（*P*<0.05）表示显著。

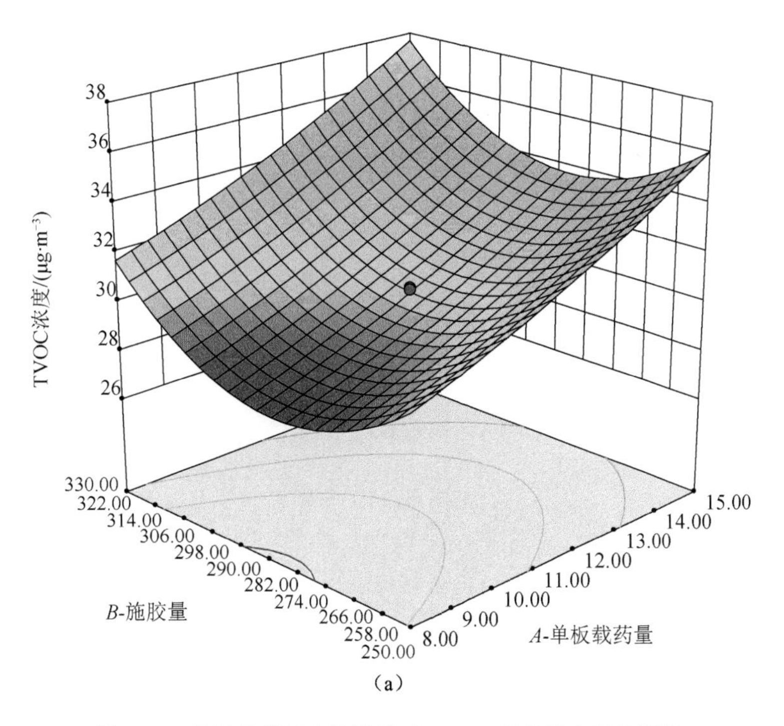

（a）

图 4-15　单板载药量和施胶量对 TVOC 释放量交互作用图

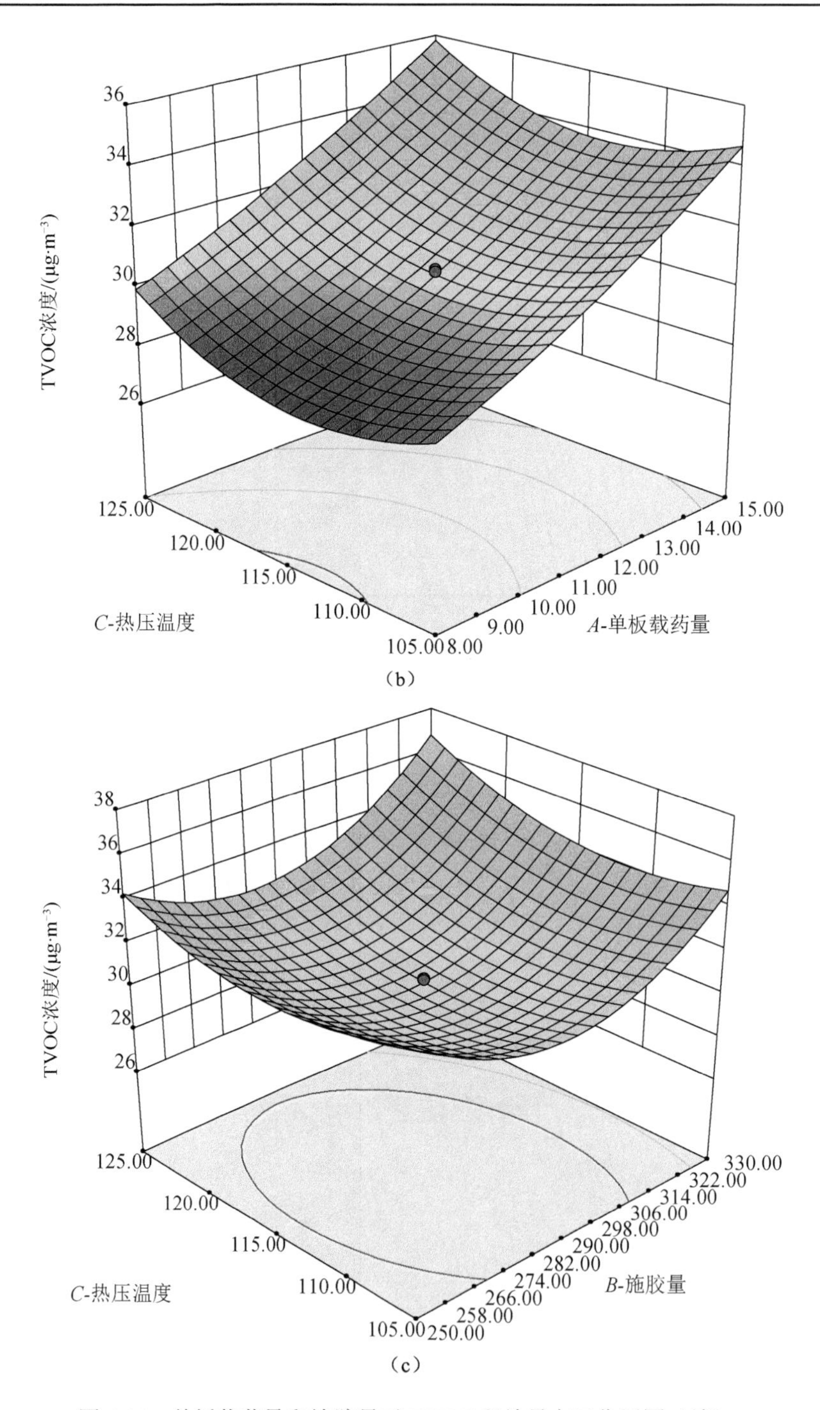

图 4-15　单板载药量和施胶量对 TVOC 释放量交互作用图（续）

（a）施胶量与单板载药量；（b）热压温度与单板载药量；（c）热压温度与施胶量

由图 4-15（a）的等高线可以看出，沿单板载药量轴等高线分布较均匀，说明单板载药量在 8%～14%时，随着施胶量增加，板材 TVOC 释放量增加较为均匀；由三维图可以看出，沿施胶量轴，板材 TVOC 释放量呈现下凹形状，当单板载药量较少、施胶量适中（为 290 $g \cdot m^{-2}$ 左右时）时，测试结果达到优化区域。由 4-15（b）三维图可以看出，沿着热压温度轴，板材 TVOC 释放量呈现下凹形状，当单板载药量较少，热压温度在 115℃附近时，TVOC 释放量低。由图 4-15（c）的等高线可以看出，沿着施胶量和热压温度轴等高线分布较为均匀，当施胶量为 290 $g \cdot m^{-2}$、热压温度在 115℃附近时，测试结果达到最优区域，板材 TVOC 释放量较低。

根据建立的模型，利用 Design Expert 软件以 TVOC 释放量（最小值为最优值）为主要响应值，对单板载药量、施胶量和热压温度进行优化，得出优化工艺为单板载药量 8.00%，施胶量 285.34 $g \cdot m^{-2}$，热压温度 113.04℃，此时 TVOC 释放量为 27.75 $\mu g \cdot m^{-3}$，胶合强度为 0.81 MPa，氧指数为 41.2%。

在调整后的优化工艺条件下，即单板载药量为 8%，施胶量为 285 $g \cdot m^{-2}$，热压温度为 113℃，压制胶合板，经测定 TVOC 第 28 天释放量为 25.61 $\mu g \cdot m^{-3}$，胶合强度为 0.79 MPa，氧指数为 42.4%。TVOC 释放量实际值与理论值相差 8.4%。

4.3.3　无机阻燃杨木胶合板优化工艺研究

按照表 4-13 中心组合设计因素水平编码表和表 4-14 中心组合设计表对板材进行编号，采用小型环境舱法采集气体，对板材进行 28 天检测，以无机阻燃杨木胶合板第 28 天释放甲醛和 VOC 质量浓度作为考察指标，并选取 VOC 各组分中质量浓度较大者进行列表，将 VOC 分类为芳烃类、烷烃类、醛酮类、萜烯类和其他挥发性有机化合物，测试结果见表 4-18。

表 4-18　无机阻燃杨木胶合板第 28 天甲醛和 VOC 释放水平

VOC 浓度单位：$\mu g \cdot m^{-3}$ ；甲醛浓度单位：$mg \cdot m^{-3}$

组别	芳烃	烷烃	醛酮	萜烯	其他	TVOC	甲醛
1	15.02	7.62	3.49	3.82	0.45	30.39	0.074
2	13.79	5.46	2.81	3.60	0.54	26.21	0.111
3	16.38	7.06	3.96	3.71	1.51	32.62	0.061
4	15.25	6.66	4.10	3.17	0.39	29.56	0.093
5	11.5	5.28	4.88	3.78	0.54	25.97	0.086
6	13.89	6.61	3.60	3.11	1.69	24.49	0.131
7	11.37	5.48	4.46	3.62	1.51	26.43	0.096
8	11.09	8.03	3.92	2.56	0.52	26.03	0.118
9	14.89	9.66	4.29	4.67	0.95	34.45	0.074
10	10.00	5.94	4.41	4.82	1.16	26.32	0.135
11	10.33	5.55	4.86	3.78	0.41	24.92	0.120

续表

组别	芳烃	烷烃	醛酮	萜烯	其他	TVOC	甲醛
12	11.34	6.56	5.88	3.98	0	27.76	0.063
13	13.01	7.24	3.77	3.32	0.32	27.65	0.075
14	9.53	6.28	5.51	3.10	0.10	24.52	0.112
15	10.97	8.04	3.78	2.57	0	25.31	0.081
16	11.29	5.04	5.95	3.02	0	25.29	0.082
17	8.60	6.48	6.22	4.16	0	25.45	0.080
18	10.87	5.10	3.93	2.96	2.40	25.25	0.079
19	9.79	4.51	4.94	3.41	2.67	25.30	0.081
20	9.41	4.83	5.29	3.99	1.90	25.41	0.080

测试结果表明，新型 FRW 阻燃处理板材第 28 天 TVOC 释放量为 24.49～34.45 $\mu g \cdot m^{-3}$，芳烃和烷烃类化合物是板材释放量最大的两类化合物；甲醛第 28 天释放量为 0.061～0.135 $mg \cdot m^{-3}$。VOC 主要检出物有乙苯、二甲苯、乙酰苯、1-亚甲基茚、2-甲基萘、壬烷、十一烷、十二烷、4-甲基十三烷、苯甲醛、辛醛、壬醛、癸醛、2-乙基-1-正己醇、3-甲基庚醇乙酸酯、2,6,6-三甲基双环[3.1.1]庚-2-烯和右旋柠檬烯等。

按照表 4-18 所得的响应值（甲醛释放量、第 28 天 TVOC 释放量），建立响应因子和各响应值之间的模型，分析模型显著性和各响应因子对响应值的显著性，得出合理的工艺参数优化方案。

1. 无机阻燃杨木胶合板甲醛释放模型及响应面优化分析

利用软件 Design Expert 对甲醛释放测试结果进行多元回归拟合，得到甲醛释放量的实际方程如下：

$$\begin{aligned}甲醛 =& 0.086-0.026\times 单板载药量-3.60\times 10^{-4}\times 施胶量-8.81\times 10^{-3}\\ &\times 热压温度+2.50\times 10^{-5}\times 单板载药量\times 施胶量-7.14\times 10^{-6}\\ &\times 单板载药量\times 热压温度-8.75\times 10^{-6}\times 施胶量\times 热压温度\\ &+6.72\times 10^{-4}\times 单板载药量^{2}+2.27\times 10^{-6}\times 施胶量^{2}+4.34\times 10^{-5}\\ &\times 热压温度^{2}。\end{aligned}$$

该模型的决定系数 $R^2=0.9274$，拟合度＞90%，说明预测值与实际值有高度相关性，模型能够反映响应值的变化，具有实际意义，可以用于生产工艺的优化。模型显著性检验见表 4-19，由表 4-19 可以看出，单个响应因子对响应值影响显著。

表 4-19　无机阻燃胶合板甲醛释放模型回归系数显著性检验

方差来源	平方和	自由度	均方	F 值	P 值	显著性
回归模型	8.329×10^{-3}	9	9.254×10^{-4}	10.89	0.0004	*
A-单板载药量	2.773×10^{-3}	1	2.773×10^{-3}	32.62	0.0002	*
B-施胶量	1.235×10^{-3}	1	1.235×10^{-3}	14.53	0.0034	*

续表

方差来源	平方和	自由度	均方	F值	P值	显著性
C-热压温度	2.877×10^{-3}	1	2.877×10^{-3}	33.85	0.0002	*
AB	9.800×10^{-5}	1	9.800×10^{-5}	1.15	0.3082	
AC	5.000×10^{-7}	1	5.000×10^{-7}	5.882×10^{-3}	0.9404	
BC	9.800×10^{-5}	1	9.800×10^{-5}	1.15	0.3082	
A^2	9.756×10^{-4}	1	9.756×10^{-4}	11.48	0.0069	
B^2	1.901×10^{-4}	1	1.901×10^{-4}	2.24	0.1657	
C^2	2.713×10^{-4}	1	2.713×10^{-4}	3.19	0.1043	
残差	8.501×10^{-4}	10	8.501×10^{-5}			
失拟项	8.446×10^{-4}	5	1.689×10^{-4}	1.53	0.0907	不显著
净误差	5.500×10^{-6}	5	1.100×10^{-6}			
总和	9.179×10^{-3}	19				

**（$P<0.0001$）表示极为显著；*（$P<0.05$）表示显著。

模型的响应曲面反映了当单板载药量、施胶量、热压温度三个因素中任意一个变量处于 0 水平时其他两个因素交互作用对阻燃胶合板甲醛释放量的影响情况，如图 4-16 所示。

由图 4-16（a）的等高线可以看出，甲醛释放量等高线沿单板载药量轴分布比沿施胶量轴密集，说明当单板载药量达到 8%～14%时，单板载药量对甲醛释放量的影响较施胶量更为显著；由三维图可以看出，在单板载药量较高和施胶量较低时，测试结果达到优化区域，即甲醛释放量低。由图 4-16（b）的等高线可以看出，等高线沿单板载药量轴分布比热压温度分布密集，说明单板载药量比热压温度对甲醛释放量影响大；由三维图可以看出，在单板载药量较高和热压温度较高区域内，甲醛释放量低。由图 4-16（c）的等高线可以看出，等高线沿施胶量坐标轴分布比热压温度轴密集，说明施胶量对甲醛释放量影响比温度显著，在施胶量较低和热压温度较高区域内甲醛释放量低。由此可见在该测试条件下，单板载药量对甲醛释放量影响比热压温度和施胶量显著。

根据建立的模型，利用 Design Expert 软件以甲醛释放量（最小值为最优值）为主要响应值，对单板载药量、施胶量和热压温度进行优化，得出当单板载药量为 14.81%、施胶量 250.00 $g\cdot m^{-2}$、热压温度 125.00℃时，甲醛释放量最低为 0.058 $mg\cdot m^{-3}$，此时 TVOC 释放 30.62 $\mu g\cdot m^{-3}$，胶合强度为 0.72 MPa，氧指数为 44.6%。

在调整后的优化工艺条件下，即单板载药量为 15%，施胶量为 250 $g\cdot m^{-2}$，热压温度为 125℃，压制胶合板。经测定，第 28 天甲醛释放量为 0.061 $mg\cdot m^{-3}$，TVOC 释放 32.47 $\mu g\cdot m^{-3}$，胶合强度为 0.70 MPa，氧指数为 42.1%。甲醛释放量理论值与实际值相差 4.9%。

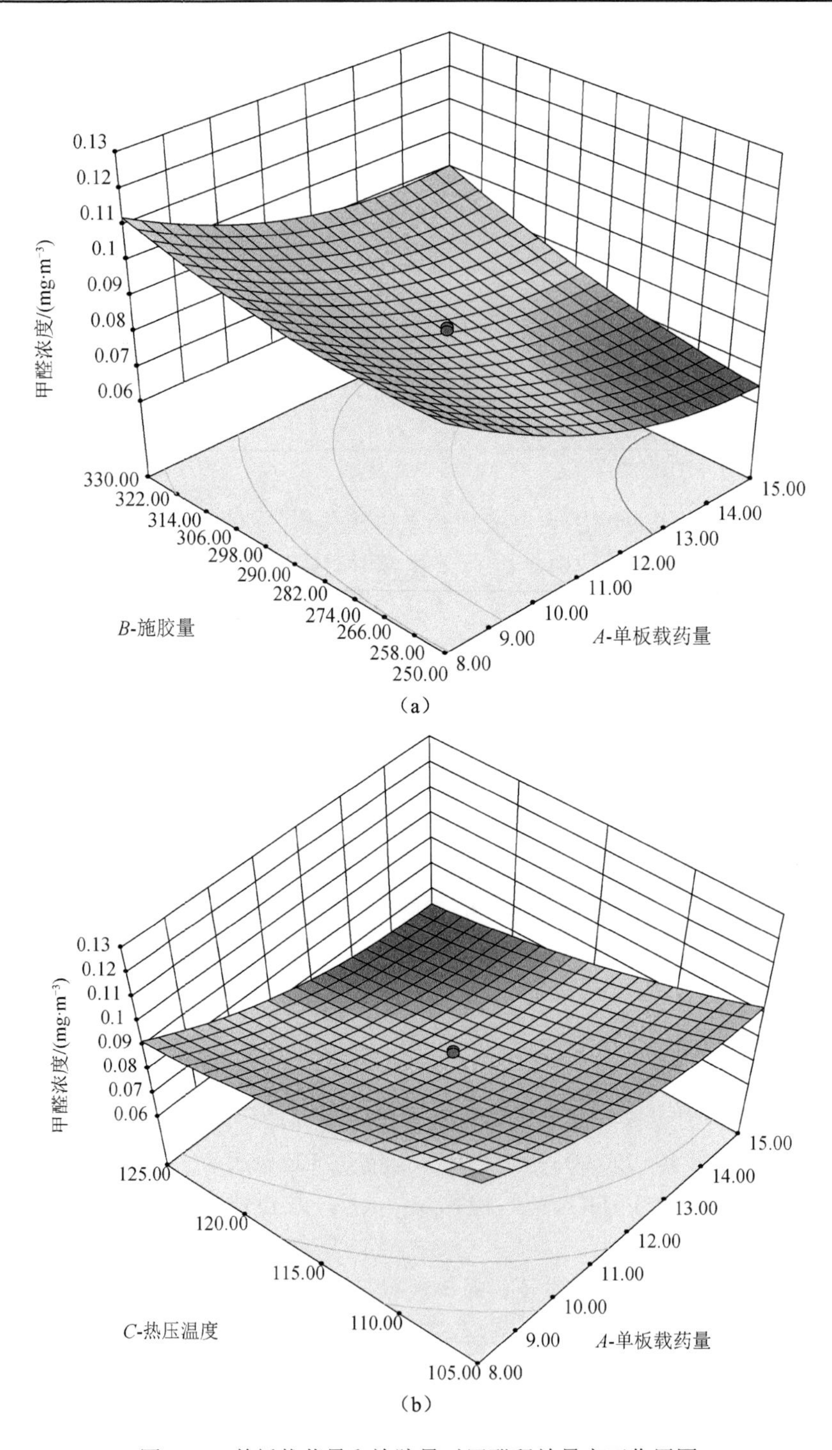

图 4-16　单板载药量和施胶量对甲醛释放量交互作用图

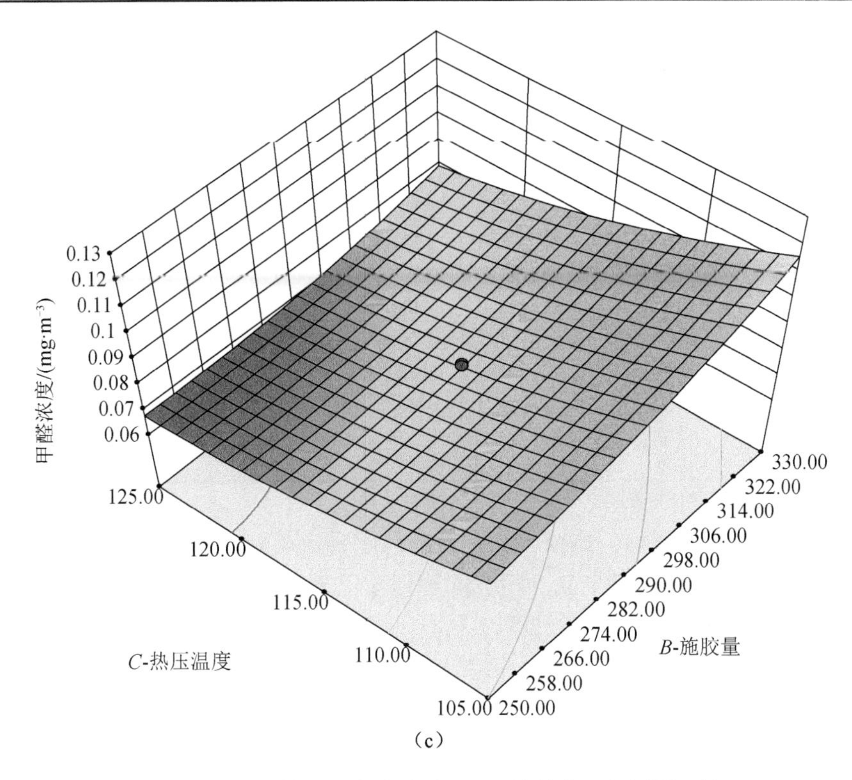

（c）

图 4-16　单板载药量和施胶量对甲醛释放量交互作用图（续）
（a）施胶量与单板载药量；（b）热压温度与单板载药量；（c）热压温度与施胶量

2. 无机阻燃杨木胶合板 TVOC 释放模型及响应面优化分析

利用软件 Design Expert 对 TVOC 释放测试结果进行多元回归拟合得到 TVOC 释放量的实际方程如下：

$$\text{TVOC}=94.48-3.18\times\text{单板载药量}-0.13\times\text{施胶量}-0.69\times\text{热压温度}-4.19\times10^{-3}\times\text{单板载药量}\times\text{施胶量}+0.015\times\text{单板载药量}\times\text{热压温度}+3.41\times10^{-4}\times\text{施胶量}\times\text{热压温度}+0.14\times\text{单板载药量}^2+2.00\times10^{-4}\times\text{施胶量}^2+2.30\times\text{热压温度}^2。$$

该模型的决定系数 $R^2=0.9933$，拟合度>90%，说明预测值与实际值有高度相关性，模型能够反映响应值的变化。模型显著性检验见表 4-20。由表 4-20 可以看出，单个响应因子对响应值影响显著。

表 4-20　TVOC 释放模型回归系数显著性检验

方差来源	平方和	自由度	均方	*F* 值	*P* 值	显著性
回归模型	145.23	9	16.14	164.59	<0.001	**
A-单板载药量	68.76	1	68.76	701.27	<0.001	**

续表

方差来源	平方和	自由度	均方	F值	P值	显著性
B-施胶量	9.26	1	9.26	94.46	<0.001	**
C-热压温度	17.58	1	17.58	179.29	<0.001	**
AB	2.75	1	2.75	28.04	0.0003	*
AC	2.26	1	2.26	23.03	0.0007	*
BC	0.15	1	0.15	1.51	0.2466	
A^2	44.14	1	44.14	450.23	<0.001	**
B^2	1.48	1	1.48	15.06	0.0031	*
C^2	0.76	1	0.76	7.77	0.0192	*
残差	0.98	10	0.098			
失拟项	0.95	5	0.19	31.74		
净误差	0.030	5	5.990×10^{-3}		0.0901	不显著
总和	146.21	19				

**（P<0.0001）表示极为显著；*（P<0.05）表示显著。

由图 4-17（a）可知，沿单板载药量轴等高线比施胶量坐标轴密集，说明单板载药量比施胶量对板材 TVOC 释放量影响大；沿单板载药量轴板材 TVOC 释放量呈现下凹形状，当单板载药量在 11%左右，施胶量较少时实验结果达到优化区域。由图 4-17（b）可以看出，单板载药量坐标轴的等高线分布比热压温度坐标轴密集，说明单板载药量比热压温度对板材 TVOC 释放量影响大。由图 4-17（c）可以看出，沿着施胶量和热压温度坐标轴的等高线分布较为均匀，说明两种因素对 TVOC 释放量均有显著影响。

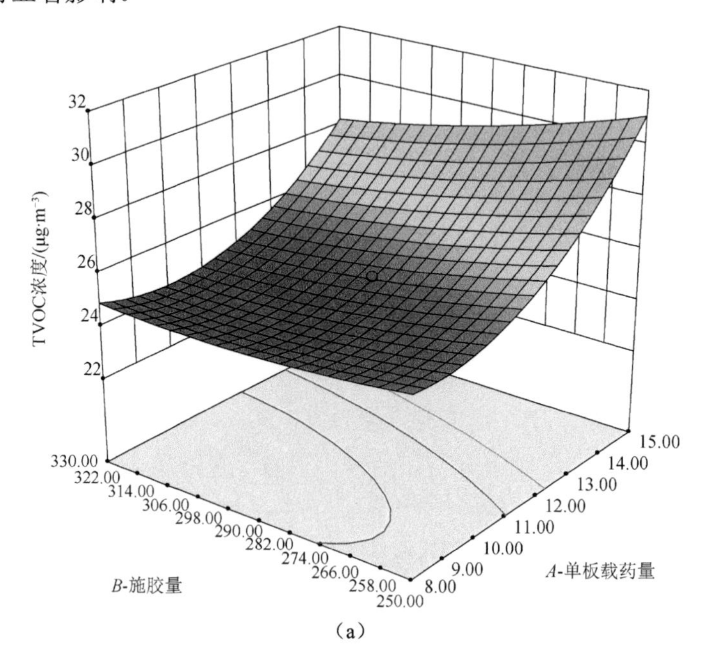

（a）

图 4-17　单板载药量和施胶量对 TVOC 释放量交互作用图

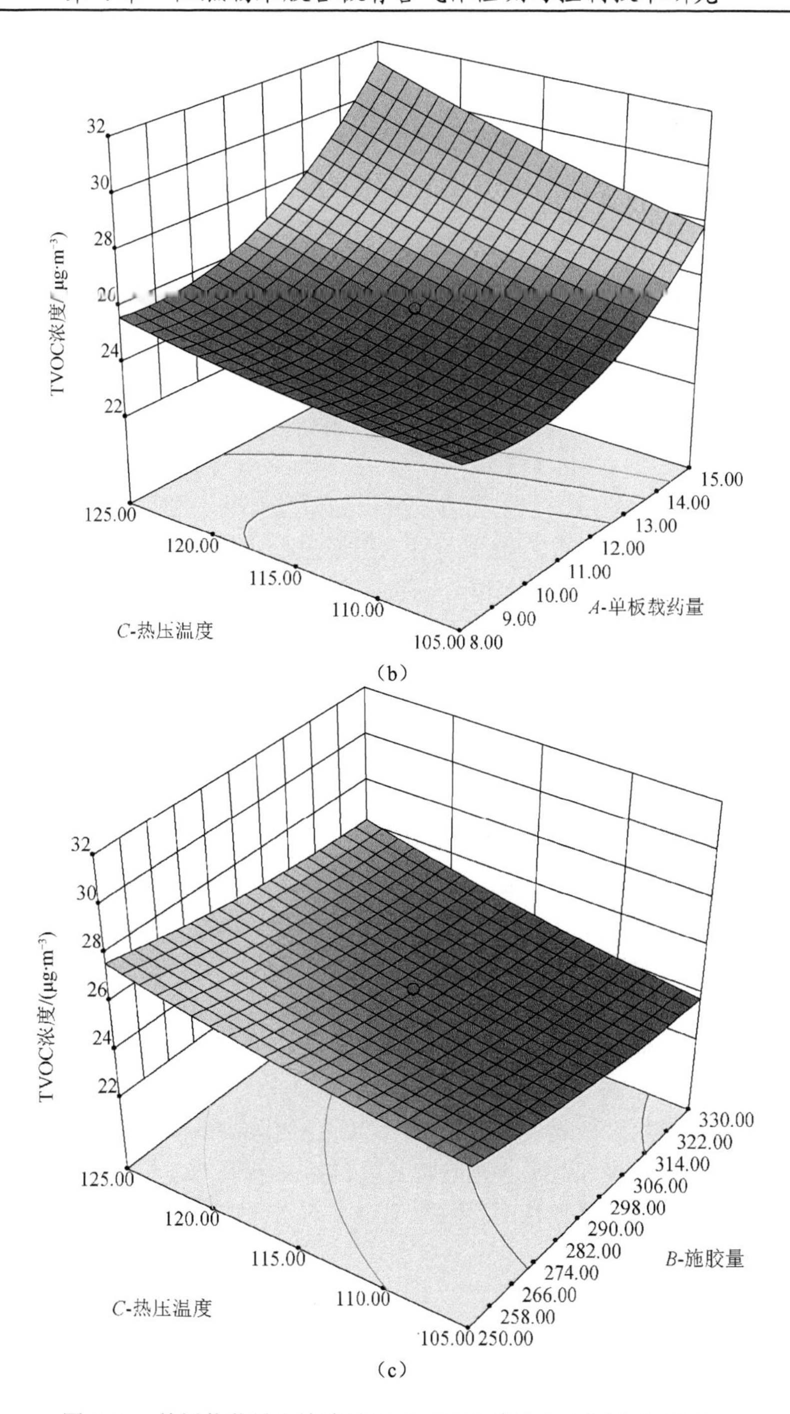

图 4-17　单板载药量和施胶量对 TVOC 释放量交互作用图（续）

（a）施胶量与单板载药量；（b）热压温度与单板载药量；（c）热压温度与施胶量

利用 Design Expert 软件以 TVOC 释放量（最小值为最优值）为主要响应值，对单板载药量、施胶量和热压温度进行优化，单板载药量为 10.37%、施胶量为 330.00 g·m^{-2}、热压温度为 105.00℃，TVOC 释放量最低为 23.61 μg·m^{-3}，此时甲醛释放量为 0.119 mg·m^{-3}，胶合强度为 0.78 MPa，氧指数为 40.5%。

在调整后的优化条件（单板载药量 10%，施胶量 330 g·m^{-2}，热压温度 105℃）下，压制胶合板，第 28 天 TVOC 释放量为 21.56 μg·m^{-3}，甲醛释放量为 0.113 mg·m^{-3}，胶合强度为 0.77 MPa，氧指数为 41.1%。TVOC 释放量理论值与实际值相差 9.5%。

4.4 本章小结

本章以不同阻燃处理工艺的杨木胶合板为研究对象，利用小型环境舱采集板材释放的甲醛和 VOC，利用分光光度计对甲醛进行定量分析，利用气相色谱质谱联用仪对 VOC 进行定性定量分析，研究工艺因素（单板载药量、施胶量和热压温度）对杨木胶合板甲醛和 VOC 释放的影响规律。在此基础上，利用响应面法对低污染生产工艺进行优化，主要得出以下结论：

（1）对四种市售阻燃杨木胶合板第 28 天 VOC 的释放研究表明：TVOC 释放水平为 50.14～248.92 μg·m^{-3}；阻燃杨木胶合板释放的 VOC 主要以芳香类和烃类化合物为主；同种品牌的板材随厚度增加 TVOC 释放量呈增加趋势。

（2）经过新型 FRW 阻燃剂和无机阻燃剂处理后的板材甲醛释放量显著降低，两者相比，前者降醛作用更明显，原因在于前者化学反应更彻底，后者物理吸附不稳定；与未经阻燃处理的板材相比，经新型 FRW 阻燃剂处理后，板材 TVOC 释放量增加，而经无机阻燃剂处理后的板材 TVOC 释放量减少。前者阻燃处理使木材 pH 降低，促进了木材在热压过程中产生更多 VOC；另外硼酸类等化合物在热量、水分作用下促进了木材主要成分的芳构化，产生更多芳烃类化合物。后者因为含有纳米二氧化锆会吸附部分 VOC，导致释放量降低。

（3）两种阻燃处理板材前期释放的 VOC 各组分中醛酮类数量最多，释放量最大；醛酮类、芳烃类和烷烃类化合物是板材第 1 天 VOC 主要释放物。芳烃类和烷烃类化合物是板材释放稳定后散发 VOC 的主要成分，醛酮类和萜烯类化合物释放量较小但有稳定检出。

（4）两种阻燃处理板材甲醛释放量随着单板载药量和热压温度的升高，均呈现出先减少后增加的趋势；随着施胶量的增加，甲醛释放量随之升高。

（5）工艺参数显著地影响板材的 VOC 释放。随着热压温度的升高，释放前期 TVOC 释放量先增加后减少，后期 TVOC 释放量先减少后增加；单板载药量对两种板材 TVOC 释放量影响规律相反，新型 FRW 阻燃杨木胶合板随着单板载药量的增加 TVOC 释放量先增加后减少，而无机阻燃杨木胶合板 TVOC 释放量随着单板载药量的增加先减少后增加；施胶量增加一般会增加 TVOC 释放量。

（6）通过中心组合设计试验，利用软件 Design Expert 对新型 FRW 阻燃杨木胶合板甲醛和 TVOC 释放测试结果进行优化，得出最佳生产工艺条件，即单板载药量为 14.96%、施胶量为 250.00 $g\cdot m^{-2}$、热压温度为 125.00℃时，甲醛释放量最低为 0.048 $mg\cdot m^{-3}$，此时甲醛释放量实际值与理论值相差 9.1%；当单板载药量为 8.00%、施胶量为 285.34 $g\cdot m^{-2}$、热压温度为 113.04℃时，TVOC 释放量最低为 27.75 $\mu g\cdot m^{-3}$。TVOC 释放量实际值与理论值相差 8.4%。当无机阻燃杨木胶合板的单板载药量为 14.81%、施胶量为 250.00 $g\cdot m^{-3}$、热压温度为 125.00℃时，甲醛释放量最低为 0.058 $mg\cdot m^{-3}$，甲醛释放量理论值与实际值相差 4.9%；单板载药量为 10.37%、施胶量为 330.00 $g\cdot m^{-2}$、热压温度为 105.00℃，TVOC 释放量最低为 23.61 $\mu g\cdot m^{-3}$。TVOC 释放量理论值与实际值相差 9.5%，说明优化方法可用。

（7）阻燃工艺优化后的板材与相同厚度的市售阻燃板材相比，TVOC 释放量明显降低。

参考文献

方桂珍．2002.20 种树种木材化学组成分析[J]．中国造纸，（6）：79-80

郭成．1998．木质材料阻燃机理研究综述[J]．东北林业大学学报，26（6）：71-74

国家质量监督检验检疫总局，卫生部，环境保护部．GB/T 18883—2002．室内空气质量标准[S]．

胡云楚，刘元．2003．酚类阻燃剂处理木材热解过程的热动力学研究[J]．林业科学，39（3）：116-120

环境保护部．HJ571—2010 环境标志产品技术要求 人造板及其制品[S]．北京：中国环境科学出版社

黄燕娣，赵寿堂，胡玢．2007．室内人造板材制品释放挥发性有机化合物研究[J]．环境监测管理与技术，（1）：38-40

季宏飞，许杨，李燕萍．2008．采用响应面法优化红曲霉固态发酵产红曲色素培养条件的研究[J]．食品科技，（8）：9-13

黎贵卿．2008．几种竹叶和滇桂艾纳香化学成分提取工艺及抗氧化活性的研究[D]．广西大学硕士论文

李春艳，沈晓滨，时阳，等．2007．应用气候箱法测定胶合板的 VOC 释放[J]．木材工业，21（4）：40-42

李春艳，沈晓滨，张立境．2007．某常用胶合板 VOC 散发的试验研究[J]．洁净与空调技术，（1）：43-45

李爽，沈隽，江淑敏．2013．不同外部环境因素下胶合板 VOC 的释放特性[J]．林业科学，49（1）：179-184

刘燕吉．1997．木质材料的阻燃技术[J]．木材工业，11（1）：41-42

龙玲，王金林．2007．4 种木材常温下醛和萜烯挥发物的释放[J]．木材工业，21（3）：15-17

莫达松，叶开富，罗平，等．2012．装修对室内空气质量的影响及室内空气污染的防治[J]．化学分析计量，21（5）：30-33

南京林产工业学院．1983．木材热解工艺学[M]．北京：中国林业出版社

宋斐，张世锋，李建章，等．2010．阻燃 E0 级胶合板的制备及性能研究[J]．中国胶粘剂，19（5）：29-32

王敬贤．2011．环境因素对人造板 VOC 释放影响的研究[D]．东北林业大学硕士论文

王清文，李坚．2004．用热分析法研究木材阻燃剂 FRW 的阻燃机理[J]．林产化学与工业，24（3）：37-41

原福胜，宫斐梁，瑞峰．2009．居室装修后室内空气污染及变化趋势[J]．环境与职业医学，26（5）：441-443

Banerjee S, Su W, Wild M P, et al. 1998. Wet line extension reduce VOC from softwood drying[J]. Environmental Science Technology, 32:1303-1307

Barry A, Corneau D, Lovell R. 2000. Press volatile organic compound emissions as functions of wood particelboard processing parameters[J]. Forest Products Journal, 50(10): 35-42

Baumann M G D, Battermnn S A, Zhang G Z. 1999. Terpene emissionsfrom particleboard and medimn-density fiberboard products [J]. Forest Products Journal, 49(1): 49-56

Baumann M G D, Lorenz L F, Battermann A, et al. 2000. Aldehyde emissions from particleboard and medimn-density fiberboard products[J]. Forest Products Journal, 50(9): 75- 82

Bohm M, Salem M Z M, Srba J. 2012. Formaldehyde emission monitoring from a variety of solid wood, plywood, blockboard and flooring products manufactured for building and furnishing materials [J]. Journal of Hazardous Materials, 221: 68-79

Carlson F E, Phillips E L, Turner D B, et al. 1995. A study of formaldehyde and other organic emissions from pressing of laboratory oriened sraandboard[J]. Forest Products Journal, 45(3): 71-77

Granstrom K M. 2003. Emissions of monoerpenes and VOCs durning drying of sawdust in a spouted bed[J]. Forest Products Journal, 53(10): 48-55

Milota M R. 2003.HAP and VOC emissions from white fir lumber dried at high and convenional temperatures[J]. Forest Products Journal, 53(3): 60-64

Ohlmeyer M, Makowski M, Fried H, et al. 2008.Influence of panal thickness on the release of volatile organic compounds from OSB made of Pinus sylvesttis L[J]. Forest Products Journal, 58(1/2): 65-70

Oikawa T, Matsui T, Matsuda Y, et al. 2005.Volatile organic compounds from wood and their influences on museum artifact materials I: Diffence in wood species and analyses of causal substances of deterioration[J]. Journal of Wood Science, 51: 363-369

Otwell L P, Hirrmeier M E, Hooda U, et al. 2000.HAPS releasw from wood drying[J]. Environmental Science Technology, 34(11): 2280-2283

附　　录

附录 1　小型环境舱与标准舱测试数据的相关性分析

附表 1-1　GC/MS 检测中密度纤维板第 28 天释放 VOC 组分

种类	序号	保留时间/min	分子式	化合物名称
芳烃	1	9.02	C_8H_{10}	乙苯
	2	9.54	C_8H_{10}	对二甲苯
	3	10.93	C_8H_8	苯乙烯
	4	20.07	C_8H_8O	乙酰苯
	5	22.18	$C_{10}H_{14}$	1,2,3,5-四甲基苯
	6	24.57	$C_{10}H_8$	萘
	7	28.19	$C_{11}H_{10}$	1-甲基萘
	8	28.67	$C_{11}H_{10}$	1-甲基萘
	9	46.20	$C_{16}H_{10}$	嵌二萘
烷烃	1	17.32	$C_{13}H_{28}$	5-乙基-十一烷
	2	25.12	$C_{13}H_{28}$	2,5,6-三甲基癸烷
	3	30.18	$C_{14}H_{30}$	2,3-二甲基十二烷
	4	30.51	$C_{16}H_{34}$	十六烷
	5	31.20	$C_{14}H_{30}$	正十四烷
烯烃	1	13.61	$C_{10}H_{16}$	（1*S*,3*R*,6*R*）-（-）-4-蒈烯
酯类	1	26.20	$C_8H_{14}O$	乙烯基环己基酯
其他	1	6.39	$C_6H_{12}O$	反-2-甲基-环戊醇
	2	18.66	$C_8H_{18}O$	2-乙基-1-己醇
	3	27.44	C_9H_8O	2-甲氧基苯乙炔

附表 1-2　GC/MS 检测贴面中密度纤维板第 28 天释放 VOC 组分

种类	序号	保留时间/min	分子式	化合物名称
芳烃	1	9.03	C_8H_{10}	乙苯
	2	9.55	C_8H_{10}	对二甲苯
	3	20.11	C_8H_8O	乙酰苯
	4	23.35	$C_{10}H_{14}$	1-乙基-2,4-二甲基苯
	5	24.58	$C_{10}H_8$	萘
	6	41.55	$C_{14}H_{10}$	菲
	7	46.19	$C_{16}H_{10}$	荧蒽
烷烃	1	11.75	C_9H_{20}	2,3-二甲基庚烷
	2	17.32	$C_{10}H_{22}$	4-甲基壬烷
	3	25.14	$C_{13}H_{28}$	2,3,6-三甲基癸烷
	4	40.01	$C_{14}H_{30}$	2,4-二甲基十二烷
烯烃	1	13.63	$C_{10}H_{16}$	2,6,6-三甲基双环[3.1.1]庚-2-烯
醛类	1	15.20	C_7H_6O	苯甲醛
酯类	1	10.96	$C_{14}H_{13}NO_2$	2-苯基乙基异烟酸酯
其他	1	18.70	$C_8H_{18}O$	2-乙基-1-己醇

附表 1-3　GC/MS 检测高密度纤维板第 28 天释放 VOC 组分

种类	序号	保留时间/min	分子式	化合物名称
芳烃	1	5.27	C_7H_8	甲苯
	2	9.01	C_8H_{10}	乙苯
	3	9.53	C_8H_{10}	间二甲苯
	4	10.91	C_8H_8	苯乙烯
	5	15.17	C_9H_{12}	1-乙基-3-甲基苯
	6	20.10	C_8H_8O	乙酰苯
	7	22.04	$C_{10}H_{14}$	1,2,3,5-四甲基苯
	8	24.54	$C_{10}H_8$	甘菊环
	9	24.90	$C_{11}H_{16}$	1-乙基-2,4,5-三甲基苯
	10	28.65	$C_{11}H_{10}$	2-甲基萘
	11	31.83	$C_{12}H_{12}$	1,8-二甲基萘
	12	35.65	$C_{14}H_{14}$	1-甲基-3-（苯基甲基）苯
	13	38.27	$C_{15}H_{16}$	1-甲基 2-[（4-苯基甲基）甲基]苯
烷烃	1	11.70	C_9H_{20}	壬烷
	2	17.31	$C_{10}H_{22}$	癸烷
	3	31.19	$C_{14}H_{30}$	正十四烷
	4	34.62	$C_{15}H_{32}$	十五烷
	5	27.42	$C_{13}H_{28}$	2,6,7-三甲基癸烷
烯烃	1	13.60	$C_{10}H_{16}$	3-蒈烯
醛类	1	6.38	$C_6H_{12}O$	正己醛
	2	17.45	$C_8H_{16}O$	辛醛
	3	21.72	$C_9H_{18}O$	壬醛
酮类	1	16.53	$C_8H_{14}O$	6-甲基-庚烯-2-酮
酯类	1	37.16	$C_{13}H_{24}O_4$	戊二酸-二丁酯
	2	42.20	$C_{16}H_{24}O_2$	间苯甲酸-2-乙基己基酯

附表 1-4　GC/MS 检测刨花板第 28 天释放 VOC 各组分及其浓度

种类	序号	保留时间/min	分子式	化合物名称
芳烃	1	5.22	C_7H_8	甲苯
	2	9.42	C_8H_{10}	对二甲苯
	3	9.54	C_8H_{10}	邻二甲苯
	4	10.78	C_8H_8	苯乙烯
	5	24.43	$C_{10}H_8$	甘菊环
	6	28.06	$C_{11}H_{10}$	1-甲基萘
	7	28.52	$C_{11}H_{10}$	1-甲基萘
烷烃	1	13.69	$C_{13}H_{28}$	6,6-二甲基十一烷
	2	13.98	$C_{10}H_{22}$	2-甲基-3-乙基-庚烷
	3	25.02	$C_{10}H_{22}$	癸烷
	4	30.38	$C_{12}H_{26}$	2,3-二甲基癸烷
	5	31.08	$C_{13}H_{28}$	2,6,7- 三甲基癸烷
	6	32.96	$C_{13}H_{28}$	2,6,7-三甲基癸烷
	7	34.46	$C_{13}H_{28}$	5-丙基-3-甲基壬烷
醛类	1	15.09	C_7H_6O	苯甲醛
其他	1	18.53	$C_8H_{18}O$	2-乙基-1-己醇
	2	26.21	$C_6H_{14}O_3$	2,2'-氧二苯-1-丙醇

附表 1-5 GC/MS 检测定向刨花板第 28 天释放 VOC 各组分及其浓度

种类	序号	保留时间/min	分子式	化合物名称
芳烃	1	9.02	C_8H_{10}	乙苯
	2	9.54	C_8H_{10}	对二甲苯
	3	10.91	C_8H_8	苯乙烯
	4	20.05	C_8H_8O	乙酰苯
	5	24.53	$C_{10}H_8$	甘菊环
	6	28.65	$C_{11}H_{10}$	1-亚甲基-1-氢茚
	7	46.19	$C_{16}H_{10}$	嵌二萘
醛类	1	6.39	$C_6H_{12}O$	正己醛
	2	27.05	C_9H_8O	3-苯基-2-丙烯醛
酯类	1	42.20	$C_{16}H_{24}O_2$	2-乙基己基-对甲苯甲酸酯

附表 1-6 GC/MS 检测胶合板第 28 天释放 VOC 各组分及其浓度

种类	序号	保留时间/min	分子式	化合物名称
芳烃	1	8.92	C_8H_{10}	乙苯
	2	9.45	C_8H_{10}	1,3-二甲基苯
	3	10.80	C_8H_8	苯乙烯
	4	19.99	C_8H_8O	乙酰苯
	5	24.47	$C_{10}H_8$	甘菊环
	6	28.06	$C_{11}H_{10}$	2-甲基萘
	7	28.59	$C_{11}H_{10}$	1-甲基萘
烷烃	1	31.14	$C_{14}H_{30}$	正十四烷
	2	34.55	$C_{15}H_{32}$	十五烷
	3	37.75	$C_{16}H_{34}$	7-甲基十五烷
烯烃	1	31.60	$C_{15}H_{24}$	绿叶烯
醛类	1	18.54	$C_{10}H_{18}O$	（Z）-2-癸烯醛
酮类	1	25.07	$C_8H_{16}O$	4-甲基-3-庚酮

附表 1-7 大小型环境舱检测中密度纤维板 TVOC 释放速率相对偏差

时间和环境舱体积	1d		3d		7d		14d		21d		28d	
	15 L	1 m^3	15 L	1 m^3	15 L	1 m^3	15 L	1 m^3	15 L	1 m^3	15 L	1 m^3
TVOC 速率/（$\mu g \cdot m^{-2} \cdot h^{-1}$）	139.57	130.18	90.55	92.64	74.48	70.53	61.24	55.48	41.07	40.43	40.01	38.46
绝对偏差/（$\mu g \cdot m^{-2} \cdot h^{-1}$）	9.39		−2.09		3.95		5.76		0.64		1.55	
相对偏差/%	7.21		−2.26		5.59		10.39		1.58		4.03	
平均相对偏差/%	4.43											

注：“－”表示小型环境舱检测值低于大型环境舱。

附表 1-8 大小型环境舱检测贴面中密度纤维板 TVOC 释放速率相对偏差

时间和环境舱体积	1d		3d		7d		14d		21d		28d	
	15 L	1 m^3	15 L	1 m^3	15 L	1 m^3	15 L	1 m^3	15 L	1 m^3	15 L	1 m^3
TVOC 速率/（$\mu g \cdot m^{-2} \cdot h^{-1}$）	76.87	70.9	52.43	50.49	−38.05	40.35	35.66	34.49	35.60	30.43	34.78	31.49
绝对偏差/（$\mu g \cdot m^{-2} \cdot h^{-1}$）	5.97		1.94		−2.30		1.17		5.17		3.29	
相对偏差/%	8.41		3.84		−5.70		0.34		16.99		10.46	
平均相对偏差/%	6.23											

注：“－”表示小型环境舱检测值低于大型环境舱。

附表 1-9 大小型环境舱检测高密度纤维板 TVOC 释放速率相对偏差

时间和环境舱体积	1d		3d		7d		14d		21d		28d	
	15 L	1 m^3	15 L	1 m^3	15 L	1 m^3	15 L	1 m^3	15 L	1 m^3	15 L	1 m^3
TVOC 速率/（$\mu g \cdot m^{-2} \cdot h^{-1}$）	306.32	354.21	225.27	241.95	145.79	155.61	111.75	100.52	75.81	77.19	68.71	67.93
绝对偏差/（$\mu g \cdot m^{-2} \cdot h^{-1}$）	−47.89		−16.68		−9.82		11.23		−1.38		−0.78	
相对偏差/%	−13.52		−6.89		−6.31		11.17		−1.79		1.14	
平均相对偏差/%	−2.70											

注：“－”表示小型环境舱检测值低于大型环境舱。

附表 1-10 大小型环境舱检测刨花板 TVOC 释放速率相对偏差

时间和环境舱体积	1d		3d		7d		14d		21d		28d	
	15 L	1 m^3	15 L	1 m^3	15 L	1 m^3	15 L	1 m^3	15 L	1 m^3	15 L	1 m^3
TVOC 速率/（$\mu g \cdot m^{-2} \cdot h^{-1}$）	122.79	116.28	67.10	70.53	41.66	50.00	37.61	35.92	35.92	31.76	28.71	29.34
绝对偏差/（$\mu g \cdot m^{-2} \cdot h^{-1}$）	6.51		2.92		1.28		0.02		4.16		−0.63	
相对偏差/%	5.60		−4.62		−16.68		4.70		13.09		−2.16	
平均相对偏差/%	−0.01											

注：“－”表示小型环境舱检测值低于大型环境舱。

附表 1-11　大小型环境舱检测定向刨花板 TVOC 释放速率相对偏差

时间和环境舱体积	1d		3d		7d		14d		21d		28d	
	15 L	1 m³	15 L	1 m³	15 L	1 m³	15 L	1 m³	15 L	1 m³	15 L	1 m³
TVOC 速率/（μg·m⁻²·h⁻¹）	62.92	60.9	37.46	33.01	24.51	18.65	20.31	21.49	16.46	18.97	17.01	16.41
绝对偏差/（μg·m⁻²·h⁻¹）	2.02		4.45		5.86		−1.18		−2.51		−0.6	
相对偏差/%	3.32		13.48		31.42		−5.49		−13.23		−3.53	
平均相对偏差/%	4.33											

注：“－”表示小型环境舱检测值低于大型环境舱。

附表 1-12　大小型环境舱检测胶合板 TVOC 释放速率相对偏差

时间和环境舱体积	1d		3d		7d		14d		21d		28d	
	15 L	1 m³	15 L	1 m³	15 L	1 m³	15 L	1 m³	15 L	1 m³	15 L	1 m³
TVOC 速率/（μg·m⁻²·h⁻¹）	100.94	97.10	51.47	55.70	41.50	43.87	38.18	35.75	33.10	32.13	31.46	28.56
绝对偏差/（μg·m⁻²·h⁻¹）	3.84		−4.23		−2.37		2.43		0.97		2.90	
相对偏差/%	3.95		−7.59		−5.40		6.79		3.02		10.14	
平均相对偏差/%	1.82											

注：“－”表示小型环境舱检测值低于大型环境舱。

附录 2　杨木强化材 VOC 组分

附表 2-1　WPG 为 24.56%杨木强化材 VOC 物质分析表

化合物	试件挥发性有机化合物浓度/（μg·m^{-3}）				
	1 d	3 d	7 d	14 d	28 d
醛类化合物					
己醛	11.54	6.22	5.55	4.94	3.00
庚醛	0.00	2.54	1.12	0.94	1.01
苯甲醛	5.14	1.44	2.59	3.94	2.05
辛醛	3.10	3.96	1.73	1.45	1.52
壬醛	9.39	6.78	7.60	4.01	3.31
十二醛	5.62	4.00	2.52	0.96	0.72
癸醛	8.42	6.01	4.94	4.85	2.61
萜烯类化合物					
α-蒎烯	5.67	3.68	2.24	2.18	2.00
3-蒈烯	2.14	1.15	0.98	0.65	0.00
烷烃类化合物					
壬烷	2.74	1.63	1.95	1.00	0.97
癸烷	2.60	1.72	0.93	0.83	0.90
十一烷	0.00	2.73	2.96	2.82	2.32
十二烷	8.23	4.42	3.78	3.97	3.56
2,3,7-三甲基辛烷	3.05	4.09	3.83	2.24	2.34
6-甲基十三烷	5.17	3.35	2.21	2.28	2.11
4-甲基十三烷	3.87	2.14	1.65	1.94	1.52
2-甲基十三烷	4.34	6.17	5.19	3.20	2.81
3-甲基十三烷	3.99	3.58	3.53	2.38	2.92
2,6,10-三甲基十二烷	15.29	7.79	8.50	6.93	5.80
十四烷	21.62	25.04	18.06	18.02	16.11
十五烷	15.06	11.36	9.20	10.66	8.21
十六烷	4.14	2.13	1.87	2.13	0.98
其他化合物					
苯甲酮	5.62	4.15	5.33	4.23	3.06
6-甲基-5-庚烯-2-酮	5.66	3.84	3.56	2.24	1.64
3-甲基庚基酯	4.18	2.95	2.91	2.32	2.37
2-辛醇	16.85	17.96	10.71	6.71	7.80
萘	9.90	7.95	5.80	2.35	4.38
2-甲基萘	5.99	4.91	3.23	3.22	2.33
1-甲基萘	2.00	2.45	1.83	1.49	2.29
TVOC	191.33	156.16	126.28	104.88	90.62

附表 2-2　WPG 为 28.94%杨木强化材 VOC 物质分析表

化合物	试件挥发性有机化合物浓度/（$\mu g\cdot m^{-3}$）				
	1 d	3 d	7 d	14 d	28 d
醛类化合物					
己醛	9.34	8.36	7.02	4.92	2.02
庚醛	3.09	3.52	2.93	3.01	1.03
苯甲醛	11.12	7.05	4.10	4.44	3.36
辛醛	3.82	3.41	2.83	3.59	2.14
壬醛	10.05	7.02	9.03	6.35	4.60
十二醛	5.21	4.57	2.12	2.35	1.63
癸醛	10.39	8.34	11.22	6.28	5.49
萜烯类化合物					
α-蒎烯	3.77	3.70	2.50	2.75	2.16
3-蒈烯	1.42	1.51	1.20	0.95	0.00
烷烃类化合物					
壬烷	4.62	3.40	1.86	1.70	1.60
癸烷	4.01	3.01	2.97	3.37	1.32
十一烷	5.67	3.76	4.60	3.19	2.69
十二烷	8.05	3.47	5.38	4.82	4.34
2,3,7-三甲基辛烷	3.94	2.40	3.53	3.76	3.55
6-甲基十三烷	3.42	3.30	2.14	2.20	1.65
4-甲基十三烷	5.54	3.98	1.67	2.15	1.18
2-甲基十三烷	9.03	8.98	6.36	4.91	2.09
3-甲基十三烷	6.08	4.08	4.91	3.13	3.01
2,6,10-三甲基十二烷	12.96	16.40	11.38	9.28	7.14
十四烷	18.06	16.46	21.79	20.87	19.85
十五烷	11.64	12.98	12.91	12.99	12.03
十六烷	4.74	3.19	2.06	1.92	2.81
其他化合物					
苯甲酮	15.81	7.28	4.83	3.66	5.26
6-甲基-5-庚烯-2-酮	7.36	6.73	2.22	2.23	1.25
3-甲基庚基酯	5.40	4.12	3.76	4.03	3.45
2-辛醇	17.96	15.16	15.38	11.35	13.41
萘	11.78	10.65	7.89	4.87	4.83
2-甲基萘	8.45	6.67	4.39	2.05	3.30
1-甲基萘	3.54	4.32	2.03	1.70	1.35
TVOC	226.27	187.82	165.01	138.81	118.54

附表 2-3　WPG 为 36.35%杨木强化材 VOC 物质分析表

化合物	试件挥发性有机化合物浓度/（μg·m^{-3}）				
	1 d	3 d	7 d	14 d	28 d
醛类化合物					
己醛	7.74	6.73	4.42	4.49	3.24
庚醛	0.00	0.00	1.69	1.20	1.21
苯甲醛	11.05	9.33	8.67	5.02	4.26
辛醛	5.60	3.34	3.19	2.86	2.03
壬醛	15.48	13.33	12.34	8.36	6.92
十二醛	6.51	6.30	3.18	5.00	2.23
癸醛	13.17	11.85	10.71	7.31	5.12
萜烯类化合物					
α-蒎烯	5.85	3.29	2.65	2.80	2.06
3-蒈烯	2.78	2.12	1.11	1.39	1.36
烷烃类化合物					
壬烷	8.18	5.59	3.11	1.92	1.33
癸烷	3.42	3.15	2.12	2.35	1.41
十一烷	7.19	6.09	4.97	4.31	3.64
十二烷	7.45	5.80	10.23	6.18	3.54
2,3,7-三甲基辛烷	6.37	4.13	4.45	3.41	3.99
6-甲基十三烷	7.39	6.92	3.22	1.97	1.38
4-甲基十三烷	5.43	4.54	2.42	1.80	1.35
2-甲基十三烷	5.77	6.16	6.78	5.35	4.38
3-甲基十三烷	10.47	5.72	5.35	3.62	3.05
2,6,10-三甲基十二烷	14.91	10.97	6.03	6.73	8.16
十四烷	28.02	27.38	26.66	23.50	20.18
十五烷	10.57	10.59	7.42	8.13	8.26
十六烷	3.70	2.51	2.28	2.14	1.77
其他化合物					
苯甲酮	16.81	12.92	7.92	5.22	5.58
6-甲基-5-庚烯-2-酮	3.85	3.12	2.98	3.66	2.86
3-甲基庚基酯	6.78	4.95	4.13	3.61	2.04
2-辛醇	6.83	11.49	17.28	15.50	17.86
萘	8.14	9.36	7.51	5.55	6.13
2-甲基萘	9.63	5.23	4.37	3.15	3.49
1-甲基萘	4.81	3.25	2.73	1.80	1.19
TVOC	243.91	206.17	179.91	148.33	130.02

附表 2-4　WPG 为 44.06%杨木强化材 VOC 物质分析表

化合物	试件挥发性有机化合物浓度/（μg·m⁻³）				
	1 d	3 d	7 d	14 d	28 d
醛类化合物					
己醛	12.65	9.27	7.43	5.27	4.75
庚醛	0.00	0.00	1.10	2.11	0.89
苯甲醛	15.77	12.84	10.06	7.48	5.78
辛醛	5.26	6.37	4.31	2.36	1.88
壬醛	16.77	12.09	11.16	9.66	8.10
十二醛	5.56	4.60	3.38	3.25	1.93
癸醛	15.61	13.35	10.91	8.54	7.23
萜烯类化合物					
α-蒎烯	4.66	3.53	2.35	2.02	2.31
3-蒈烯	2.16	1.57	1.43	1.20	0.77
烷烃类化合物					
壬烷	4.19	4.16	2.63	2.92	1.01
癸烷	3.53	2.78	2.17	1.43	0.94
十一烷	6.00	4.75	4.44	3.22	3.04
十二烷	9.13	6.23	5.49	4.55	3.44
2,3,7-三甲基辛烷	7.98	4.58	4.18	2.83	2.55
6-甲基十三烷	5.30	3.59	2.51	2.40	2.49
4-甲基十三烷	3.65	2.57	2.71	2.07	1.98
2-甲基十三烷	9.69	9.65	6.62	4.31	3.43
3-甲基十三烷	7.20	5.56	3.42	2.17	4.17
2,6,10-三甲基十二烷	15.45	13.15	12.76	9.89	8.24
十四烷	31.08	28.33	22.53	23.52	22.31
十五烷	17.36	16.02	16.07	13.71	10.15
十六烷	6.11	2.48	2.96	2.25	2.86
其他化合物					
苯甲酮	16.49	11.51	9.82	8.11	8.69
6-甲基-5-庚烯-2-酮	9.19	4.26	4.46	4.42	1.89
3-甲基庚基酯	8.44	5.90	5.30	3.70	2.81
2-辛醇	11.62	13.38	15.63	12.03	11.74
萘	16.62	9.72	7.44	7.82	5.23
2-甲基萘	10.88	6.15	5.17	4.02	4.28
1-甲基萘	4.79	2.66	2.16	2.15	2.00
TVOC	283.14	221.06	190.60	159.42	136.89

附表 2-5　WPG 为 49.05%杨木强化材 VOC 物质分析表

化合物	试件挥发性有机化合物浓度/（μg·m^{-3}）				
	1 d	3 d	7 d	14 d	28 d
醛类化合物					
己醛	12.43	9.96	7.77	4.64	5.13
庚醛	2.01	1.67	2.45	1.63	1.02
苯甲醛	11.59	6.61	4.21	2.11	2.44
辛醛	4.40	4.34	5.34	3.03	2.06
壬醛	10.63	8.44	7.79	6.70	5.41
十二醛	6.07	5.30	4.12	1.48	0.95
癸醛	7.03	9.90	10.97	5.00	6.53
萜烯类化合物					
α-蒎烯	3.97	3.73	2.95	2.25	1.96
3-蒈烯	2.23	1.97	1.46	1.01	0.98
烷烃类化合物					
壬烷	3.40	2.57	2.37	0.71	1.10
癸烷	3.01	2.44	1.65	1.12	1.25
十一烷	3.76	4.93	3.98	3.92	3.82
十二烷	9.15	4.29	5.44	4.50	4.13
2,3,7-三甲基辛烷	4.16	3.15	2.87	3.12	3.70
6-甲基十三烷	3.09	4.24	2.17	2.20	1.48
4-甲基十三烷	5.38	3.80	5.12	1.96	1.32
2-甲基十三烷	10.28	8.94	7.15	6.44	4.72
3-甲基十三烷	8.80	5.58	2.95	3.26	2.78
2,6,10-三甲基十二烷	15.74	15.08	11.32	9.03	9.59
十四烷	27.95	22.20	22.84	23.30	19.81
十五烷	19.46	16.82	13.02	12.84	10.33
十六烷	6.82	3.52	3.40	3.05	1.88
其他化合物					
苯甲酮	7.18	6.36	5.76	5.03	5.78
6-甲基-5-庚烯-2-酮	4.38	4.57	2.22	1.79	1.44
3-甲基庚基酯	4.65	3.12	3.48	3.11	4.15
2-辛醇	15.93	13.17	15.05	14.10	7.76
萘	10.47	10.52	7.58	8.38	5.78
2-甲基萘	8.97	9.78	3.71	3.71	3.03
1-甲基萘	4.30	4.71	2.29	2.58	5.78
TVOC	237.24	201.71	171.43	141.98	126.11

附表 2-6　WPG 为 55.11%杨木强化材 VOC 物质分析表

化合物	试件挥发性有机化合物浓度/（$\mu g\cdot m^{-3}$）				
	1 d	3 d	7 d	14 d	28 d
醛类化合物					
己醛	8.80	8.97	7.22	5.36	3.59
庚醛	2.95	2.06	1.56	1.12	1.02
苯甲醛	5.27	5.24	3.47	2.21	3.82
辛醛	9.11	3.77	5.14	3.98	2.00
壬醛	12.36	10.64	9.65	7.37	5.29
十二醛	4.62	3.94	4.31	2.21	1.92
癸醛	7.86	6.41	5.47	5.43	3.70
萜烯类化合物					
α-蒎烯	2.82	2.62	1.89	1.47	2.39
3-蒈烯	1.63	1.19	1.02	1.05	0.00
烷烃类化合物					
壬烷	3.02	2.34	2.27	1.79	1.23
癸烷	1.10	1.09	2.31	1.76	1.04
十一烷	9.67	6.82	3.49	2.49	2.61
十二烷	8.36	5.53	5.12	2.81	3.42
2,3,7-三甲基辛烷	6.74	3.74	3.17	1.14	3.23
6-甲基十三烷	4.20	1.87	2.11	2.38	2.15
4-甲基十三烷	5.19	1.46	1.52	1.96	1.48
2-甲基十三烷	7.60	4.65	6.16	6.01	6.36
3-甲基十三烷	6.71	3.04	3.55	3.23	3.19
2,6,10-三甲基十二烷	5.22	15.98	11.01	12.89	9.97
十四烷	21.61	21.85	23.67	21.05	23.08
十五烷	12.32	12.80	8.38	8.24	9.71
十六烷	4.71	2.61	4.21	2.68	1.33
其他化合物					
苯甲酮	13.02	6.96	6.44	6.00	5.78
6-甲基-5-庚烯-2-酮	3.53	2.07	1.70	2.65	1.72
3-甲基庚基酯	7.11	3.17	3.95	2.64	2.04
2-辛醇	18.23	20.62	13.38	16.66	10.45
萘	12.67	10.67	8.95	5.23	5.39
2-甲基萘	5.33	7.05	4.30	3.55	3.13
1-甲基萘	2.16	3.52	3.51	1.81	1.05
TVOC	213.93	182.70	158.94	137.19	122.10

附表 2-7　WPG 为 63.58%杨木强化材 VOC 物质分析表

化合物	试件挥发性有机化合物浓度/（μg·m^{-3}）				
	1 d	3 d	7 d	14 d	28 d
醛类化合物					
己醛	9.37	8.07	5.16	3.20	2.50
庚醛	3.29	2.59	2.17	0.89	1.22
苯甲醛	6.67	4.67	4.31	1.71	2.20
辛醛	5.69	5.51	3.33	4.51	1.95
壬醛	8.54	7.70	6.58	6.11	5.05
十二醛	2.96	2.63	1.13	2.90	1.07
癸醛	10.01	7.67	6.09	4.32	3.12
萜烯类化合物					
α-蒎烯	2.55	2.64	1.66	1.57	2.54
3-蒈烯	2.84	1.89	1.21	0.76	0.00
烷烃类化合物					
壬烷	3.25	3.37	2.44	1.50	1.66
癸烷	1.27	1.66	1.21	1.59	1.53
十一烷	5.99	4.16	3.58	2.35	2.62
十二烷	7.58	6.75	3.49	2.85	2.52
2,3,7-三甲基辛烷	3.83	4.30	3.79	2.95	1.93
6-甲基十三烷	4.82	3.63	2.65	1.71	2.08
4-甲基十三烷	3.31	2.83	1.45	1.52	1.77
2-甲基十三烷	7.05	5.20	4.82	2.98	2.12
3-甲基十三烷	5.22	4.05	3.39	2.28	3.57
2,6,10-三甲基十二烷	11.48	11.33	9.11	9.33	7.25
十四烷	20.03	19.54	17.63	21.63	19.47
十五烷	8.15	6.30	7.02	9.11	8.67
十六烷	5.98	5.13	4.53	1.52	1.10
其他化合物					
苯甲酮	11.94	7.35	5.53	6.35	4.70
6-甲基-5-庚烯-2-酮	4.63	2.37	1.19	1.76	1.36
3-甲基庚基酯	6.23	4.46	2.70	1.46	0.94
2-辛醇	12.97	14.71	12.22	9.11	9.11
萘	9.32	7.36	6.19	4.36	4.12
2-甲基萘	7.83	4.33	2.67	2.50	3.21
1-甲基萘	3.84	2.77	2.89	1.18	1.74
TVOC	196.64	164.97	130.13	113.98	101.13

附表 2-8　WPG 为 72.67%杨木强化材 VOC 物质分析表

化合物	试件挥发性有机化合物浓度/（μg·m^{-3}）				
	1 d	3 d	7 d	14 d	28 d
醛类化合物					
己醛	8.94	5.57	4.50	3.40	3.35
庚醛	0.00	2.10	1.80	1.10	0.00
苯甲醛	4.19	2.30	3.13	1.95	2.61
辛醛	4.99	3.96	2.97	2.95	1.24
壬醛	6.65	9.85	7.53	6.10	5.97
十二醛	3.13	2.53	1.32	1.05	0.99
癸醛	8.15	5.34	4.30	4.68	3.13
萜烯类化合物					
α-蒎烯	2.67	1.95	1.86	2.93	1.05
3-蒈烯	1.37	1.47	1.28	0.00	0.00
烷烃类化合物					
壬烷	2.93	2.22	2.33	1.73	1.61
癸烷	3.34	2.67	1.48	1.36	1.34
十一烷	5.12	3.18	4.30	3.96	3.52
十二烷	6.78	4.45	4.86	3.53	3.24
2,3,7-三甲基辛烷	4.12	3.95	2.89	2.42	2.01
6-甲基十三烷	3.40	2.86	2.32	2.04	1.95
4-甲基十三烷	2.38	2.07	1.65	1.17	1.59
2-甲基十三烷	4.01	6.61	4.48	4.10	3.36
3-甲基十三烷	3.93	3.06	3.12	2.58	2.04
2,6,10-三甲基十二烷	10.44	8.37	7.86	7.11	6.21
十四烷	18.99	17.16	14.84	15.09	13.38
十五烷	10.20	9.80	6.45	5.95	5.29
十六烷	7.14	6.32	3.81	3.13	2.95
其他化合物					
苯甲酮	11.64	9.44	7.18	6.04	6.07
6-甲基-5-庚烯-2-酮	2.96	2.82	2.76	2.72	1.69
3-甲基庚基酯	3.20	2.94	2.33	2.31	2.85
2-辛醇	12.38	18.07	11.37	10.50	10.89
萘	8.61	7.25	5.70	5.47	3.68
2-甲基萘	5.64	4.36	2.44	2.72	2.56
1-甲基萘	4.41	3.29	2.24	1.98	1.16
TVOC	171.71	155.97	123.11	110.06	95.72

附表 2-9 不同 BBD 实验水平下杨木强化材第 28 天 VOC 物质分析表

化合物	试件挥发性有机化合物浓度/（μg·m^{-3}）								
	试件 2	试件 3	试件 7	试件 10	试件 11	试件 13	试件 14	试件 16	试件 17
醛类化合物									
己醛	2.98	5.13	4.14	3.99	5.13	5.06	6.02	4.53	3.95
庚醛	0.92	0.00	0.00	1.13	1.13	1.34	1.68	0.00	1.46
苯甲醛	5.15	2.44	4.04	2.39	2.98	2.70	3.38	4.61	1.37
辛醛	1.75	2.06	2.36	2.20	1.77	1.97	2.46	1.64	4.46
壬醛	6.36	9.41	5.72	6.11	9.89	7.57	9.45	5.95	6.31
十二醛	1.11	0.95	1.95	2.09	1.21	1.57	1.96	0.83	4.95
癸醛	6.21	6.53	4.73	4.27	7.02	5.02	6.27	4.29	5.45
萜烯类化合物									
α-蒎烯	1.66	1.96	0.99	2.06	1.94	1.20	1.50	2.90	2.66
3-蒈烯	0.00	0.00	0.00	1.36	2.99	1.56	2.01	0.00	0.00
烷烃类化合物									
壬烷	1.55	1.10	1.98	1.33	1.12	2.60	2.38	1.31	1.50
癸烷	1.14	1.25	1.31	2.24	1.24	2.02	2.53	2.88	1.22
十一烷	3.19	4.82	3.74	4.59	5.66	4.53	5.65	2.88	7.06
十二烷	5.09	5.13	3.19	3.71	5.87	4.52	5.65	3.42	3.30
2,3,7-三甲基辛烷	3.87	3.70	4.37	3.62	4.07	3.07	3.84	3.16	3.95
6-甲基十三烷	2.74	1.48	2.23	1.70	1.67	2.66	3.32	2.22	2.59
4-甲基十三烷	2.44	1.32	1.73	1.31	1.15	2.66	3.32	1.58	1.75
2-甲基十三烷	5.01	4.72	2.24	4.28	5.00	1.29	1.61		0.00
3-甲基十三烷	3.91	2.78	3.23	3.42	1.21	1.76	2.19	4.19	3.99
2,6,10-三甲基十二烷	6.36	9.59	8.52	8.12	4.78	5.57	6.95	13.15	5.43
十四烷	23.27	19.24	18.70	23.24	15.4	15.46	19.30	25.38	19.01
十五烷	4.78	10.33	1.21	16.85	12.33	5.81	7.26	10.37	9.79
十六烷	1.06	1.30	3.38	2.13	1.02	3.24	0.00	3.02	2.50
其他化合物									
苯甲酮	5.04	5.78	4.04	6.18	7.86	6.29	7.85	6.65	10.59
6-甲基-5-庚烯-2-酮	1.67	1.44	1.36	3.37	1.25	2.90	3.61	1.72	3.05
3-甲基庚基酯	3.31	4.15	3.12	2.81	3.25	3.20	3.99	3.43	4.43
2-辛醇	17.08	9.76	9.72	11.49	7.11	11.92	11.13	12.63	10.21
萘	8.97	6.28	8.82	4.40	2.82	6.82	8.51	8.57	3.30
2-甲基萘	4.81	3.03	3.35	2.91	4.04	3.86	2.33	4.09	4.20
1-甲基萘	1.85	2.33	1.80	1.90	3.24	1.90	2.12	2.69	1.85
TVOC	133.25	128.01	111.96	135.18	124.15	120.08	138.25	138.09	130.33

附表 2-10　TiO_2 为 0%杨木强化材 VOC 物质分析表

化合物	试件挥发性有机化合物浓度/（μg·m^{-3}）				
	1 d	3 d	7 d	14 d	28 d
醛类化合物					
己醛	9.74	7.05	6.55	7.53	6.86
庚醛	4.23	2.10	3.07	3.11	2.12
苯甲醛	10.58	9.46	7.06	5.70	5.76
辛醛	4.57	4.97	3.16	2.53	2.43
壬醛	12.94	10.69	8.79	6.80	5.41
十二醛	5.25	4.71	4.17	3.02	2.76
癸醛	13.77	10.97	6.80	4.46	4.59
萜烯类化合物					
α-蒎烯	12.09	8.60	6.57	5.11	5.73
3-蒈烯	15.89	10.87	8.52	5.64	4.58
D-柠檬烯	15.17	13.37	12.84	9.10	6.55
烷烃类化合物					
壬烷	8.75	6.56	6.63	4.60	3.44
癸烷	3.07	2.12	3.55	3.49	3.20
十一烷	9.76	6.87	5.61	4.18	3.67
十二烷	7.90	6.00	3.68	2.28	3.80
4-甲基十三烷	4.12	6.64	3.17	2.65	2.30
3-甲基十三烷	12.87	9.22	6.94	5.88	4.21
2,6,10-三甲基十二烷	12.43	13.10	11.20	8.89	7.39
十四烷	24.12	20.26	19.22	15.09	15.71
十五烷	10.63	10.00	8.93	5.79	6.36
十六烷	6.84	4.04	2.49	2.63	1.67
其他化合物					
己醇	—	—	—	—	—
2-辛醇	7.25	6.86	11.52	9.48	8.56
辛醇	—	—	—	—	—
苯甲酮	10.12	10.02	11.63	10.51	8.12
萘	8.99	9.42	7.61	5.22	5.87
2-甲基萘	5.73	3.75	2.08	2.28	2.42
1-甲基萘	3.12	2.75	2.22	3.69	3.93
TVOC	239.93	200.39	174.03	139.64	127.46

附表 2-11　TiO_2 为 0.05%杨木强化材 VOC 物质分析表

化合物	试件挥发性有机化合物浓度/（μg·m^{-3}）				
	1 d	3 d	7 d	14 d	28 d
醛类化合物					
己醛	7.02	5.15	4.59	3.14	3.38
庚醛	4.71	3.16	2.03	3.21	2.31
苯甲醛	6.56	4.47	2.12	1.76	1.40
辛醛	3.43	2.04	3.60	2.63	2.33
壬醛	12.15	9.26	6.16	5.61	4.46
十二醛	6.03	5.16	5.67	4.79	3.83
癸醛	14.29	12.24	9.77	7.20	6.10
萜烯类化合物					
α-蒎烯	12.88	11.49	9.25	6.53	4.57
3-蒈烯	17.72	14.41	10.51	7.63	5.45
D-柠檬烯	14.02	15.67	12.91	9.82	8.82
烷烃类化合物					
壬烷	4.41	3.71	2.10	1.88	1.99
癸烷	3.43	3.35	4.01	2.63	2.57
十一烷	12.00	10.78	8.04	5.95	3.42
十二烷	7.20	8.10	6.45	4.35	3.78
4-甲基十三烷	4.08	4.71	4.18	2.04	2.51
3-甲基十三烷	10.30	7.28	4.27	2.19	2.07
2,6,10-三甲基十二烷	14.33	10.75	9.25	7.08	6.23
十四烷	13.75	11.90	9.98	5.95	4.67
十五烷	8.72	6.38	5.36	4.69	3.48
十六烷	3.02	3.22	2.87	2.49	2.98
其他化合物					
己醇	3.24	3.58	3.83	2.56	2.29
2-辛醇	8.96	8.37	10.21	10.86	12.15
辛醇	6.17	7.76	6.17	5.27	6.65
苯甲酮	6.29	4.52	2.50	1.08	1.10
萘	5.71	4.06	2.17	3.82	3.03
2-甲基萘	3.35	2.19	1.18	1.19	1.54
1-甲基萘	3.37	2.68	2.97	2.29	1.78
TVOC	217.14	186.38	152.16	118.66	104.88

附表 2-12　TiO_2为 0.1%杨木强化材 VOC 物质分析表

化合物	试件挥发性有机化合物浓度/（μg·m^{-3}）				
	1 d	3 d	7 d	14 d	28 d
醛类化合物					
己醛	8.10	5.52	4.59	3.91	3.47
庚醛	4.34	3.75	3.95	3.01	3.56
苯甲醛	4.60	2.43	3.58	2.65	2.40
辛醛	4.51	3.77	2.52	2.35	2.98
壬醛	10.54	8.48	6.54	4.88	2.01
十二醛	9.60	7.44	4.53	3.71	3.12
癸醛	10.56	7.65	6.38	5.09	4.59
萜烯类化合物					
α-蒎烯	10.49	9.60	7.21	7.95	6.20
3-蒈烯	12.03	10.59	7.55	4.35	3.76
D-柠檬烯	13.01	11.57	10.74	8.22	8.59
烷烃类化合物					
壬烷	2.09	2.64	2.34	2.31	1.79
癸烷	4.50	3.67	3.10	2.66	2.13
十一烷	10.05	7.68	6.43	4.77	4.17
十二烷	8.31	8.60	6.38	3.79	3.29
4-甲基十三烷	6.21	4.71	3.42	2.19	2.07
3-甲基十三烷	11.41	8.64	5.59	4.98	3.59
2,6,10-三甲基十二烷	13.76	10.11	9.83	7.45	5.67
十四烷	12.69	9.51	6.45	4.48	4.46
十五烷	5.70	5.27	5.40	3.29	2.96
十六烷	3.09	5.10	3.50	3.53	2.06
其他化合物					
己醇	4.27	5.64	3.45	3.61	2.68
2-辛醇	9.21	12.25	6.79	3.42	2.49
辛醇	6.43	5.59	7.28	9.74	5.67
苯甲酮	8.51	6.40	4.47	2.13	1.86
萘	7.37	6.16	4.81	3.58	2.88
2-甲基萘	4.43	3.11	2.98	3.08	2.30
1-甲基萘	3.29	3.24	2.32	2.01	1.98
TVOC	209.10	179.10	142.12	113.12	92.74

附表 2-13　TiO_2为 0.2%杨木强化材 VOC 物质分析表

化合物	试件挥发性有机化合物浓度/（$\mu g\cdot m^{-3}$）				
	1 d	3 d	7 d	14 d	28 d
醛类化合物					
己醛	6.89	5.38	4.44	3.73	3.56
庚醛	3.99	3.79	2.42	2.58	2.16
苯甲醛	3.00	3.36	2.34	2.11	2.49
辛醛	2.46	2.86	4.82	3.56	3.11
壬醛	6.95	5.04	3.09	2.69	2.51
十二醛	7.65	5.54	3.43	3.01	2.50
癸醛	11.59	9.04	7.54	4.63	5.52
萜烯类化合物					
α-蒎烯	11.61	8.24	6.97	4.91	3.27
3-蒈烯	14.23	12.06	9.77	6.97	5.46
D-柠檬烯	19.62	20.75	12.20	8.49	7.54
烷烃类化合物					
壬烷	3.93	2.38	2.54	3.02	2.58
癸烷	3.98	2.34	3.20	2.77	3.11
十一烷	10.57	8.81	6.09	4.64	3.90
十二烷	7.15	5.12	3.79	3.15	2.94
4-甲基十三烷	3.56	2.66	2.01	2.98	1.87
3-甲基十三烷	8.94	5.44	4.52	3.24	2.96
2,6,10-三甲基十二烷	13.20	10.69	7.31	5.71	4.03
十四烷	8.56	8.95	6.11	5.66	5.65
十五烷	5.42	4.47	3.74	3.46	2.54
十六烷	6.12	5.68	3.76	3.02	2.98
其他化合物					
己醇	4.21	3.14	2.09	2.32	1.11
2-辛醇	6.78	7.56	5.42	4.56	2.41
辛醇	5.00	5.45	4.17	2.03	1.14
苯甲酮	8.10	5.87	3.24	2.90	0.00
萘	5.96	3.17	5.42	3.16	2.91
2-甲基萘	2.05	2.89	2.28	2.15	1.26
1-甲基萘	3.27	2.74	1.16	1.92	0.67
TVOC	194.79	163.42	123.86	99.37	80.18

附表 2-14 TiO_2 为 0.5%杨木强化材 VOC 物质分析表

化合物	试件挥发性有机化合物浓度/（μg·m⁻³）				
	1 d	3 d	7 d	14 d	28 d
醛类化合物					
己醛	6.86	5.64	5.81	4.01	3.44
庚醛	3.49	2.95	3.04	2.92	2.91
苯甲醛	5.11	3.83	2.77	2.13	1.17
辛醛	3.51	2.88	2.77	1.26	1.51
壬醛	8.72	5.44	2.45	2.78	2.45
十二醛	2.39	1.79	1.94	2.67	2.88
癸醛	10.56	6.97	2.27	1.86	1.09
萜烯类化合物					
α-蒎烯	8.59	6.69	4.89	2.21	1.66
3-蒈烯	12.72	8.29	4.01	1.50	0.97
D-柠檬烯	11.31	8.48	6.89	3.26	4.32
烷烃类化合物					
壬烷	1.99	1.49	1.42	1.14	1.08
癸烷	3.44	2.58	2.49	1.33	1.60
十一烷	8.27	6.20	4.33	3.85	2.35
十二烷	9.19	6.89	4.49	2.09	1.32
4-甲基十三烷	4.27	3.49	2.07	2.27	1.95
3-甲基十三烷	8.99	6.24	3.51	2.09	1.51
2,6,10-三甲基十二烷	10.39	7.04	4.87	2.87	1.39
十四烷	9.59	6.94	3.83	2.18	1.42
十五烷	6.11	5.08	3.57	3.00	2.42
十六烷	4.05	2.04	1.91	1.04	0.89
其他化合物					
己醇	2.89	4.08	2.45	3.42	4.89
2-辛醇	7.45	9.77	10.02	6.69	6.36
辛醇	4.47	7.86	6.24	4.82	3.53
苯甲酮	3.32	2.74	1.95	2.37	2.93
萘	5.51	3.63	4.52	2.07	3.75
2-甲基萘	4.44	3.33	2.81	2.54	2.99
1-甲基萘	2.98	2.71	2.34	1.89	2.78
TVOC	170.60	135.09	99.68	70.27	65.54

附表 2-15　TiO_2 为 0.8%杨木强化材 VOC 物质分析表

化合物	试件挥发性有机化合物浓度/（μg·m^{-3}）				
	1 d	3 d	7 d	14 d	28 d
醛类化合物					
己醛	7.98	5.91	3.31	3.30	3.13
庚醛	5.21	4.72	4.35	3.71	2.24
苯甲醛	4.32	3.23	3.15	2.15	2.35
辛醛	4.74	3.51	4.65	2.77	2.28
壬醛	9.45	7.42	6.28	4.65	4.07
十二醛	8.65	6.39	4.22	3.56	3.97
癸醛	10.03	9.11	5.79	6.79	4.30
萜烯类化合物					
α-蒎烯	9.89	7.78	9.14	10.14	8.16
3-蒈烯	12.88	11.69	10.15	7.15	6.80
D-柠檬烯	15.83	12.03	9.14	11.14	9.86
烷烃类化合物					
壬烷	2.36	2.40	3.57	2.85	2.94
癸烷	5.84	6.48	5.29	4.01	2.14
十一烷	11.69	7.46	5.73	5.22	4.05
十二烷	9.42	6.29	3.20	2.89	3.24
4-甲基十三烷	5.24	4.35	2.85	2.34	2.93
3-甲基十三烷	8.84	10.41	9.78	4.09	3.58
2,6,10-三甲基十二烷	11.34	8.81	7.20	4.77	3.27
十四烷	10.46	6.53	4.84	2.84	3.41
十五烷	6.89	5.45	5.38	2.38	2.03
十六烷	5.79	3.92	2.40	2.97	2.05
其他化合物					
己醇	3.42	4.85	2.57	2.01	2.29
2-辛醇	6.74	6.44	4.37	4.89	4.74
辛醇	7.42	11.04	8.67	6.98	5.70
苯甲酮	5.73	5.51	3.56	2.57	2.65
萘	8.82	5.20	3.24	2.59	2.51
2-甲基萘	6.51	3.41	2.37	2.02	1.58
1-甲基萘	4.82	4.21	3.65	2.97	2.62
TVOC	210.31	174.56	138.85	113.75	98.88

附表 2-16　SiO_2为 0%杨木强化材 VOC 物质分析表

化合物	试件挥发性有机化合物浓度/（$\mu g \cdot m^{-3}$）				
	1 d	3 d	7 d	14 d	28 d
醛类化合物					
己醛	8.60	7.45	6.01	5.95	4.25
庚醛	3.89	5.21	4.59	3.26	2.78
苯甲醛	8.32	6.29	5.26	3.98	3.01
辛醛	6.70	4.37	4.88	2.16	1.56
壬醛	12.34	9.94	8.87	5.76	4.29
十二醛	4.45	4.79	3.24	2.21	2.44
癸醛	18.19	16.14	12.68	11.99	10.35
萜烯类化合物					
α-蒎烯	10.25	7.34	7.12	4.47	5.79
3-蒈烯	13.58	10.21	8.72	5.58	5.55
D-柠檬烯	16.80	16.71	12.06	10.32	9.78
烷烃类化合物					
壬烷	10.95	8.75	7.10	5.61	4.43
癸烷	3.81	2.36	2.01	1.99	2.02
十一烷	11.45	9.10	8.35	6.45	4.79
十二烷	6.45	5.79	3.76	2.27	2.69
4-甲基十三烷	5.41	4.55	3.07	2.49	2.65
3-甲基十三烷	10.53	7.98	7.20	5.43	4.19
2,6,10-三甲基十二烷	11.77	9.34	6.57	6.95	7.27
十四烷	24.29	22.41	19.31	16.02	14.37
十五烷	12.56	10.26	8.03	6.44	5.79
十六烷	7.14	5.89	6.64	3.88	3.57
其他化合物					
苯甲酮	14.80	11.30	9.33	7.23	6.58
2-辛醇	7.78	5.24	4.12	3.99	4.77
萘	7.45	6.09	4.14	3.75	3.12
2-甲基萘	6.11	5.73	4.01	2.08	2.28
1-甲基萘	4.04	3.21	2.56	2.90	2.20
TVOC	247.66	206.44	169.63	133.18	120.51

附表 2-17　SiO_2 为 0.2%杨木强化材 VOC 物质分析表

化合物	试件挥发性有机化合物浓度/（$\mu g \cdot m^{-3}$）				
	1 d	3 d	7 d	14 d	28 d
醛类化合物					
己醛	5.64	4.55	5.30	3.66	2.99
庚醛	3.21	4.46	3.29	2.42	1.45
苯甲醛	8.77	5.21	3.37	2.66	1.98
辛醛	7.24	5.01	4.55	3.64	2.98
壬醛	9.56	6.97	5.14	4.73	2.49
十二醛	3.55	10.27	5.46	3.03	4.44
癸醛	15.21	12.05	10.59	7.98	6.21
萜烯类化合物					
α-蒎烯	12.00	7.01	9.72	7.46	6.38
3-蒈烯	14.25	12.45	9.78	7.12	6.29
D-柠檬烯	15.75	8.94	10.66	7.68	7.75
烷烃类化合物					
壬烷	9.47	7.24	5.04	4.23	3.97
癸烷	3.95	4.47	2.45	1.39	1.83
十一烷	13.45	10.74	8.25	5.44	4.60
十二烷	4.45	6.92	4.19	2.69	2.96
4-甲基十三烷	6.08	4.02	3.59	2.41	2.05
3-甲基十三烷	8.53	5.69	3.98	3.19	2.43
2,6,10-三甲基十二烷	9.77	8.02	7.52	6.01	5.46
十四烷	22.29	19.76	16.21	14.37	13.55
十五烷	11.56	8.99	7.12	5.49	4.77
十六烷	8.01	6.21	4.19	2.94	2.80
其他化合物					
苯甲酮	11.05	9.72	6.06	4.13	4.54
2-辛醇	7.02	4.93	5.27	4.77	4.01
萘	8.01	6.21	4.06	3.72	3.01
2-甲基萘	6.54	5.12	4.23	3.05	2.75
1-甲基萘	5.12	4.04	3.41	2.12	2.34
TVOC	230.48	189.00	153.43	116.33	104.03

附表 2-18　SiO_2为 0.5%杨木强化材 VOC 物质分析表

化合物	试件挥发性有机化合物浓度/（$\mu g \cdot m^{-3}$）				
	1 d	3 d	7 d	14 d	28 d
醛类化合物					
己醛	6.47	4.32	3.79	3.41	2.14
庚醛	4.40	4.93	3.02	2.41	1.53
苯甲醛	8.28	6.12	4.31	3.61	2.99
辛醛	4.77	3.01	2.42	2.89	2.31
壬醛	8.32	9.41	6.52	4.64	3.89
十二醛	2.22	2.14	2.64	1.45	1.98
癸醛	11.42	9.71	6.40	4.80	3.86
萜烯类化合物					
α-蒎烯	13.91	10.52	8.34	7.29	6.89
3-蒈烯	9.78	10.01	8.24	6.76	5.09
D-柠檬烯	11.12	12.61	9.45	7.27	6.91
烷烃类化合物					
壬烷	4.41	2.86	2.69	1.74	1.15
癸烷	5.78	4.01	3.62	2.52	2.69
十一烷	16.15	11.84	9.75	7.60	6.89
十二烷	5.37	6.77	3.77	2.37	2.98
4-甲基十三烷	5.60	4.24	3.59	2.62	2.12
3-甲基十三烷	5.60	3.17	3.16	2.79	2.23
2,6,10-三甲基十二烷	10.50	7.29	6.52	5.13	4.21
十四烷	20.27	15.77	13.89	11.39	10.21
十五烷	13.27	10.24	8.02	6.19	5.26
十六烷	6.72	4.86	3.76	2.64	3.15
其他化合物					
苯甲酮	9.02	6.12	4.33	3.09	3.40
2-辛醇	6.59	4.42	4.00	3.52	3.15
萘	4.98	7.56	5.43	3.63	3.86
2-甲基萘	5.71	3.09	3.77	3.03	2.91
1-甲基萘	5.29	6.13	4.47	3.16	2.89
TVOC	205.95	171.16	135.90	105.94	94.70

附表 2-19　SiO_2 为 1.0%杨木强化材 VOC 物质分析表

化合物	试件挥发性有机化合物浓度/（μg·m⁻³）				
	1 d	3 d	7 d	14 d	28 d
醛类化合物					
己醛	9.10	5.87	4.94	3.41	2.95
庚醛	4.95	5.89	3.01	3.24	2.56
苯甲醛	6.90	5.05	3.47	2.01	2.59
辛醛	7.55	5.17	3.88	3.21	2.52
壬醛	6.84	5.97	4.20	3.29	3.17
十二醛	2.41	5.43	6.06	4.39	3.98
癸醛	14.15	11.65	9.80	6.16	5.04
萜烯类化合物					
α-蒎烯	11.66	9.39	7.23	6.24	5.95
3-蒈烯	15.17	12.36	10.20	7.17	6.34
D-柠檬烯	16.67	12.86	10.88	8.36	7.58
烷烃类化合物					
壬烷	7.51	6.31	5.72	4.11	3.05
癸烷	4.11	2.88	2.25	1.53	1.89
十一烷	13.43	10.44	7.32	4.02	4.90
十二烷	6.24	4.58	2.57	3.01	2.78
4-甲基十三烷	4.72	2.89	1.61	1.85	2.14
3-甲基十三烷	11.28	9.20	8.10	6.45	5.35
2,6,10-三甲基十二烷	9.56	6.56	4.47	3.12	4.02
十四烷	26.32	19.71	17.66	15.36	13.33
十五烷	12.77	9.11	7.71	5.54	4.02
十六烷	9.36	7.01	6.52	5.72	5.85
其他化合物					
苯甲酮	12.36	8.56	7.28	6.03	5.23
2-辛醇	8.23	5.59	5.98	4.34	3.53
萘	8.49	5.32	4.86	3.50	4.07
2-甲基萘	9.10	6.56	5.79	4.32	3.69
1-甲基萘	6.23	4.65	2.92	2.25	3.05
TVOC	245.10	189.01	154.44	118.64	109.56

附表 2-20　SiO_2 为 1.5%杨木强化材 VOC 物质分析表

化合物	试件挥发性有机化合物浓度/（$\mu g \cdot m^{-3}$）				
	1 d	3 d	7 d	14 d	28 d
醛类化合物					
己醛	7.69	8.53	6.27	5.14	3.21
庚醛	4.77	5.39	4.97	2.83	1.97
苯甲醛	6.15	4.10	4.65	2.97	2.42
辛醛	9.86	7.96	2.99	3.24	2.94
壬醛	10.61	7.82	6.44	4.94	4.05
十二醛	5.84	4.01	3.29	2.87	3.03
癸醛	15.01	12.71	13.22	10.03	8.77
萜烯类化合物					
α-蒎烯	12.45	9.42	5.03	5.42	4.77
3-蒈烯	13.03	10.21	7.37	7.36	5.61
D-柠檬烯	14.71	15.95	13.02	8.12	7.32
烷烃类化合物					
壬烷	9.69	6.89	6.64	3.47	2.88
癸烷	3.52	2.49	2.02	1.23	2.09
十一烷	12.22	8.85	6.49	4.23	3.98
十二烷	7.01	5.03	3.49	2.15	2.63
4-甲基十三烷	6.24	4.10	3.61	3.11	2.12
3-甲基十三烷	12.90	9.77	7.34	5.10	4.59
2,6,10-三甲基十二烷	7.23	8.60	6.78	5.11	5.73
十四烷	25.20	23.62	19.95	16.36	15.21
十五烷	10.21	7.62	8.69	4.74	3.89
十六烷	11.51	8.80	7.21	6.08	5.77
其他化合物					
苯甲酮	14.02	10.80	8.68	6.49	5.70
2-辛醇	7.12	4.92	6.64	5.41	4.89
萘	6.93	5.49	5.22	3.21	2.14
2-甲基萘	7.02	5.45	4.75	3.62	3.70
1-甲基萘	3.96	2.17	3.56	2.73	1.06
TVOC	244.90	200.70	168.32	125.95	110.46